edition suhrkamp 2547

AF827951

Nach dem Erscheinen des Vorgängerbandes *Vom Übertier. Ein Bestiarium des Wissens* (es 2459) schrieb die *Neue Zürcher Zeitung*: »Dass auf dieses fröhlich gelehrte Werk noch ein Florilegium, ein Lapidarium sowie ein Machinarium folgen werden, ist bis jetzt nur ein Versprechen.« Nachdem die Autoren im ersten Band ihrer Tetralogie darlegten, inwiefern der Barsch »ein Attraktor der politischen Theorie« ist und warum die Moderne in der Figur der Mickey Mouse zu ihrer Bestimmung gelangt, untersuchen sie nun, welche Rolle z. B. der Roggen und die Saubohne für die Organisation unseres Wissens spielen. Indem sie sich mit dem *Florilegium* solchen Phänomenen widmen, die von den Vorgaben natürlicher Ordnungssysteme dezidiert unerfaßt bleiben, schreiben sie auch dieses Mal eine Geschichte der Wissenschaften vom Menschen.

Benjamin Bühler
Stefan Rieger

Das Wuchern der Pflanzen

Ein Florilegium des Wissens

Suhrkamp

4. Auflage 2023

Erste Auflage 2009
edition suhrkamp 2547
© Suhrkamp Verlag AG, Berlin
Alle Rechte vorbehalten. Wir behalten uns auch eine Nutzung des Werks für Text und Data Mining im Sinne von § 44b UrhG vor.
Umschlag gestaltet nach einem Konzept von Willy Fleckhaus: Rolf Staudt
Druck: Books on Demand GmbH, Norderstedt
Printed in Germany
ISBN 978-3-518-12547-2

www.suhrkamp.de

Inhalt

Einleitung 7

Dramatis plantae
** Apfel 15
** Apfelmännchen 31
** Cinchona 43
** *Desmodium gyrans* 58
** *Dictyostelium mucoroides* 72
** Erbse 85
** Getreide 99
** Grüne Pflanzen 112
** Leguminosen 127
** Mandragora 141
** *Mimosa pudica I* 155
** *Mimosa pudica II* 168
** Poison Ivy 181
** Roggen 191
** Rosa 199
** Sonnentau 210
** Sonnenwende 225
** *Tropaeolum majus* 237
** Urpflanze 250
** *Vicia faba* 264
** Wacholder 277

Literaturverzeichnis 291
Abbildungsverzeichnis 317

Register der Pflanzen, die dem Netz der alphabetischen Gesamtanordnung und seiner Querverweise entgingen 323

Einleitung

Dis-Ordnungen der Natur

Seit der Antike bemühen sich Naturforscher und Philosophen darum, eine konzise Ordnung in die Vielfalt der Seinsarten, der Erscheinungsformen des Lebens und der Welt künstlicher wie auch natürlicher Gegenstände zu bringen. Deren berühmteste und für die abendländische Geschichte wirkungsvollste ist die *scala naturae*, die Kette der Wesen, die Steine und Pflanzen, Tiere und Menschen auf einer Stufenleiter des Seins anordnet. In der *Phänomenologie des Geistes* des Philosophen Georg Wilhelm Friedrich Hegel aus dem Jahr 1807 wird diese Ordnung mit einer Teleologie und mit der Vorstellung bestimmter Wertigkeiten verbunden, die Hegels System mustergültig ausbuchstabiert. Eine Ordnung der Dinge ist die Folge, die aufeinander aufbaut, die Stufen sichtbar werden läßt und mit diesen eine Systematik von Vorher und Nachher, von Mehr oder Weniger, von Höher und Niedriger, von Einfach und Komplex behauptet (Foucault 1997). Die Idee von der Kette der Wesen, ihre Verästelungen in Naturgeschichte und Naturphilosophie, Kosmologie und Theologie, Literatur und Anthropologie bis hin zur Philosophischen Anthropologie sind in verschiedenen Untersuchungen behandelt worden, deren prominenteste Arthur O. Lovejoys *The Great Chain of Being* aus dem Jahr 1933 sein dürfte.

Unser auf vier Bände angelegtes Projekt einer Wissensgeschichte epistemischer Dinge, dessen Fortsetzung nach einem ersten Band über Tiere nunmehr vorliegt, soll und will weder dem Konzept der Stufenleiter und ihrer teleologischen Verfaßtheit noch einem evolutionistischen Konzept, das seit dem 19. Jahrhundert seine Wirkmächtigkeit entfaltet, folgen. Vielmehr hat es seinen Ausgangspunkt in der Beobachtung, daß der Status der jeweiligen Ordnungssysteme selbst widersprüchlich bleibt: Wenn die künstlichen Ordnungssysteme die natürliche

Ordnung wiederholen, abbilden oder ausdrücken sollen, befinden sich diese von vornherein in demjenigen Paradox, das Johann Wolfgang von Goethe mit Blick auf die Klassifikationsbestrebungen in der wissenschaftlichen Botanik pointiert formuliert hat: »Natürlich System, ein widersprechender Ausdruck.« (Goethe 1982, 35) Das hier angelegte Florilegium zielt daher auf Seinsarten und Seinsbereiche, die dezidiert nicht in den Vorgaben natürlicher Ordnungssysteme aufgehen, genauer noch, die in gängiger Ausarbeitung von diesen konstitutiv nicht gedacht oder integriert werden und werden können. Das Setzen auf die demokratische Ordnungsmacht des Alphabets ist dementsprechend ein gezieltes Unterfangen, dem die ganze Reihe nicht aus Not, sondern aus epistemischer Tugend folgt. Aus diesem Grund wird neben einem *Bestiarium*, einem *Florilegium* und einem *Lapidarium* dieser Reihe auch ein *Machinarium* beigefügt – um mit diesem explizit dem Sein künstlich hergestellter Dinge und technisch verfertigter Gegenstände Rechnung zu tragen.

Im *Bestiarium* haben wir herausgearbeitet, daß Kriterien, die die Stabilität der Unterscheidung von Tier und Mensch garantieren sollen, immer wieder unterlaufen werden: Der Blick auf die Geschichte des Wissens, das durch und über die Figur des Tiers erzeugt wird, machte deutlich, daß entgegen den Grundannahmen von Stufenleiter und Evolutionismus der Mensch in verschiedener Hinsicht als gegenüber dem Tier defizitär erscheint. Auch für die ausstehenden Bände wird zu zeigen sein, daß und wo die Hierarchien der Taxonomien, der philosophischen Entwürfe und der Naturgeschichten nicht aufgehen in einer Verrechnung jener Leistungen, die den einzelnen Einträgen als Figuren des Wissens zukommen. Das Feld entsprechender Phänomene ist ebenso vielfältig wie disparat: Es umfaßt Ornithopter und Polypen, natürliche Hunde und künstliche Schildkröten, Alraunen und Kristalle. Das, was diese an Wissen generieren, untersteht einer eigenwilligen Logik – unabhängig und unintentional, ironisch gebrochen und oft gegenläufig zu den Vorgaben irgendwelcher Teleologien.

Die Rede vom *Florilegium* folgt der Idee einer übersichtlichen Ordnung der Dinge und unterläuft sie zugleich: Sie ruft ein Stück Literaturgeschichte ins Gedächtnis, ein Gedächtnis des Gedächtnisses, bezeichnet sie doch eine nicht sehr hoch geschätzte Textsorte. Als Blumenlese waren die Folianten der Florilegien aber immer mehr, als es die Trivialform einer Vorlage von Poesiealbumsprüchen nahelegt. Das Florilegium war Teil einer materialen Ordnung und Geordnetheit der Dinge, sie war in alphabetischer Form Teil eines alphabetischen Wissensverbundes, der im Barock seine vielleicht sinn- und sinnenfälligste Ausprägung gefunden hat. Wer wie Christoph Lehmann im Jahr 1639 ein *Florilegium Politicum* kompiliert und damit die Blumenlese auf das Politische als einem Beispiel beliebig denkbarer anderer Fälle anwendet, wer in ihrem Namen und Zeichen sammelt, hortet, zur Verfügung stellt und zu (Wieder-) Benutzung aufarbeitet, wer registriert und mit Registern versieht, führt vor, daß eine Gattung, daß eine Technik sich des Pflanzenreiches bedient, dabei aber – unter Durchschleifung einer entsprechenden Semantik – das Reich des Wissens meint, wie der Titel ebenso nuanciert wie numerisch ausgewiesen verspricht: *Florilegium Politicum: Politischer Blumen Garten / Darinn Auserlesene Sententz / Lehren / Regulten und Sprüchwörter Auß* Theologis, Jurisconsultis, Politicis, Historicis, Philosophis, Poeten, *und eigener Erfahrung unter 286. Tituln / zu sonderm nutzen und Lust Hohen und Niedern im Reden / Rahten und Schreiben / das gut zubrauchen und das bös zu meiden. In locos communes zusammen getragen* (Lehmann 1639).

Aber das Florilegium ist nicht nur eine Textsorte unter Textsorten, es bietet zugleich auch Anlaß, den Wortsinn wissenschaftlich und nicht nur gattungsmäßig beim Wort zu nehmen und tatsächlich von den Pflanzen zu handeln. Wenn Gegenstand und Gattung übereinkommen, sind in letzter Konsequenz selbst Florilegien der Florilegien möglich. Diesem Anspruch ist das hier vorgelegte Buch verpflichtet: In der alten Gattung der Blumenlese unternimmt es den Versuch, eine Wissensgeschichte der Pflanzen zu entwerfen: in voller Kontingenz, was ihre Auswahl, aber auch in aller Konsequenz, was die Figuren des Wissens betrifft.

Die Wissensfigur Pflanze

Ähnlich wie im Fall der Tiere mußten auch die Pflanzen zuerst einmal zu Gegenständen wissenschaftlicher Beschreibungsverfahren und Darstellungsformen werden. So konstatierte Julius Sachs (1832-1897) in seiner *Geschichte der Botanik*, daß die Anfänge der wissenschaftlichen Botanik bei den frühneuzeitlichen Kräuterbüchern von Otto Brunfels, Hieronymus Bock und Leonhart Fuchs liegen, denn diese Forscher hätten im 16. Jahrhundert damit angefangen, ihren Sinnen zu vertrauen, die selbst gesehenen Pflanzen zu beschreiben und Bilder der ganzen Pflanze nach der Natur, und eben nicht mehr nach der Phantasie, zu entwerfen (vgl. Sachs 1965, 15f.). Sachs selbst dagegen zählte zu den Gründern der experimentellen Pflanzenphysiologie in der Mitte des 19. Jahrhunderts. Wie Erwin Bünning, selbst prominenter Vertreter dieser Disziplin, rückblikkend schrieb, habe Sachs, der mehrere Jahre bei Jan Evangelista Purkinje (zusammen mit Johannes Müller einer der Vorreiter der experimentellen Physiologie) gearbeitet hatte, »die experimentelle Physiologie von den Objekten Tier und Mensch auf die Pflanze übertragen« (Bünning 1975, 88). Während jedoch Sachs hervorgetreten sei mit Arbeiten zur Keimphysiologie, Physiologie der Wurzeln, Photosynthese, Reizphysiologie, sei Wilhelm Pfeffer, ein Schüler von Sachs, über diesen hinausgegangen, da für ihn die bislang vernachlässigte Pflanzenphysiologie der »Schlüssel zur Lösung allgemein-biologischer Probleme« gewesen sei: Pfeffer habe sich mit ihr beschäftigt, um »Ansatzpunkte zum Vordringen in die molekularen Grundlagen der Lebensvorgänge zu gewinnen« (Bünning 1975, 25).

Die Pflanzenphysiologen erzählen die Geschichte ihres Faches als die einer fortwährenden Verwissenschaftlichung, von einer zunächst obskuren, Fabelwesen beschreibenden Kräuterkunde hin zur Experimentalphysiologie der Pflanze. Dieser Form der Geschichtsschreibung soll hier aus den beschriebenen methodischen Gründen nicht gefolgt werden. Gleichwohl zeigen Bünnings Ausführungen zum Feld der Physiologie im 19. Jahrhundert (vgl. den Überblick zur Physiologie der Pflanzen bei Höxtermann 2000), wie über den experimentellen Ansatz Wissen und Verfahren zwischen Pflanzen, Tieren und Menschen zu zirkulieren beginnen. Die Pflanzenphysiologen sind hierbei alles andere als nur Nutznießer der Tierphysiologie. Im Gegenteil: Zwar erscheinen die Pflanzen verglichen mit den Tieren als ungeeigneter, da sich ihre Lebendigkeit allein in den Vorgängen Wachstum und Fortpflanzung zu äußern scheint, weshalb Max Scheler sie auf der ersten Stufe des lebendigen Seins einordnete und folgendermaßen charakterisierte: »Die unterste Stufe des Psychischen [...] bildet der bewußtlose, empfindungs- und vorstellungslose Gefühlsdrang« (Scheler 1949, 14). Doch gerade aus dieser vermeintlichen Insuffizienz kommen mit den Pflanzen zentrale physiologische Fragen auf: Vermehren sich Pflanzen sexuell? Können sie sich bewegen? Empfinden sie Reize? Sind sie möglicherweise gar zur Wahrnehmung befähigt? Welche Rolle spielen Rhythmen? Welche Funktionen haben Pflanzen für die Zusammensetzung der atmosphärischen Luft? Kommunizieren sie untereinander und mit ihrer Umwelt?

Forscher geraten mit solchen Fragen schnell in den Verdacht, Esoterik zu betreiben, weshalb diejenigen, die auf dem Gebiet der Pflanzenwahrnehmung oder -kommunikation arbeiten, häufig die wissenschaftliche Seriosität ihrer Unternehmungen plakativ herausstellen müssen. Diese physiologischen Fragen haben jedoch nichts mit den geheimnisvollen Kräften Gaias oder sonst einer Urmutter zu tun, sondern mit ihnen wird die scheinbar fundamentale Differenz zwischen Pflanze und Tier in Frage gestellt, weshalb immer wieder neu über die Grenzen im Feld des Organischen sowie über die Legitimität wissenschaftlicher Unterscheidungskriterien verhandelt werden muß.

Weil sich Pflanzen- und Tierphysiologie nicht in ihren fachwissenschaftlichen Belangen erschöpfen, weil mit diesen Disziplinen immer schon das Leben selbst zur Disposition steht, ist die Übertragung experimenteller physiologischer Verfahren von Tier und Mensch auf die Pflanze in epistemologischer Hinsicht wieder umzukehren. Denn zum einen zeigt sich am Paradigma der Pflanze, was Leben von Nicht-Leben, organische Materie von anorganischer Materie unterscheidet, ein Problem, das insbesondere ein Gegenstand der Naturphilosophie war und ist. Und wenn zum anderen an der Pflanze fundamentale Lebensvorgänge studiert werden, solche, die das Tier und den Menschen kennzeichnen, wie auch solche, über die weder das Tier noch der Mensch verfügt, dann wird die Pflanze zur *Überpflanze* (zum Begriff und seiner dezidierten Abgrenzung von Nietzsches Rede vom *Übermenschen*: Francé 1912, 124). Die Wissensproduktionen über die Pflanze bewegen sich von vornherein niemals allein auf dem Feld der wissenschaftlichen Botanik. Das Wuchern der Pflanzen ist immer zugleich auch ein Wuchern des Wissens, ob auf dem Feld der Taxonomie, Morphologie, Physiologie, Naturgeschichte, Medizin, Psychologie, Kommunikationstheorie, Ökonomie, Politik, Anthropologie, Philosophie, Technik oder gar der Unterhaltungsindustrie. So ist es denn auch kein Zufall, daß Gilles Deleuze und Félix Guattari ihr Monumentalwerk zur Theorie der Mannigfaltigkeiten, *Tausend Plateaus*, mit dem Modell des Rhizoms charakterisieren, mit einem Wurzelsystem, das die unterschiedlichsten Formen annehmen kann und im Produzieren von Diversität jegliches Ordnungssystem aufbricht. Gleichwohl befreit das Phantasma eines *absoluten Werdens* nicht von dem historisch-analytischen Blick auf die Konstitution von Ordnung. Das Wuchern des über die Pflanzen erzeugten Wissens meint daher zweierlei: das Aufbrechen *und* das Konstituieren von Ordnung.

Kultur und Raum

Im doppelten Bezug auf den Menschen als Lebewesen und auf die von ihm geprägte Ordnung der Natur kommt mit der Pflanze zwangsläufig auch der Aspekt des Kulturellen ins Spiel. Verweist doch schon dessen Etymologie, *colere* = bebauen, bearbeiten (*agrum*, *hortum*, *arbores*, *fructus*), auf die Bedeutung der »Kultivierung« von Pflanzen, und damit vor allem auf einen *Prozeß*, nämlich auf die Transformation von Naturräumen in Kulturlandschaften, oder allgemeiner: von Natur in Kultur. Die Pflanzen, hier die *Kultur*pflanzen, sind als Objekte eingeschlossen in diesen Prozeß der Zivilisation. Indem aus wilden Pflanzen anbaubare und eßbare Kulturpflanzen werden, wird der Mensch selbst von einem wilden zu einem kulturellen Wesen. Unklar bleibt dabei die Richtung des Kultivierungsprozesses: ob die Menschen die Pflanzen oder die Pflanzen den Menschen kultivieren.

Neben dem Kulturbegriff findet auch der heute wieder in Konjunktur stehende Begriff des Raums hier seine Herkunft, zumindest gemäß der Gebrüder Grimm bezeichnet das *verbum raumen* »im forstwesen ein mit gestrüpp bewachsenes land säubern und kulturfähig machen [...], wozu wieder am nächsten das soldatische *einen platz, einen lagerplatz räumen*, ihn durch entfernung von stauden und stöcken zum lagern geschickt machen, tritt: so weist alles dieses auf raum als einen uralten ausdruck der ansiedler hin, der zunächst die handlung des rodens und frei machens einer wildnis für einen siedelplatz bezeichnete [...], dann den so gewonnenen siedelplatz selbst« (Grimm 1999, 276; vgl. auch: Dünne/Günzel 2006, 10). Der Wörterbucheintrag bringt unterschiedliche Wissensformen und Praktiken zusammen (Forstwirtschaft, Ökonomie, Kulturgeschichte des Menschen, Militär) und verweist vor allem darauf, daß mit dem Verhältnis von Pflanze und Raum nicht allein Aspekte der Pflanzengeographie betroffen sind, sondern auch ökonomisch-politische Sachverhalte, die Erschließung und Besiedlung von »Lebensräumen« (Geopolitik) wie die ökonomisch maximale Ausnutzung bestimmter Raumsegmente. Zugespitzt formuliert: Die Geschichte der Pflanzen bewegt sich auf einem Diskursfeld, in dem die rational-ökonomische Organisation des Raums ein zentrales Bestreben ist. Während die Wissenschaften die physikalisch-kartographische Erzeugung eines bestimmten Raums leisten und die Ökonomie das Prinzip von dessen Nutzung liefert, setzt die Politik diese Vorgaben praktisch um. Eine Geschichte der Pflanzen hat dieser Vernetzung von Wissenschaft, Ökonomie und Politik denn auch Rechnung zu tragen.

Vor dem Hintergrund einer disparaten, aber eben nicht kontingenten Lage der Bezüge sind die Pflanzen dieses *Florilegiums* ausgewählt: Diese werden zu Objekten der Forschung aufgrund spezifischer Eigenheiten wie der Bewegung (Mimose), der Kommunikation (*Desmodium gyrans*) oder der Ernährungsweise (Sonnentau), aber auch aufgrund schlichter Verfügbarkeit (Erbse, *Vicia faba*). Sie ermöglichen vielfältige Anschlüsse an anthropologische Sachverhalte, etwa an die Eigen-Zeit der Lebewesen (Sonnenwende) oder die Möglichkeit ihrer Beseelung (Wacholder). Als Nahrungsgrundlage untrennbar gekoppelt an das Bevölkerungswachstum, werden sie zwangsläufig zu zentralen Figuren der Ökonomie und Politik (Getreide, Leguminosen). Mit Pflanzen werden »Lebensräume« erschlossen und die Wildnis zivilisiert (Roggen, Apfel). Pflanzliche Heilmittel der »Wilden« werden wiederum zur Garantie des Überlebens »zivilisierter« Europäer, die nun, medizinisch aufgerüstet, diese im Gegenzug kolonisieren (*Cinchona*). Als Sauerstofflieferant sind Pflanzen nicht nur Garanten aeroben Lebens, sondern auch zentrale Agenten einer wissenschaftlichen Revolution (Grüne Pflanzen). Und nicht zuletzt sind sie zentrale Objekte der Kulturgeschichte menschlicher Phantasmen, ob in solchen des Anfangs (Urpflanze), der auratischen Kommunikation (*Tropaeolum majus*) oder gar der Bedrohung (Mandragora, Poison Ivy). Die Geschichte von der Alraune, die nur unter Lebensgefahr geborgen werden kann, steht stellvertretend dafür ein, daß, was immer sich um die Pflanze rankt, Geschichten des Lebens sind.

Benjamin Bühler, Stefan Rieger

Apfel

Daß ein Apfel der Grund gewesen sein soll, warum der Mensch den Garten Eden verlassen mußte, gehört zum festen Bestand des Alltagswissens, geht jedoch auf ein Wortspiel aus dem lateinischen Mittelalter zurück: Aus dem Baum der Erkenntnis des Guten und Bösen, »lignum[que] scientiae boni et mali« (Gen 2, 9/Vulgata), wurde der Apfelbaum, *malus*, der solchermaßen zum Symbol für das Böse, für Versuchung und Verführung wurde. Damit aber ist der Apfel vor allem die Frucht, welche Verwandlungen, Transformationen verursacht, was deutlich herausgestellt wird in John Miltons *Paradise Lost* (1667): Die Schlange verführt Eva mit der Behauptung, daß die »Äpfel« jenes Baumes Wissen spenden würden (Milton 1986, 271; IX, Z. 732), welches sie, die Schlange, dem Menschen geistig gleich gemacht habe. Wie das Tier durch diese Frucht vermenschlicht worden sei, so werde der Mensch vergöttlicht werden (Milton 1986, IX, Z. 896ff.). Nun wurde aus dem Menschen zwar kein göttliches Wesen, jedoch führte der Sündenfall dazu, daß aus ihm ein *Kulturwesen* werden sollte, deutlich schon an der nun über ihn kommenden Scham, wegen der Gott ihm Kleidung gab. Vor allem aber gehen Adam und Eva nun als wissende und sterbliche Wesen in die Welt: »Da schickte ihn der Ewige, Gott, aus dem Garten Eden, den Boden zu bauen, davon er genommen worden.« (Gen 3, 23/Zunz)

Mit dem Menschen hat auch der Apfel den Garten Eden verlassen, folgt man Henry David Thoreaus Artikel »Wild apples. The history of the apple tree« (1862): »It is remarkable how closely the history of the apple tree is connected with that of man.« (Thoreau 1906, 290) Thoreau vermag für die große kulturelle Bedeutung des Apfels zahlreiche Beispiele anzuführen, etwa »primitive people«, deren Hinterlassenschaften am Grund von Schweizer Seen gefunden wurden, die zwar über keine Metallwerkzeuge verfügten, sehr wohl aber über den Holzapfel. Den Apfel kannten die Griechen, die Römer, die Germanen wie auch die Skandinavier, er wird in der Bibel tat-

Abb. 1: Adam und Eva unter dem Baum der Erkenntnis nach Arnaldus de Villanova 1491.

sächlich erwähnt (z. B. Hoh 2, 3), ebenso bei Homer und Herodot, in der Edda wie von schottischen Barden. In Thoreaus Darstellung wird die Geschichte des Apfelbaums zur Geschichte der Transformation von Natur in Kultur: »It has been longer cultivated than any other, and so is more humanized; and who knows but, like the dog, it will at length be no longer traceable to its wild original?« (Thoreau 1906, 292) Das Ensemble von Apfelbaum, Hund, Haustieren wie Kuh, Pferd und Schaf sowie »primitiven« Menschen markiert somit den Ursprung der Kultur aus der Natur, ohne daß diese Herkunft noch rekonstruierbar wäre. Genau diese von Thoreau benannte Unmöglichkeit konstituiert nun Geschichten vom Anfang der Kultur, die geradewegs zu Paradoxien führen (vgl. hierzu: Koschorke 2002). Aus den vielen Geschichten, die der Apfel hervorgebracht hat, seien im Folgenden zwei erzählt, die beide mit fundamentalen Kulturtechniken des Menschen zu tun haben: die Geschichte der Anpflanzung und die der Pfropfung.

1. Pflanzungen

> Wie das heutige Geschichtsbewußtsein der USA besonders diesen Umstand gern löschen möchte, ist exemplarisch zu sehen am Pocahontas-Film der Walt-Disney Productions 1995: kein Tabakblatt gilbt im frühen Jamestown, auf allen indianischen Feldern wächst nichts als Mais; im Corn Field oder vor Sonnenblumen finden sich dafür zum Liebespaar: John Smith und Pocahontas. Bei Disney wird die Überreichung des Maiskolbens durch Pocahontas an John Smith zur Gründungsgeste der virginischen Ökonomie.
>
> *Theweleit 1999, 159*

Mit 23 Jahren, es war das Jahr 1797, soll John Chapman aus Longmeadow in Massachusetts in den Mittleren Westen gezogen sein, im Rucksack einige Apfelsamen. In den Alleghenys im Westen Pennsylvanias soll er dann seine erste Apfelbaumschule angelegt haben. Wie in den diversen Legenden berichtet wird, sei Chapman immer weiter in den Westen vorgedrungen, über die *frontier* hinaus dorthin, wo noch kein Siedler je gewesen sei, immer wieder neue Baumschulen anlegend. Den nachkommenden Siedlern verkaufte er dann Apfelbäume, blieb selbst jedoch nicht, sondern zog weiter in den Westen und die Wildnis. Der trotz Klapperschlangen und Kälte stets barfuß gehende Chapman, der vorzugsweise einen Kaffeesack als Kleidung trug, in Baumhöhlen schlief, seinen Fuß bestrafte, wenn der einen Wurm zertreten hatte, ein Mann, den selbst die Indianer

Abb. 2: Johnny Appleseed nach Haley 1871.

mit großem Respekt behandelt haben sollen und der im Krieg 1812 die Siedler vor deren Angriffen warnte, starb 1845 in Fort Wayne als Besitzer von etwa 1200 Morgen Land. In die amerikanische Geschichte ging Chapman ein als Johnny Appleseed, den Anekdoten, Erzählungen und Kinderbücher zu einer fiktiven Figur machten (vgl. die Bibliographie in Price 2001).

Eine Art diskursbegründende Funktion kommt hierbei W. D. Haleys Artikel »Johnny Appleseed. A pioneer hero« zu, der 1871 in *Harper's New Monthly Magazine* erschien und aus Appleseed einen »modest hero« der *frontier* machte. Haley konstatiert, daß die Eisenbahn die Romantik des »frontier-life« zerstört oder zumindest durch die Zivilisierung zu einem Mythos gemacht habe. Hervorgebracht habe dies falsche Schilderungen des Pionierlebens, wie etwa James Fenimore Coopers »romances of border life«, in denen Überfälle und Greueltaten der Indianer den Alltag an der *frontier* ausmachten. Doch gebe es einen sublimeren Heroismus als den menschlicher Qualen und edlere Siege als die von Tomahawk und Skalpmesser. Gemeint ist niemand anderer als Johnny Appleseed, der mit seinen Samen die Grenze der Zivilisation, damals die Grenzen von Licking Creek (heute: Licking River), Ohio, überschritt, indem er Apfelgärten anlegte. Der Artikel versammelt die Topoi, die in der Folge den Appleseed-Diskurs bestimmten. Ein wesentliches Moment ist hierbei, daß Appleseed stets Bücher des schwedischen Wissenschaftlers und Theologen Emanuel Swedenborg (1688-1772) bei sich trug, aus denen er den Siedlern vorlas und deren Seiten er ihnen lieh. Weiterhin ist ein Vorfall, den Haley berichtet, für die christliche Darstellung Appleseeds von Bedeutung: Ein (gut gekleideter) Missionar habe in Mansfield, Ohio, öffentlich eine langweilige und übertrieben strenge Predigt gehalten, in der sich immer wieder die Worte wiederholten: »Where now is there a man who, like the primitive Christians, is traveling to heaven barefotted and clad in coarse raiment?« Schließlich sei Appleseed in seinem Kaffeesack aufgestanden, habe seinen bloßen Fuß gezeigt und gesagt: »Here's your primitive Christian!« (Haley 1871, 835) Kaum eine Geschichte ist häufiger wiederholt und variiert worden als diese (vgl. Price 2001, 177-179). Für die sich auf Swedenborg berufende New Church ist Appleseed denn auch bis heute eine zentrale Gestalt: Sie leistet einen großen Beitrag für die Aufarbeitung, oder besser gesagt: für die Fortschreibung des Mythos vom gottesfürchtigen, kinder- und tierliebenden Appleseed, zahlreiche Abhandlungen zu seiner Geschichte stammen von Angehörigen der New Church (vgl. dazu den Band: Jones 2000). Florence Murdoch, eine Nachkommin einer »long and proud line of Swedenborgians« (Jones 2000, XX) gründete und pflegte die Johnny Appleseed Collection, die sich heute im Johnny Appleseed Museum an der Urbana University in Urbana, Ohio, befindet.

Auch Walt Disney stellte die Gottesfurcht von Appleseed heraus. Im Film *Melody Times* von 1948 wie in der entsprechenden Buchausgabe wird die Geschichte von Johnny folgendermaßen erzählt: Appleseed ist ein Farmer, der zunächst beobachtet, wie die Siedler in den Westen ziehen, sich selbst aber nicht traut, ihnen zu folgen. Erst als ein Engel zu ihm kommt (über dessen Gestaltung es einen Briefwechsel zwischen Murdoch und Disney gegeben haben soll (vgl. Jones 2000, XXf.), macht auch er sich auf den Weg, um Apfelbäume zu pflanzen. Film und Buch geben die diversen Lebensstationen wieder, bis am Ende der Engel den friedlich entschlafenen Johnny weckt und ihn mit in den Himmel nimmt, denn: »we need a whole lot more apple trees *up there*!« Wenn die Menschen also den »apple blossom sky« sehen, denken sie stets an Johnny Appleseed (*Walt Disney's Johnny Appleseed*, 1989). An der Geschichte durften sich auch die Deutschen erfreuen. Im Jahr 1952 kam Disneys Film in einer Fassung mit dem Titel *Musik, Tanz und Rhythmus* in die deutschen Kinos, 1963 erschien die Geschichte Appleseeds als Buch mit dem Titel *Die Geschichte von Hans Apfelkern*, die einer Fassung von Aliki folgte und von James Krüss übersetzt wurde. Alikis Variante kam nun ohne Engel aus, stellte dafür aber den nationalen Gedanken heraus, das Buch endet mit dem Satz: »Sie [die Apfelbäume, B. B.] sind das Geschenk Hans Apfelkerns an sein Land, besonders aber an die kleinen Mädchen und Jungen im großen Amerika.« (Aliki 1963, o. P.)

Dabei erweist sich Appleseeds Geschichte in mehrfacher Hinsicht als doppelbödig. So hat Michael Pollan darauf hingewiesen, daß ein Apfelbaum, den man aus einem Kern zieht, ein Wildling wird, dessen Äpfel nahezu immer ungenießbar seien. Appleseed jedoch habe, wie die Legende vermerkt, ausschließlich auf diese Weise Baumschulen angelegt. Hinsichtlich der Technik des Veredelns der Bäume durch Pfropfen soll er gesagt haben: »Vielleicht kann man auf die Art bessere Äpfel züchten, aber das ist dann bloß ein menschlicher Kunstgriff, und es ist frevelhaft, Bäume so zu verschneiden. Das rechte Verfahren ist vielmehr, gute Kerne auszusuchen und sie in gute Erde zu setzen – das mit dem Veredeln besorgt dann schon der liebe Gott.« (Pollan 2002; 44, dieses Argument findet sich bereits in Haley 1871, 834) Gottes Veredelung jedoch bringt auf diese Weise keine eßbaren Äpfel hervor, sondern nur solche, die sich zum Herstellen von Most (*hard cider*), dem beliebtesten Getränk der damaligen Siedler, oder Schnaps (*applejack*) eignen. Ein weiterer Grund für den Erfolg Appleseeds lag in der staatlichen Vorgabe, daß derjenige, der im Northwest Territory Land zugewiesen bekommen wollte, »mindestens fünfzig Apfel- oder Birnbäume« anpflanzen mußte. Auf diese Weise sollten die Siedler dazu gebracht werden, seßhaft zu werden. Bei Appleseed konnte man sich nun mit zwei- bis dreijährigen Bäumen eindecken und so der Forderung schnell nachkommen (vgl. Pollan 2002, 46).

Der Versuch, Biographie und Mythologisierung getrennt darzustellen, kann vor diesem Hintergrund kaum gelingen, selbst Price (2001) dringt nur bedingt zu Chapmans Leben vor. Insofern ist weniger das tatsächliche Leben John Chapmans von Interesse, als vielmehr dessen imaginäre Konstruktion. Denn diese erzählt nichts anderes als die Geschichte der Besiedlung des amerikanischen Westens durch die friedvolle Umwandlung von Wildnis in Kultur, hier im Geiste Swedenborgs und in Gestalt von Apfelbäumen. Die Bedeutung der Geschichte Appleseeds, die seit dem Artikel in *Harper's Magazine* von 1871 die Geschichte eines bescheidenen, gläubigen *frontiersman* ist, wird deutlich vor dem Hintergrund der Prägung des Begriffs *frontier* durch den Historiker Frederick Jackson Turner, der in seinem Aufsatz »The significance of the frontier in American history« (1893) weitreichende Schlüsse zog. Nach Turner prägte die sukzessive Verschiebung der *frontier* nach Westen nahezu alle kennzeichnenden Merkmale der amerikanischen Gesellschaft, weshalb sich Amerika von Europa grundlegend unterscheide (Wachter 1996, 14). Vor allem hätten die Amerikaner die Demokratie nicht den Europäern zu verdanken. Turner schreibt dazu:

> [American democracy] was not carried in the *Sarah Constant* to Virginia, nor in the *Mayflower* to Plymouth. It came out of the American forest, and it gained new strength each time it touched a new frontier. Not the constitution, but free land and an abundance of natural resources open to a fit people, made the democratic type of society in America for three centuries while it occupied its empire. (Zit. nach Waechter 1996, 15)

Nach Turner verschob das Leben der Siedler nicht nur geographische Grenzen, sondern durchbrach auch sämtliche Privilegien wie politische Führungsstrukturen. Die Ressourcen im Westen sollen Chancengleichheit zwischen den Siedlern ermöglicht haben und natürlich wurde hier der amerikanische Individualismus geboren. Der kontroversen Diskussion der »Turner-These« muß hier nicht nachgegangen werden (vgl. Waechter 1996), erwähnt sei nur das wirkungsvolle Buch *Virgin Land* des Historikers Henry Nash Smith. Er zeigt auf, daß Turner seine Idee von Demokratie auf der Idee der Natur bzw. dem Mythos vom »free land« gegründet habe. Da dieses aber angesichts des Vorrückens der Zivilisation verschwinde, folge, daß die »post-frontier American Society contained no force tending toward democracy« (Smith 1950, 301). Dafür, daß die amerikanische Geschichte trotz dieses Paradoxes immer wieder neu auf diese Weise erzählt werden kann, sorgen Fiktionen wie die von Johnny Appleseed: das Ideal des hilfsbereiten Christen, für den alle Menschen gleich sind, und der zugleich im Vertrauen auf Gott und sich selbst die Grenze zur Wildnis überschreitet, um diese in Kultur zu verwandeln. Das Überschreiten der Grenzen erscheint damit nicht als imperialistischer Akt, nicht als Vernichtungskrieg gegen die Indianer, sondern als Kultivierung der Wildnis und Christianisierung der Verwilderten. Dabei wird ein ganz besonderes Erzeugnis der Chapmanschen Baumpflanzungen gerne vergessen: *applejack*.

2. *Pfropfungen*

> Man müßte systematisch erforschen, was sich als einfache etymologische Einheit der Pfropfung und des Graphen gibt (des graphion: Schreibstichel), aber auch der Analogie zwischen den Formen textueller Pfropfung und den sogenannten pflanzlichen oder, mehr und mehr, tierischen Pfropfungen. Sich nicht mit einem enzyklopädischen Katalog der Pfropfungen zufriedengeben (Pfropfung des Auges eines Baumes auf ein anderes, Pfropfung durch Näherung, Pfropfen durch Zweige oder Schößlinge, Spaltpfropfen, Rindenpfropfen, Pfropfen durch Knospen oder Okulieren, Pfropfen aufs treibende oder schlafende Auge, Pfropfen in den Kerb, Einschilfen, Ablaktieren, Schäften, Sattelschäften etc.), sondern eine systematische Abhandlung der textuellen Pfropfung ausarbeiten. Unter anderem könnte uns das helfen, zum Beispiel das Funktionieren einer Anmerkung am Rande der Seite sowie das eines Exergon zu verstehen, und inwiefern sie für den, der zu lesen weiß, mitunter wichtiger sind als der sogenannte Grund- oder Haupttext.
>
> *(Derrida 1995, 226)*

Obstbäume haben seit der Antike innerhalb der Gartenkultur ihren festen Ort. So stellt Columella in *De re rustica*, einem umfassenden Lehrbuch aus dem 1. Jahrhundert n. d. Z., das Pflanzenzucht wie Tierhaltung, Regeln für die Hauswirtschaft wie für den Umgang mit Sklaven beinhaltet, ausführlich dar, wie ein Obstgarten anzulegen ist, wie die Bäume zu pflanzen, zu düngen und zu schützen sind. Dabei erhält das Thema des Pfropfens, der Veredelung, ein eigenes Kapitel. Gepfropfte Bäume seien nämlich fruchtbarer als ungepfropfte, was für Columella entscheidend ist, schließlich ist der einzige Zweck der Landwirtschaft die Steigerung des Gewinns (vgl. Ahrens 1972, 19). Wobei nicht zuletzt gilt, daß die Pfropfmethode geradezu universal anwendbar ist: »Jedes Reis läßt sich auf jeden Baum pflanzen, wenn es demjenigen, auf den es gepfropft wird, in der Rinde nicht unähnlich ist.« (Columella 1972, 187) Columella führt verschiedene Methoden der Pfropfung an: Das Propfen in den gespaltenen Baum und das zwischen Bast und Holz werden im Frühling angewendet. Im Sommer werden die Bäume okuliert, man setzt Augen mit wenig Rinde an einer Stelle des Baumes ein, von der man die Rinde gelöst hat.

Hat die Technik des Veredelns solchermaßen ihren festen Ort in den Lehr- und Handbüchern der Landwirtschaft und Gartenkunst, so findet sich die erste deutsche systematische Darstellung der Veredelung im sogenannten *Pelzbuch* des Gottfried von Franken aus dem 14. Jahrhundert. Der Ausdruck *pelzen* wurde im Mittelalter für alle Veredelungsverfahren angewandt. Wie Gerhard Eis ausführt, bezieht sich das Wort insgesamt auf die Kunst des Obst-, Wein- und Blumengärtners (Eis 1966, 27). Das *Pelzbuch* behandelt denn nicht nur unterschiedliche Arten des Pfropfens, insbesondere bei Apfel- und Birnbäumen, sondern auch das Pflegen und Warten der Bäume, die Wahl günstiger Standorte und Anpflanzungszeiten, die Art der Aufbewahrung und Verwendung des Obstes oder auch die Frage, wie dem reifen Obst ein bestimmter Geschmack, Geruch, Farbe oder Form verliehen werden könne. Das *Pelzbuch* ist ein Symptom der weiten Verbreitung der Technik des Veredelns von Bäumen, Klöster pflegten schon im 9. Jahrhundert eine hochentwickelte Obstkultur: Auf der Bodenseeinsel Reichenau wurden Pfirsiche, Feigen, Pflaumen, Nüsse und Birnen angebaut (vgl. hierzu das Lehrgedicht des Abtes Walahfrid Strabo *De cultura hortorum* aus dem 9. Jahrhundert, Strabo 2007). In seinem Werk *De vegetabilibus* (1256/57) empfiehlt Albertus Magnus die Veredelung von Apfel-, Pflaumen-, Birnen und Walnußbäumen (vgl. Janssen 1987, 229). Wie Eis schreibt, entwickelte sich spätestens im 17. Jahrhundert der Beruf des umherziehenden Baumpelzers (vgl. auch Liebster 1984). Die gewinnsteigernde Methode des Pfropfens war denn auch verknüpft mit abergläubischen Ansichten (→ MANDRAGORA), etwa daß das Reis an bestimmten Tagen aufgesetzt werden müsse, vor dem Aufsetzen in frisches Hechtblut getauchtes Pfropfreis rote Früchte bringe oder gegen Würmer Weihrauch oder Butter helfe (vgl. dazu: Eis 1966, 110-115).

Bis auf den heutigen Tag finden die Techniken der Veredelung, das Pfropfen und das Okulieren, im Obstanbau ihre Anwendung. Deren Geschichte erweist sich jedoch nicht nur als Teil der Entwicklung der Gartenkunst und der Landwirtschaft, sondern auch als Geschichte der Transformation einer agrarischen Kulturtechnik in eine sprachliche Metapher. So findet sich der Ausdruck der Inokulation wieder in der Medizin, in der er das »Hineinbringen von Krankheitserregern in den Körper« bezeichnet (Pschyrembel 1990, 787). In der Sozialpsychologie wird darunter, nach McGuire, eine »experimentelle Methode zur Stärkung des Widerstandes gegen gezielte Einstellungsänderungen durch Überredung« verstanden (Häcker/Stapf 1998, 400).

Der Begriff des Pfropfens wiederum wurde zu einer kulturwissenschaftlichen Kategorie, insbesondere durch Jacques Derrida, der in dem Aufsatz »Signatur Ereignis Kontext« das Zitieren als Pfropfung auffaßt. Für Derrida ist entscheidend, daß ein schriftliches Zeichen die Gelegenheit zu seiner Iteration in der Zitation bietet. Damit habe es zugleich jedoch auch die »Kraft eines Bruches mit seinem Kontext« (Derrida 1988, 300). Denn aufgrund dieser Iterierbarkeit kann ein schriftliches Syntagma aus der Verkettung, in der es gegeben ist, herausgelöst werden, ohne daß ihm damit alle Möglichkeiten des Funktionierens verlorengingen: »Man kann ihm eventuell andere zuerkennen, indem man es in andere Ketten einschreibt oder ihnen *aufpfropft.*« (Derrida 1988, 300) Ein solches Zeichen kann von keinem Code eingeschlossen werden, wobei dieser zugleich die Möglichkeit und Unmöglichkeit der Iterierbarkeit der Schrift ist. Gegen John Austins Sprechakttheorie führt Derrida damit vor, wie eine Theorie, die versucht, die Idee einer »normalen Sprache« durch Ausschluß bestimmter Verwendungen von Sprache zu formulieren, scheitern muß. Denn Austin schloß ausdrücklich unernste Äußerungen aus seiner Theorie der normalen Sprache aus. Performative Äußerungen sind nach Austin dann unernst, wenn sie etwa von einem Schauspieler auf der Bühne gesprochen werden oder wenn sie in einem Gedicht vorkommen. Die Sprache werde unter solchen Umständen auf eine Art gebraucht, »die für ihren normalen Gebrauch *parasitär* ist« (Austin, zit. nach Derrida 1988, 308). Was Austin unter dem Bild des Parasiten faßt, hat Derrida im Blick: Für ihn nämlich kann eine performative Äußerung nur dann erfolgreich sein, wenn sie iterierbar ist: Ohne das Zitieren gebe es kein »›geglücktes‹ performative« (vgl. Derrida 1988, 309). Das heißt, das »Unernste«, hier das Zitieren, läßt sich nicht aus der »gewöhnlichen« Sprache ausschließen, sondern bildet vielmehr die Bedingung für das Gelingen von Sprechakten, oder mit Derrida: »Es ist weniger nötig, das Zitieren oder die Iteration der Nicht-Iteration eines Ereignisses entgegenzusetzen, als vielmehr eine differentielle Typologie von Iterationsformen zu konstruieren.« (Derrida 1988, 310) Weiterhin verweist der von Derrida in diesem Zusammenhang verwendete Ausdruck der »Aufpfropfung« darauf, daß die Iteration, die Bedingung für das Gelingen einer Äußerung, zugleich ständig zu einer Verschiebung von deren Bedeutung führt, indem das Zeichen nämlich in einen anderen Kontext eingefügt, ihm *aufgepfropft* wird. Die Metapher des Pfropfens, der *greffe*, fügt sich somit in die Reihe von Figuren wie Spur, Supplement, *pharmakon* oder *hymen* ein – Ausdrücke, die auf die irreduzible Polysemie der Schrift verweisen (vgl. dazu das Kapitel »Aufpfropfungen« in: Culler 1994, 149-173).

Wie diese Überlegungen auch für die Wissenschaftsgeschichte fruchtbar gemacht werden können, zeigt Hans-Jörg Rheinbergers Auseinandersetzung mit der Frage, wie Experimentalsysteme etwas Neues, Unvorhergesehenes produzieren, dabei jedoch ausreichend stabil bleiben. Hierfür greift er auf Derridas Begriff der *différance* zurück. Er führt aus, daß ein Experimentalsystem »ein Spiel von Differenzen und Oppositionen realisiert, die seiner eigenen Operatorzeit gehorchen, *und* daß es *gleichzeitig* ständig verschiebt oder verlagert, was zu einem gegebenen Moment seine Grenzen zu sein scheinen.« (Rheinberger 1992, 56) Mit Derrida könne man dies auch als »Pfropfen« bezeichnen, bei dem das System, auf das der Trieb aufgepfropft werde, als Unterlage erhalten bleibe, wobei das Reis dieses Trägersystem dazu veranlasse, den spezifischen Samen des Reises hervorzubringen. Der Pfropf zeige die Eignung des Trägers, ihn aufzunehmen, und stelle eine Art von Überschuß dar, der den Rand zum Vorschein bringe, indem er ihn durchbreche. In diesem Sinne seien die »Rekombinationen und das Hinundherschieben von und innerhalb von Experimentalsystemen eine Voraussetzung dafür, aus alten Geschichten neue hervorzubringen, etwas, das nicht mehr vorkommt und nicht mehr vorkommen kann, wenn die ›Serien‹ zu ›rein‹ werden« (Rheinberger 1992, 57).

In einem neueren Beitrag zum Thema Kulturgeschichte als Mediengeschichte hat Uwe Wirth eine Erweiterung dieses Modells dargelegt. Wirth erkennt im »Pfropfen« eine »Figur des Wissens«, die ein »›Dazwischen‹ organisiert und im wahren Sinn des Wortes *konfiguriert*« (Wirth 2006, 112). Mit Blick auf die Kulturtechnik des Pfropfens, Warburgs Verwendung dieser Metapher als kulturwissenschaftliche Kategorie, Jean Paul, Derrida und Rheinberger kommt Wirth zu dem Vorschlag, die Aufpfropfung als »*Figur des Wissens* kulturgeschichtlich, wissenschaftsgeschichtlich und mediengeschichtlich in Dienst« zu nehmen, wobei mit dem Projekt einer »allgemeinen *Greffologie*« die Aufpfropfung auch als »poetologische und poetische Figur« untersucht werde, als »Metapher für die Absorption und Transformation von Texten bzw. für das Verhältnis von Kopie und Original« (Wirth 2006, 120f.). Die Transformation der Kulturtechnik des Pfropfens in eine Metapher erweist sich vor diesem Hintergrund selbst als eine Art des Pfropfens: Die Kulturtheorie konstituiert sich einmal mehr aus dem Bildfeld des Botanischen (→ Getreide).

Während Pfropfung damit zu einer kulturtheoretischen Metapher geworden ist, hat sie im politischen Diskurs noch eine ganz andere Bedeutung, wie ein Zitat aus der Erzählung *Manhattan Girl* von Robert Müller zeigt:

Unsere Generation gebiert nicht, sie ist selbst kindhaft. Die Genäschigkeit des Kindes ist uns geblieben. Die Zeugung geht durch unser Gehirn. Unsere Nachkommen sind im Osten: das sind die Völker, die noch Kinder gebären. Wir bauen eine Maschine, wir erfinden ein Geschütz, wir lieben uns in der Gemeinsamkeit der Arbeit. Und wir erobern damit den Osten, bringen unsere Sprache, unsere Zivilisation in das fremde Volk und unser Blut. Das Blut unserer Rasse ist Essenz. Ein Tropfen genügt, um ganze Völker zu okulieren. Wir bringen ihnen unser Gehirn, dem sie machtlos unterliegen, wir beuten ihre Fruchtbarkeit für uns aus, wir kolonisieren die Lebenswerte. Es ist unsere Pflicht, uns nicht fortzupflanzen. Unsere Samen sind Gedanken. Wir können keine lebenskräftige

Brut mehr schaffen. Unsere Genießlichkeit und unsere Nerven töten mit ihren Strömen die Kräfte der Spermen. Nur das Grundblut unserer Rasse taugt zur Pfropfung. Wir Fertigen, wir Verausgabten unserer Rasse haben eine Fortpflanzung in einer höheren Dimension. Unsere Kinder kommen aus dem Gehirn und gehen zu den Gehirnen – – – – – (Müller 1920, 1928)

Bei Müller wird die Pfropfung zu einer Sozialtechnik der Bewußtseinsumstellung ganzer Völker in den Termini der Kolonisation durch eine »überlegene Rasse«, was Müller in verschiedenen Essays vertieft, in seinem Roman *Tropen* jedoch wieder dekonstruiert (Bühler 2008). In anderer Weise hat Alfred Döblin in seinem Essay »Die literarische Situation« (1947) die Metaphorik aufgegriffen. Döblin geht hier der Frage nach, wie es zu den Veränderungen der deutschen Literatur nach 1933 kam und welche Möglichkeiten bestehen, diese nach 1945 neu aufzurichten, wobei Döblin die Literatur jeweils in den sozialhistorischen Bedingungen verortet: War hierbei für die Änderungen der Literatur das Aufkommen der biologischen Utopie und deren Inauguration als, wie Döblin schreibt, »Biopolitik« (Döblin 1989, 416) von entscheidender Bedeutung, so stellt sich nach 1945 die Frage, wie es, angesichts des erschöpften Landes, der geistigen Verarmung und des Nachwirkens etwa der biologischen Rasseidee weitergehen soll. Döblins Antwort:

In jedem Fall hat man, wie auch die äußeren Umstände sind, da zu sein. Man hat einzugreifen, um den Chok, die Paralyse zu überwinden und sich aus der Starre herauszumanövrieren. Man kann durch Inokulieren frischer Keime neues Wachstum in dem keineswegs erstorbenen Stamm anregen und das Wachstum in bestimmte Richtung lenken. (Döblin 1989, 448).

Döblin zielt mit der Metaphorik des Inokulierens auf die Adjustierung des deutschen Bewußtseins. Die noch vorhandene Infektion sei zu therapieren, demokratische Vorstellungen und Einrichtungen müßten »einverleibt« werden. Dabei habe die ausländische Literatur den Vorzug, einen »kompletten Menschentyp« und die Vorstellung eines »vollständigen Menschenbildes« zu vermitteln. Die »Inokulation« bezeichnet einen Eingriff, durch den Ideen und Werte inkorporiert werden, nach dem Prinzip von Aktion und Reaktion sollen Leitbilder erstellt werden, nach denen man sich richten kann. Döblin geht es um die Neuformierung des nationalsozialistisch vergifteten deutschen Volkes. Damit grenzt er sich explizit von Oswald Spenglers Geschichtsmorphologie ab, der von Kulturen redet, die aus »einer Urseele, einem seelenfesten Raum wie Pflanzen wachsen und vergehen« (Döblin 1989, 468). Spengler hatte sich nicht zuletzt von Goethe anregen lassen. Jede Zeile dieses Naturforschers »sollte die Gestalt des Werdenden, ›geprägte Form, die lebend sich entwickelt‹, vor Augen stellen« (Spengler 2003, 35). Und wenn Spengler schließlich die »*organische Logik*« der menschlichen Geschichte analog setzt zur »Entwicklung der Pflanzenform aus dem Blatt, die Entstehung des Wirbeltiertypus, das Werden der geologischen Schichten« (Spengler 2003, 35), knüpft er auch an dessen *Metamorphose der Pflanzen* an (→ URPFLANZE). Indem Döblin dagegen ausführt, daß man nicht ungestraft unter Bildern wandere, parodiert er nicht nur ein Zitat Goethes (Döblin 1989, 468f. und 722; in Goethes *Wahlverwandtschaften* heißt es dagegen: »Es wandelt niemand ungestraft unter Palmen.«), sondern betont vor allem das metaphorische Potential der Inokulation: Statt von einem »Keim« zu reden, aus dem ein »Volk« wie eine Pflanze wachse, greift Döblin auf das einer Kulturtechnik entlehnte Bild zurück, die Inokulation. Gegen Spenglers Versuch, Geschichte vorauszubestimmen, setzt Döblin damit die Idee, das Bewußtsein einer ganzen Nation durch die kulturtechnische Versenkung von Vorstellungen und Werten in die organischen Schichten zu steuern.

Die Metaphorik des Pfropfens erweist sich damit als vielseitig anwendbar, ob in der Sprachtheorie, der Wissenschaftsgeschichte, der Kulturtheorie oder in Hinsicht auf die Änderung von nationalen Mentalitäten. Gemeinsam ist diesen Ansätzen, daß eine der wirkungsvollsten Metaphern der abendländischen Geschichte abgewandelt wird, nämlich das Pflanzenwachstum als Modell für die Menschheitsgeschichte. So betrachtet schon Herder in seinen *Ideen zur Philosophie der Geschichte der Menschheit* die Entwicklung des Menschen analog zum Wachstum des Baums, kulminierend im Wunsch nach einer »*allgemeinen botanischen Geographie für die Menschheitsgeschichte*« (Herder 1989, 67). Und Ernst Haeckel stellt schließlich die

Evolution des Menschen in Gestalt eines Baumes dar (vgl. Haeckel 1903, Tafel XX). Insofern überrascht es nicht, daß sich analog zur Metaphorisierung des Pfropfens eine Änderung der Metaphorik der Wurzel in der Kulturtheorie beobachten läßt, wie es Gilles Deleuze und Félix Guattari in den *Tausend Plateaus* ausgeführt haben. Die beiden unterscheiden drei Typen von Büchern, indem sie diese mit Wurzelsystemen vergleichen. So gebe es den Typ des Wurzel-Buches: Die Wurzel sei das Bild des Welt-Baums, dessen geistige Realität die binäre Logik sei, welche die Psychoanalyse, die Linguistik wie den Strukturalismus und die Informatik beherrsche (vgl. Deleuze/Guattari 1997, 14). Eine weitere Gestalt des Buches sei das Nebenwurzel-System oder das Wurzelbüschel: Wenn die Hauptwurzel verkümmert sei, beginne hierbei das »wilde Wuchern einer Mannigfaltigkeit von Nebenwurzeln« (vgl. Deleuze/Guattari 1997, 15). Allerdings bleibe die Einheit der Hauptwurzel zumindest als vergangene, zukünftige oder mögliche bestehen. Deleuze/Guattari setzen dagegen auf das Bild des Rhizoms, »ein[em] unterirdische[n] Strang grundsätzlich verschieden von großen und kleinen Wurzeln«. Das Rhizom könne unterschiedliche Formen annehmen (→ APFELMÄNNCHEN): »von der verästelten Ausbreitung in alle Richtungen an der Oberfläche bis zur Verdichtung in Zwiebeln und Knollen« (Deleuze/Guattari 1997, 16). Das Rhizom verkörpere somit tatsächliche Mannigfaltigkeit und entlarve die »Pseudo-Mannigfaltigkeit der Bäume« (Deleuze/Guattari 1997, 18).

Der Apfel aber erweist sich als Allegorie menschlicher Kultur. Ob verhandelt wird, wie sein Genuß den Menschen aus dem Garten Eden vertrieb, durch ihn der »wilde Westen« zivilisiert und kultiviert wurde, er mit seinem Fall auf den Kopf des Mathematikers, Physikers und Astronoms Isaac Newton die klassische Mechanik begründete oder die an ihm erfundene Kulturtechnik der Pfropfung das Gleiten der Signifikanten oder die Entstehung von Bedeutungsüberschüssen beschreibt: Der Apfel ist der Kern von Erzählungen darüber, wie der Mensch zu einem Kulturwesen wurde und sich kulturelle Prozesse vollziehen.

B. B.

Apfelmännchen

Nichts törichter als diese Klagen der Romantiker um ihre grünen Pflänzchen. Das mochte einen Sinn haben, als man der Pflanzen bedurfte, zur Nahrung sowohl als zur Regelung der atmosphärischen Verhältnisse. Für diese haben wir jetzt besser gesorgt. Wozu also diese Winkelexistenzen ihr Dasein fortfristen lassen, während wir den Platz so nötig brauchen? Sie mögen ihre historische Bedeutung behalten, aber als solche gehören sie ein für allemal in das Gebiet der Paläontologie, in die Museen und wissenschaftlichen Gärten.

Lasswitz 1979, 74

Der Verfasser, sagte derselbe, hat eine eigene, verborgene Absicht, die ich aber vollkommen einsehe, er will den Künstler lehren, wie sprossende und rankende Blumenverzierungen zu erfinden sind, nach Art und Weise der Alten in fortschreitender Bewegung. Die Pflanze muß von den einfachsten Blättern ausgehen, die sich stufenweise vermannigfaltigen, einschneiden, vervielfältigen und, indem sie sich vorwärts schieben, immer ausgebildeter, schlanker und leichter zu werden, bis sie sich in dem größten Reichtum der Blume versammeln, um den Samen entweder auszuschütten, oder gar einen neuen Lebenslauf wieder zu beginnen.

Goethe 1982, 106

Als das Naturreich mit der höchsten Biodiversität sind die Pflanzen auch ein Reich reich an natürlichen Formen. Ihre Mannigfaltigkeit bietet Anlaß für eine Vielzahl von Spekulationen, deren Spannbreite von der bloßen Freude an der natürlichen Vielfalt über Mutmaßungen ihrer möglichen Erschöpfbarkeit bis hin zu Theorien darüber reicht, ob das Formenrepertoire der Natur reichhaltiger sei als etwa das der Geometrie (stellvertretend Schröter 1803 und Bratranek 1853). Um die Pflanzen auch in den Geltungsbereich der Ästhetik zu überführen und als Generator unablässiger Vermannigfaltigung feiern zu können, ist es häufig notwendig, sie zu mediatisieren. Ob es der Abdruck ist, den ein Pflanzenblatt in einem Buch hinterläßt oder ob es optische Medien wie die Mikro-

Abb. 1: Pflanzendetail nach Blossfeldt 1999.

skopie oder die Photographie sind, die der Natur Gestalt verleihen – die Formen selbst scheinen nicht alleine stehen zu können. Prominent attestiert Walter Benjamin am Beispiel der Pflanzenphotographien Karl Blossfeldts (1865-1932), welchen Stellenwert dabei die Technik einnimmt. Was scheinbar mühelos vor den Augen liegt, gerät erst durch die Weise seines Photographiertwerdens in einen anderen Zustand und in

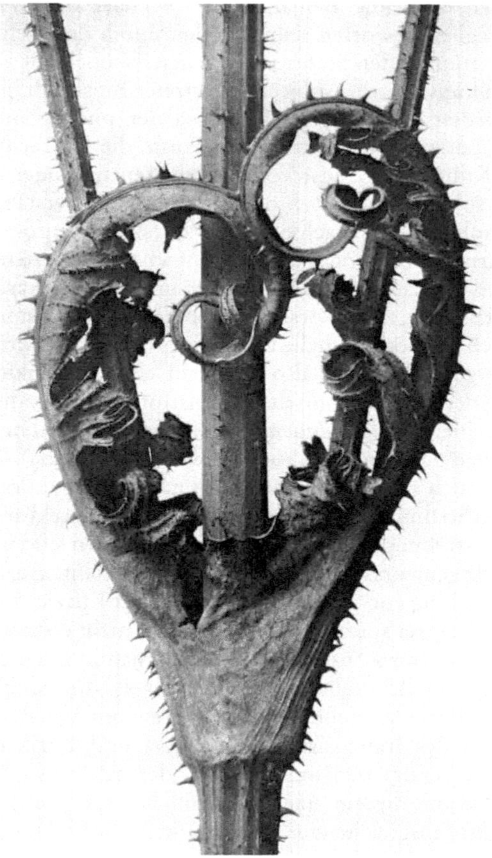

Abb. 2: Pflanzendetail nach Blossfeldt 1999.

diesem die Form zu ihrer Anschaulichkeit. »Diese Photographien«, so Benjamin in einer »Neues von Blumen« betitelten Rezension über Blossfeldts *Urformen der Kunst*, »erschließen im Pflanzendasein einen ganz unvermuteten Schatz von Analogien und Formen. Nur die Photographie vermag das.« (Benjamin 1980, 152)

Formen, über die Benjamin den Schleier der Wahrnehmungsträgheit geworfen sieht, werden durch die Technik der Vergrößerung in den Status jener neuen Sachlichkeit versetzt, als deren kunstphotographischer Vertreter Blossfeldt gilt. Enthüllt werden so durch die Spezifika der photographischen Technik Latenzen der natürlichen Form, die im Technischen und im Kulturellen längst Vorbild gewesen sind oder es noch werden sollten: »So hat Bloßfeldt mit seinen erstaunlichen Pflanzenphotos in Schachtelhalmen älteste Säulenformen, im Straußfarn den Bischofsstab, im zehnfach vergrößerten Kastanien- und Ahornsproß Totembäume, in der Weberkarde gotisches Maßwerk zum Vorschein gebracht.« (Benjamin 1980, 372) Doch erschöpft sich die Pflanzenform nicht in Bezügen zu einer Vergangenheit, ist also nicht auf eine Entwicklungsgeschichte der architektonischen Kunstformen zu reduzieren, wie es in einer *Vergleichenden Formenlehre des Ornaments und der Pflanze* aus dem Jahr 1909 heißt (Meurer 1909). Zeitnah dient sie auch als Vorbild für bestimmte Konstruktionen der Moderne: So findet sie sich etwa in der Eisenarchitektur wieder, deren Verstrebungen der Natur nachempfunden sind und eine von den Ingenieurswissenschaften bis zur Architektur gewürdigte Kopplung von Stabilität und materialer Effizienz darstellen (um von ihrer spezifischen Eleganz gar nicht erst zu reden). Und so ist es nur konsequent, wenn Benjamin in einem Bravourstück intellektueller Aufmerksamkeit die Sachlichkeit der neuen Form ausstellt. In einer Abgrenzung von den Pflanzenbildern des französischen Zeichners und Karikaturisten Grandville gelingt Benjamin ein Bild der modernen Medienwelt – und mit diesem eine eigentümliche, fast schon dialektische Geste ausgleichender Gerechtigkeit:

Nichts kann die wahrhaft neue Sachlichkeit seines Vorgehens besser dartun, als der Vergleich mit jenem einstigen unsachlichen und doch so genialen Verfahren, kraft dessen der ebenso geschätzte wie unverstandene Grandville in seinen »Fleurs animées« den ganzen Kosmos aus dem Pflanzenreiche hervorgehen ließ. Er greift es vom entgegengesetzten Ende – weiß Gott nicht zart – an. Er stempelt diesen reinen Naturkindern das Sträflingsbrandmal der Kreatur, das Menschengesicht, mitten in die Blüte hinein. Dieser große Vorläufer der Reklame beherrschte eines ihrer

Abb. 3: Mohn nach Grandville 1978.

Grundprinzipien, den graphischen Sadismus, wie kaum ein anderer. Ist es nicht merkwürdig, hier nun ein anderes Prinzip der Reklame, die Vergrößerung ins Riesenhafte der Pflanzenwelt, sanft die Wunden heilen zu sehen, die die Karikatur ihr schlug? (Benjamin 1980, 152)

In einer wundersamen Verschränkung von Natur und Kultur wird verhandelt, was Benjamin am Konstruktivismus der zwanziger Jahre, an der Glas- und Eisenarchitektur, an Paul Scheerbarts Schreiben, an Corbusiers Entwürfen und den Zeichentrickfilmen Walt Disneys so eindringlich beschwört: eine Neue Sachlichkeit, für die der vergangenheitslose Konstruktionstisch der Ingenieure ebenso wie der Schneidetisch der Filmleute die Heimstatt ist (→ MICKEY MOUSE). Um in einer nachgerade mediengeschichtsphilosophischen Spekulation die Wunden heilen zu können, die von Medien geschlagen wurden, muß Benjamin tief ins Verhältnis von Natur und Kunst vordringen. Blossfeldts photographischem *Alphabet der Pflanzen* (2007) attestiert Benjamin daher, sie seien Urformen der Kunst schlechthin. Das erhebt sie über die Funktion, als Vorbild ausschließlich für die Belange der Ästhetik zu dienen, und versetzt sie in den Status, »von Beginn an als Urformen in allem Geschaffenen am Werke« gewesen zu sein. Neben den Medien einer monumentalen Vergrößerung wird dabei zugleich ein Formenreich des Kleinen sichtbar. Wie Benjamin mit Verweis auf die Mikroskopie der Pflanzenzelle verdeutlicht, gehört seine Sympathie in diesem Fall dem Monumentalen und nicht dem Kleinen, jenen Sichtbarkeiten, dazu verweist er auf die Kunst Paul Klees und Wassily Kandinskys, »in die das Mikroskop uns barsch und gewaltsam entführen möchte« (Benjamin 1980, 152 sowie zum Stellenwert des Mikroskops Wiesner 1865). Es ist diese Bewegung, die auch der an Gestalt und Ästhetik interessierte Biologe Adolf Portmann nachzeichnet und dabei neben der ebenso ersichtlichen wie ermüdenden Ausbeutung bestimmter organischer Formen durch den Jugendstil eine zeitliche Koinzidenz benennt. Während die Ästhetik in der ornamentalen Gestaltung von Stuhllehnen und Türklinken schwelgt, tritt die Wissenschaft zeitgleich ihren Gang in die Mikrobiologie an. Die Folge ist für Portmann ein für die Moderne kennzeichnendes Auseinanderdriften unterschiedlicher Regime der Sichtbarkeit, eine Gegenläufigkeit von groß und klein, die in der Mikrobiologie und ihrer, von Portmann argwöhnisch beäugten, Dominanz des Mikroskopischen oder gar Submikroskopischen kulminiert (vgl. Portmann 1970, 32f. sowie Portmann 1970, 44f.). Benjamin jedenfalls präferiert die vegetabilischen Stilformen der Riesenpflanzen, benennt zahlreiche Beispiele und schlußfolgert Grundsätzliches, daß nämlich – anders als im »graphischen Sadismus« Grandvilles – nicht die Fratzen des Menschen, sondern die inneren Bildnotwendigkeiten entgegenspringen, »die in allen Phasen und Stadien des Gezeugten als Metamorphosen das letzte Wort behalten« (Benjamin 1980, 153). So schreibt Benjamin am Ende mit einer auffälligen Ähnlichkeit zum Wandeln in den durch die Zeitmanipulation ermöglichten Welten und Trümmerlandschaften der Kinematographie: »Wir Betrachtenden aber wandeln unter diesen Riesenpflanzen wie Liliputaner.« (Benjamin 1980, 153) In der Ordnung bewegter Bilder ist es namentlich die Technik der Zeitlupe, die den Menschen Reisen unternehmen läßt, die an Abenteuerlichkeit denen der manipulierten Größenverhältnisse in nichts nachstehen (vgl. Benjamin 1980). (→ SCHNECKE)

Welche Rolle kommt für die Formbestimmung der Natur (in welcher medialen Aufbereitung auch immer) zu? Hat sie eine Bedeutung, die dem Geltungsbereich einer Biosemiotik zugehörig wäre (vgl. dazu Portmann 1970; aktuell Weber 2001 und 2003 sowie Krampen 1981, Schmauks 1997 und Kull 2000)? Die Übergängigkeit von Natur und Kunst, die in der Ästhetik breit ausgeführten Diskussionen um die Theorien des Naturschönen sowie ihre Praxis etwa im Jugendstil (nicht nur in seiner floralen Ausrichtung) sprechen und schreiben Bände. Ernst Haeckel hat die *Kunstformen der Natur* beim Namen genannt und deren Ausformungen aufwendig in Gestalt unter anderem von Korallen vor Augen gestellt (vgl. dazu Haeckel 2004 und Breidbach 2005; zu Haeckel und dem Jugendstil: Mann 1990). Solche Konstellationen bieten trefflichen Anlaß, über die Bilder der Natur und die Natur der Bilder zu spekulieren und sogar die Möglichkeit gänzlich kulturfreier Bilder in Betracht zu fassen (vgl. Pias 2008).

Wie sehr die Kultur und ihr Sachwalter, der ingeniale Mensch, die Hoheit über das Reich der Formen verloren haben oder verloren zu haben scheinen, das markiert die Einsatzstelle für das legendäre Apfelmännchen des französischen Mathematikers Benoît B. Mandelbrot. Sein Einsatz ist wie ein Lehrstück über vermeintliche Vorgängigkeiten von Form und Natur.

Zur Welt kam das Apfelmännchen im Jahr 1975 und zwar – so Mandelbrot – anläßlich von Bestrebungen, komplexere Formen als diejenigen, die in der Geometrie Euklids verhandelt werden, handhabbar zu machen (vgl. dazu Mandelbrot 1991 und übergreifend Peitgen/Richter 1986). Der Befund, daß die Formen der Natur offenkundig nicht in den Vorgaben der Standardgeometrie aufgehen, daß »Wolken [...] keine Kugeln, Berge keine Kegel, Küstenlinien keine Kreise sind«, führt Mandelbrot zur Einführung des Begriffs des Fraktals (zur Etymologie Mandelbrot 1991, 16). Dessen Einsatz lag zunächst von der Natur weit entfernt. Was anthropomorphisierend als Apfelmännchen von sich reden machen sollte, ist lediglich die Veranschaulichung eines mathematischen Prozesses. Friedrich Kittler beschreibt diesen wie folgt: »[E]rst die technische Visualisierung der Mandelbrot-Menge offenbarte Strukturen im Chaos der Zahlenkolonnen. Mit völlig konventionell zugeordneten Farbwerten zeigte Harvards altersschwache Tektronix-Bildröhre für jeden berechneten Bildpunkt an, nach wie vielen Iterationen der Wert z_u den Einheitskreis verlassen würde. Das Mandelbrot-Männchen, filigranes Lieblingskind aller Computergraphik, war geboren.« (Kittler 1990, 202) Mit den feingliedrigen Bildern Mandelbrots, die nichts anderes tun, als das Verhalten einer Variablen in einem mathematischen Prozeß zu visualisieren, steht aber zugleich ein bestimmter Bildtyp zur Verhandlung, der auf eigenwillige Weise die Natur und mit ihr eine Natur der Bilder unterläuft. Was die Visualisierung gegen die Intention Mandelbrots sichtbar macht, sind Grundstrukturen, die aller Orten in der Natur vorfindlich sind, dort, wo das Prinzip der Selbstähnlichkeit herrscht. Mit der rekursiven Verfaßtheit ist gefunden, was von der Standardgeometrie ungezähmt bleibt, Formen, die jenseits von Kreisen, Geraden und Kegeln liegen, die infinit im Kleinen nachbilden, was ihnen im Großen Gestalt verlieh. Kittler nimmt das zum Anlaß, eine der für die Kultur folgenreichsten Differenzen zu markieren, jene zwischen Fiktion und Simulation.

Mandelbrot dagegen, der nichts auf der Welt fingieren wollte, weder Blätter, Steine noch Menschen, der die Computer von Harvard und IBM nur zu Rechenzwecken einschaltete, hatte eben damit ein Stück Natur simuliert. Etwas nie Gesehenes öffnete die Augen. Nachträglich kam zutage, daß die Selbstähnlichkeit von Mandelbrotmengen auch in Wolken und

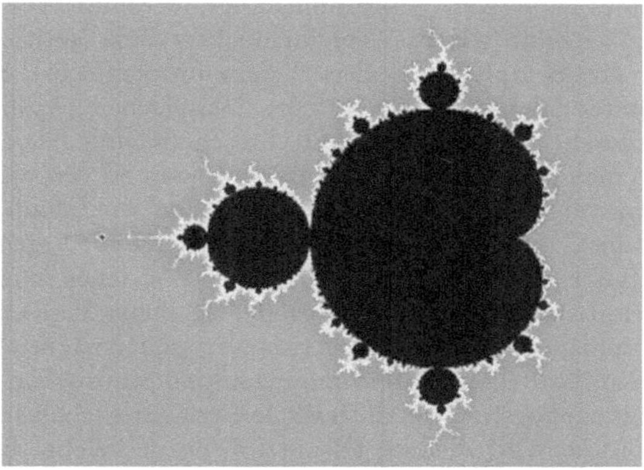

Abb. 4: Klassisches Apfelmännchen,
Darstellung einer Mandelbrotmenge.

Ufern, Eisblumen und Korallenriffen haust. Wenn simulieren besagt, zu bejahen, was nicht ist, und dissimulieren besagt, zu verneinen, was ist, dann hat die Computerdarstellung komplexer, zum Teil also imaginärer Zahlen eine sogenannte Wirklichkeit buchstäblich dissimuliert, nämlich auf Algorithmen gebracht. Seit Mandelbrots Fraktalen gibt es technogene Wolken und Uferlinien. Das ist keine Kunst, aber auch von keiner Kunst zu erreichen. (Kittler 1990, 203)

Die Karriere der fraktalen Geometrie bringt auf künstliche Weise die Natur ins Spiel – und damit etwas, das dezidiert keine Kunst ist. Ausgerechnet vor dem Hintergrund bestimmter Computer-Algorithmen und dem, was diese an Formen emergent werden lassen, tauchen Strukturen auf, die mehr und mehr als solche der Natur veranschlagt und auch im Rahmen ästhetischer Bemühungen angeführt werden (vgl. dazu Diewald u. a. 2001). Selbstähnlichkeit wird in Blättern und Pflanzen, in Wolkenformationen und Strandverläufen und nicht zuletzt in Schnecken entdeckt (vgl. Meinhardt 1997). Selbstähnlichkeit, Rekursivität und damit all jene Prinzipien, die eine Geometrie des Fraktalen bestimmen, sind in der Natur immer schon der Fall. Weil deren Bauplan sowohl der Effizienz als auch der Eleganz eines rekursiven Algorithmus folgt, ist es nur zwingend, daß ein Gebilde wie das Apfelmännchen diese Verhältnisse fortan ikonographisch begleitet. Sein ontologischer Status sucht unter den Dingen dieser Welt seinesgleichen, oszilliert er doch zwischen natürlichem und technischem Ding. Gleichgültig, wo man in das Objekt hineinzoomt, wo und von wo man sich ihm vergrößernd nähert, es enthält und wiederholt variierend die Gestalten, die ihm im Großen zugrunde liegen. Vor dem Hintergrund solcher Verwirrungen, mit denen eine, von Mandelbrot auch eigens gewürdigte, Mathematikgeschichte der Anschaulichkeit und ihrer Krisen verbunden ist, macht ein Neuansatz ästhetischer Bestimmungen und Sinnsuchen Sinn: Im Angesicht dessen, was die fraktale Geometrie technisch zutage fördert, wird die alte Diskussion wiederbelebt, die der Frage gilt, ob die Natur oder ob die Geometrie reichhaltiger an Formen sei. Mandelbrots Apfelmännchen gerät so an eine Ästhetik der Pflanze als Teil einer Naturästhetik, ihrer Formen und Vielfalt. Dabei wird verhandelt, ob die Mannigfaltigkeit natürlicher Formen gegenüber der Mathematik defizitär ist oder nicht – ein Argument, das der Gedächtnistheoretiker Ewald Hering 1905 in seinem viel beachteten Vortrag »Über das Gedächtnis als eine allgemeine Funktion der organisierten Materie« aufgegriffen hat:

> Die Gestalten der Kurven und Flächen, welche der Mathematiker teils denkt, teils denkbar findet, sind zahlloser und mannigfaltiger als die Gestalten der organischen Welt. Denken wir uns aus jeder möglichen Kurve je ein, nahezu unendlich kleines Stück herausgebrochen, so werden alle diese Bruchstücke sich ähnlicher sehen als ein Keim dem andern; und doch schlummert in jedem solchen Bruchstücke die ganze Kurve, und wenn der Mathematiker es wachsen läßt, so wächst es eben nur in die Bahnen hinein, die schon durch die Eigentümlichkeit des kleinen Fragmentes bestimmt sind. (Hering 1905, 15)

Mit dieser Einschätzung gerät die Natur formal ins Hintertreffen, wird von der Mathematik auf die Plätze verwiesen. Aber nicht nur, daß die Analyse von Kurven und Flächen eine scheinbar dringend benötigte Mannigfaltigkeit absichert und in deren Schlepptau eine wundersame Diskussion über alte und neue Gestalttheorie, über alte und neue Physiognomie zur

Folge hat (vgl. dazu Rieger 2008a; für die spirituelle Variante Schüpbach 1944), mit ihr gelangt das Anliegen auch noch einmal dorthin zurück, wo Benjamin im Namen Blossfeldts eine Urszene neuer Sachlichkeit benennt und gegen den Sadismus Grandvilles ausspielt: bei der Frage nach Zierrat und Ornament. Dieses nicht auf ein bloßes Verbrechen oder auf eine anthropomorphisierende Grausamkeit zurückzuführen, sondern sehr viel grundsätzlicher zu veranschlagen, ist ein Anliegen, das bereits Goethe anläßlich seiner Überlegungen zur Pflanze hegte. Die Visualisierung der Bildungsgesetze ist es denn auch, die Goethe in seinen Studien zur Botanik zur Einschätzung veranlaßt, Zierrat und Struktur, Poesie und Wissenschaft nicht getrennt voneinander zu behandeln (und damit ersteren aufzuwerten). Bildungsgesetze haben eine inhärente Ästhetik und mit dieser eine Logik, die man – jedenfalls in der und mit der Optik Goethes – auch unbeschadet aller bildgebenden Verfahren sehen kann. Diese Schau kommt in den Diskussionen um die Urpflanze zum Tragen und fundiert eine besondere Karriere dieses Anschauungstypus gerade in den Reihen der Anthroposophen. (→ Urpflanze) Aber es gab daneben immer schon andere Begründungen, die zur Ehrenrettung des Regelmäßigen angetreten waren: Der große Physiologe Jan Evangelista Purkinje wird in seinen *Beiträgen zur Kenntnis des Sehens in subjektiver Hinsicht* aus dem Jahre 1819 Regelmäßigkeiten wie der Schneckenlinie oder der Welle aus Gründen der schieren Wahrnehmungsökonomie einen Vorteil zuschreiben.

Beim Anschauen regelmäßiger geometrischer Linien, Schnecken- Kreis- und Wellenlinien, symmetrischer Gestalten, Zierrathen, Schnörkeln, wo überhaupt Gesetz und Nothwendigkeit herrscht, fühlt sich das Auge unwillkürlich von den Umrissen der Gegenstände fortgezogen, die Bewegungen sind erleichtert ja halb automatisch, so dass sie auf die angeschauten Gegenstände übertragen werden in denen nun ein eigenes Leben und Bewegen erscheint, was einen eigenthümlichen Eindruck gewährt, und ebenfalls von leisen Spannungsgefühlen am Augapfel begleitet ist. Es wäre der Mühe werth, diese Art Augenmusik, die uns allenthalben aus der Natur und Kunstwelt entgegenwinkt als einen eigenen Kunstgegenstand zu bearbeiten. Gewiss würde hier für das schaffende Genie eine neue Bahn gebrochen wenn die Ausführungen hinlänglich ins Große getrieben würden. Bis itzt scheint noch nicht für diese Kunst die Zeit gekommen zu seyn, sie muss als Sklavin zu Verzierungen von Kleidern, Gebäuden, Gärten etc. dienen. Nur im Feuerwerke, im Tanze so wie in gymnastischen Vorstellungen, Altären, Ziergärten, transparenten Kreisen mit Centralbewegungen und neuerlichst im Kaleidoskope hat sie bisher ein selbständiges Leben begonnen, wird aber noch immer, weil sie zum Theil mit Gauklern durch die Welt zieht vom vornehmen Geschmake verkannt und übersehen. (Purkinje 1819, 161f.)

Im Vorhof und als Vorspiel physiologischer Ästhetik (zum Begriff Tourtual 1827; zu einer programmatischen Rückbesinnung auf die Aisthesis Barck u. a. 1990) tritt der Physiologe ihrer Diffamierung als Zierrat entgegen und redet anstelle solcher Geringschätzung einer Eigengesetzlichkeit das Wort, die in Mandelbrots computergenerierten Fraktalen ihren vielleicht avanciertesten Beleg hätte finden können. Damit endet eine kleine Geschichte von Formen, die durch Medien wie der Photographie und dem Mikroskop sichtbar gemacht werden, in einer Geschichte von Medien, die der Eigengesetzlichkeit der Form schon allein deswegen gerecht werden müssen, weil sie schlicht ihr Seinsgrund sind.

S. R.

Cinchona

Opium war in China gegen Entrichtung von etwa 3 Dollar Zoll je Kiste als ein Heilmittel gesetzlich zugelassen, wobei die Portugiesen, die das Opium aus der Türkei brachten, seine fast ausschließlichen Exporteure ins Himmlische Reich waren. Im Jahre 1773 brachten Colonel Watson und Vizepräsident Wheeler [...] die Ostindische Kompanie auf die Idee, den Opiumhandel mit China aufzunehmen. [...] Um 1798 stellte die Ostindische Kompanie den direkten Opiumexport ein, dafür wurde sie jetzt Opiumproduzent. In Indien wurde das Opiummonopol errichtet; und während den Schiffen der Kompanie scheinheilig verboten wurde, mit dem Rauschgift zu handeln, enthielten die Lizenzen, die sie privaten Schiffen für den Chinahandel erteilte, eine Strafandrohung für den Fall, daß sie anderes als von der Kompanie hergestelltes Opium laden würden [...]; während der Kaiser von China gleichzeitig die Einfuhr des Giftes durch die Ausländer und seinen Konsum durch die Einheimischen verbot, um den Selbstmord seines Volkes zu verhindern, verwandelte die Ostindische Kompanie den Opiumanbau in Indien und den Opiumschmuggel nach China sehr schnell in unabdingbare Bestandteile ihres eigenen Finanzsystems.

Marx 1858/1963, 551

In der Tiermedizin ist Opium auch heute noch bekannt als Arzneimittel gegen Durchfälle, das heißt als stopfendes Arzneimittel. Daher stößt die homöopathische Anwendung bei Fällen von hartnäckiger Verstopfung beim schulmedizinisch denkenden Tierarzt oft auf Unverständnis, ja es kommt bisweilen zu Bemerkungen dem Patientenbesitzer gegenüber, daß Opium bei Verstopfung geradewegs kontraindiziert ist. Gerade bei Pferden, die wegen ihrer komplexen Verdauungsbeschwerden oft Opium brauchen, tritt dieses Problem oftmals auf. Dabei wird der Unterschied zwischen dem stofflich wirkenden Opium der Allopathie und dem nach dem Ähnlichkeitsprinzip wirkenden Opium der Homöopathie nicht bedacht.

Krüger 1999, 1

Das Medikament Chinin wird aus der Rinde des Chinarindenbaums *Cinchona* gewonnen und wurde, nachdem es die Europäer für sich im 17. Jahrhundert entdeckt hatten, zum Mittel gegen eine der schlimmsten Seuchen der menschlichen Geschichte: das Wechselfieber bzw. die, wie es spätestens seit Francesco Tortis Abhandlung *Synopsis therapeutica specialis* von 1709 hieß, Mal'aria, auf deutsch »schlechte Luft«. Die Gefahr dieser Krankheit war schon dem römischen Autor Marcus Terentius Varro (116 v. d. Z.-27 n. d. Z.) gut bekannt. So empfahl er in seiner Schrift *De re rustica*, daß ein Bauernhof in gesunder Lage errichtet werden müsse, da in sumpfigem Gelände winzige Lebewesen wüchsen, die mit der Luft in den Körper eindringen würden. Wie Stefan Wilke in seiner voluminösen *Kulturgeschichte der Seuchen* materialreich aufgezeigt hat, geht die Geschichte der Malaria weit über eine bloße Geschichte einer Krankheit und deren medizinischer Bekämpfung hinaus: Von der Malaria hing die Entscheidung, wo ein Bauernhof oder eine Stadt gebaut wurde, ebenso ab wie der Erfolg von Armeen. Besonders deutlich wird deren kulturelle Einbettung am Beispiel des Römischen Reiches, denn vor allem in Rom und dessen Umgebung konnte sich die Malaria aus verschiedenen Gründen massiv verbreiten: Um Hannibals Armee 218 v. d. Z. abzuwehren, bauten die Römer ihre Flotte aus und holzten etliche Wälder auf den Bergen ab. Die Abholzung verursachte Erosion, durch die es zur Versumpfung des Landes kam, das nun zur Brutstätte unzähliger, die Malaria übertragenden Mückenschwärme wurde. Ein weiterer Faktor für die Ausbreitung der Malaria um Rom bildete eine Umstellung innerhalb der Landwirtschaft: Im Zuge der römischen Kriege kamen zahlreiche Sklaven ins Land, die auf den Gütern der Großgrundbesitzer (*latifundia*) arbeiteten. Die Bauern dagegen mußten in den Krieg ziehen, weshalb sich die Großgrundbesitzer deren Felder aneignen und in Weideland umwandeln konnten. In der Folge verfielen Entwässerungsanlagen und das Land wurde nicht mehr intensiv bewirtschaftet, wodurch es versumpfte und die Malaria sich weiter verbreiten konnte (vgl. Wilke 2005, 723-729).

Die Standard-Methoden zur Bekämpfung der Malaria waren: Aderlaß, Erbrechen oder Abführmittel. Zwar war die Wirkung der Chinarinde seit Mitte des 17. Jahrhunderts bekannt, aber die Ärzte setzten das Mittel kaum ein. Denn gemäß der humoralpathologischen Lehre ging man im Fall des Wechselfiebers (wie auch bei anderen Krankheiten) von einer Verunreinigung des Körpers aus. So führte der Chemiker und Mediziner Georg Ernst Stahl (1660-1734), eine einflußreiche Autorität in jener Zeit (→ GRÜNE PFLANZEN), aus, das »Wesen des Fiebers« bestehe in seinem »Bestreben zur Reinigung, also zur Befreiung des Körpers von einem Stoffe, welcher entweder geradezu oder wenigstens entfernt auf eine Auflösung seiner Mischung hinarbeitet«, die tödlich sein kann (Stahl 1831, 274). Daher dürfe die heilende Wirkung des Fiebers nicht bekämpft, sondern müsse unterstützt werden. Da nun die Chinarinde nicht abführende, sondern, wie ein Arzt 1709 schrieb, eine »zusammenziehende« Wirkung (zit. nach Meinhardt 1965, 434) habe, widersprach ihr Einsatz der geläufigen Lehrmeinung.

In der Durchsetzung der Chinarinde als Heilmittel gegen Wechselfieber im 18. Jahrhundert zeigt sich insofern der beginnende Niedergang der Humoralpathologie. Deutlich wird dies in dem Bericht des Garnisonsarztes Casimir Medicus über die Malaria-Epidemie in Mannheim im Jahre 1761 (vgl. dazu: Wilke 764f.). Für Medicus ist die »peruanische Rinde«, deren Geschichte er mitliefert (Medicus 1766, 335-348), ein »Geschenk des Himmels« (Medicus 1764, 161), könne doch nun erstmals das »bösartige Wechselfieber« besiegt werden. Allerdings weiß Medicus auch um Gegenanzeigen ihres Gebrauchs, u. a. zitiert er den bedeutenden niederländischen Arzt Hermann Boerhaave (1668-1738), gemäß dem die Rinde bei Entzündungen der inneren Teile und des Blutes nicht eingesetzt werden dürfe. Da nach Medicus beim Wechselfieber die Absonderungen der Galle eine Entzündung des Blutes verursachen, sei vor dem Gebrauch der Rinde diese Entzündung zu beseitigen und der Vorrat an Galle zu vermindern, was mit den bekannten Methoden, mit Aderlässen und brechmachenden Arzneien, erreicht werden könne. Trotz dieser Einwände stellt er im Falle der Entzündungsfieber fest, daß die Rinde helfe – wenn man auf die richtige Dosierung achte.

Eine Passage aus Alexander von Humboldts (1769-1859) Reisebericht zeigt, daß die Chinarinde zwar Eingang in die Wissenschaft, nicht aber in den alltäglichen Umgang mit der Krankheit gefunden hatte: Bei der Überfahrt von Teneriffa an die Küste Südamerikas 1799 erkrankten auf dem Schiff Pizarro mehrere Matrosen und Passagiere an einem Fieber, das epidemisch zu werden drohte. Der anwesende Arzt verordnete daraufhin Aderlässe, da er das Fieber einer »Schärfe und Verderbnis des Blutes zuschrieb«. An Bord war zur Überraschung von Humboldt und Bonpland »keine Unze Chinarinde« (Humboldt 1991, 198f.). Schließlich breitete sich das Fieber aus, und ein junger Mann verstarb, was die beiden Forscher zum Anlaß nahmen, an nicht vorgesehener Stelle von Bord zu gehen. Nachträglich meinte Humboldt, ohne die Seuche auf dem Schiff wären die beiden nie an den Orinoko gekommen (vgl. Humboldt 1991, 208).

Entscheidend für die endgültige Durchsetzung des Chinins als Arzneimittel war die Isolierung des Wirkstoffes 1820 durch Pierre Joseph Pelletier (1788-1842) und Joseph Bienaimé Caventou (1795-1877). Möglich wurde mit dieser Entdeckung die industrielle Verarbeitung der importierten Chinarinde, mit welcher nicht zuletzt die Kolonialisierung tropischer Regionen vorangetrieben werden konnte. Denn die Europäer waren bis ins 19. Jahrhundert nicht in der Lage, von der Westküste ins Innere Afrikas vorzudringen, da die Expeditionsteilnehmer regelmäßig an Malaria verstarben. Erst mit Chinin im Gepäck konnte die Erforschung und Ausbeutung des afrikanischen Kontinents beginnen (vgl. Wilke 2005, 769; auch: Cartwright/Biddiss 2000, 258f.).

Da eine künstliche chemische Synthese des Chinins jedoch erstmals 1944 gelang und auch die Herstellung synthetischer Ersatzstoffe wie Plasmochinin oder Atebrin erst in den dreißiger Jahren einsetzte, blieb man auf den Handel mit Chinarinde angewiesen. Insofern war die Chinarinde von geradezu welthistorischer Bedeutung. An ihrem Beispiel läßt sich zeigen, wie über bestimmte Pflanzen – man denke an Tee, Tabak, Zuckerrohr, diverse Gewürze oder den Schlafmohn, aus dem Opium hergestellt wird – globale Netze konstituiert werden – in Hinsicht auf die Etablierung fester und sicherer Transportwege zu Lande und auf dem Wasser wie in Hinsicht auf die Errichtung weltweiter Märkte, auf denen die notwendigen Arbeitskräfte gleich mitangeboten wurden (vgl. dagegen die Bio-Invasion der Pflanzen: → POISON IVY). Der erste *global player* in Sachen Chinarinde sollte Peru werden, wo sie im 17. Jahrhundert von Spaniern »entdeckt« wurde. Darüber sind die verschiedensten Legenden im Umlauf. So wird berichtet, daß peruanische Indios das ihnen bekannte Mittel, ein Aufguß aus der Rinde eines Chinabaums, vor den mit Pizarro eingefallenen Spaniern versteckt hätten, um diese zu zermürben. Prominenter ist dagegen eine andere Version, nach der die Gräfin von Chinchón, die Frau des Vizekönigs von Peru, 1638 durch das Mittel vom Fieber geheilt worden sei – angeblich habe sie von dem Heilmittel durch eine todkranke Peruanerin erfahren (vgl. Schimitschek/Werner 1985, 39). Eine andere Version berichtet, ihr Leibarzt sei, als die Gräfin dem Tode nahe war, auf die Idee gekommen, das in den Anden verbreitete Mittel einzusetzen. Die Chinarinde sei dann aus dem 800 Kilometer entfernten Loxa herbeigeschafft worden (vgl. Hobhouse 1988, 14). Eine weitere Variante erzählt, daß ein Indianer das Mittel bei einem jesuitischen Missionar angewendet habe, der es dem Rektor des Jesuiten-Kollegiums in Lima und Beichtvater des Vizekönigs sandte, welcher die Vizekönigin damit kurierte (Markham 1986, 176f.). Schließlich fand die Legende auch ihren Eingang in die botanische Nomenklatur, der Vizekönigin zu Ehren gab Linné dem Baum den Namen *Cinchona succirubra* (der Ausdruck Chinin leitet sich dagegen von dem indianischen Wort *kina* oder *quina* her, was soviel wie Baumrinde heißt, vgl. Winkle 2005, 758). Weitaus wichtiger als die diversen Legenden ist jedoch, daß sich Peru mit Hilfe des Jesuitenordens schnell eine zentrale wirtschaftliche Stellung in Sachen Chinarinde sichern konnte, weshalb man um 1650 auch von der »Jesuitenrinde« sprach. Deshalb weigerten sich später viele Protestanten, das Mittel anzuwenden. Der prominenteste Fall dürfte der Puritaner Oliver Cromwell gewesen sein, der an Malaria litt, eine Therapie mit Chinarinde, der »jesuit bork«, jedoch ablehnte und verstarb (Winkle 2005, 760).

Abb. 1: Der Graf von Chinchón bekommt Chinarinde überreicht (anonym).

Der weltweite Handel mit dem Arzneimittel sollte jedoch weitreichende Folgen haben: Erstens zerstörten die Spanier riesige Waldgebiete. Wie Humboldt (und wohl auch einige Jesuiten) vermerkte, hätten für die gefällten Bäume neue gepflanzt werden müssen, was jedoch nicht geschah (vgl. Humboldt 1982, 91). Zweitens wurden, wie der deutsche Forscher schrieb, die Indianer, die die Chinarinde für die Spanier sammeln mußten, brutal ausgebeutet (Humboldt 1982, 216f.). Drittens war peruanische Chinarinde äußerst teuer, arme Leute konnten sie sich nicht leisten. Vor allem aber wollten die anderen Kolonialmächte, um nicht mehr von Spanien abhängig zu sein, Chinarindenbäume in ihren eigenen Kolonien anbauen. Aus diesem Grunde beauftragte die niederländische Regierung 1852 den deutschen Botaniker Justus Karl Hasskarl (1811-1894), Samen aus Peru zu beschaffen. Allerdings hatte die dortige Regierung ein Verbot der Ausfuhr von Cinchona-Pflanzen und -Samen bei Todesstrafe erlassen. Hasskarl reiste unter falschem Namen und getarnt als Kartograph in Peru ein, besorgte sich etwa 400 Stecklinge und schmuggelte diese in Särgen an die chilenische Küste, wo sie von einer niederländischen Fregatte nach Java gebracht wurden: Aus den 400 Stecklingen sollten riesige Plantagen werden, die den Niederlanden für die nächsten Jahrzehnte die Vormachtstellung auf dem Chinin-Markt verschafften (vgl. Winkle 2005, 771). Nahezu zeitgleich führten die Engländer eine ähnliche Aktion durch, schließlich benötigte man für die Ausbeutung der Kolonien in Südostasien ebenfalls Chinarinde. Eine Gruppe um den Amateur-Botaniker Clements Markham besorgte sich Pflanzen und brachte sie nach Indien, wo sie in den Bergen von Nilgiri angebaut wurden (vgl. Hobhouse 1987, 36ff.). Die Südamerikaner konnten nun nicht mehr mithalten. Während das englische Chinin vor allem in Indien verkauft wurde, belieferten die Niederländer Europa und sicherten sich auf diese Weise ein Monopol. Die privilegierte Position der Holländer wurde erst im Zweiten Weltkrieg gebrochen, als die Japaner Java besetzten und die Nationalsozialisten, die die Niederlande besetzt hatten, die europäischen Chininvorräte übernahmen (vgl. Pelt 2005, 70). Erst mit der Herstellung synthetischer Mittel wurde das Monopol des Chinins beendet, so daß in den dreißiger Jahren die chemische Industrie die Malariabekämpfung immer stärker übernahm (vgl. Winkle 2005, 1397, Hobhouse 1987, 48ff.).

Mit der Geschichte der Chinarinde zeigt sich so die Geschichte der Globalisierung in den letzten 400 Jahren wie auch die der Medizin. Die Ablösung der Aderlässe durch die Gabe von Chinin markiert eine Wende in der epistemologischen Basis der Medizin (einhergehend mit der Neumodellierung des menschlichen Körpers als in sich geschlossenes System, vgl. Koschorke 1999). Und noch eine weitere Rolle sollte die Chinarinde in der Medizingeschichte spielen, nämlich bei der Erfindung der Homöopathie.

Ausgangspunkt dieser Etappe der Medizingeschichte war die Frage, wie genau die Chinarinde im Körper des Kranken wirke. Samuel Hahnemann (1755-1843), der Begründer der Homöopathie, war nämlich während seiner Übersetzung der *Materia medica* des schottischen Mediziners und Chemikers William Cullen (1710-1790) angesichts dessen Ausführungen zur Wirkung der »peruanischen Rinde« ins Stocken gekommen (vgl. dazu: Bayr 1989, 17-19 und 78-82). Cullen schrieb, die Rinde sei ein mächtiges »Tonikum«, da es Bitteres und Adstringierendes (Zusammenziehendes), beides schon für sich den Körper stärkende Eigenschaften, verbinde. Deutlich werde dies insbesondere bei der Heilung des Wechselfiebers. Die Rinde wirke, wie auch andere bittere Substanzen, magenstärkend, da es den Muskeltonus erhöhe, diese stärkende Wirkung übertrage sich dann auf die anderen Teile des Körpers. Die »peruanische Rinde« verhindere so die Wiederkehr der »kalten Fieber«. In einer Anmerkung des Übersetzers bestreitet Hahnemann diese Überlegungen Cullens:

Man bedenke jedoch folgendes. Substanzen, welche eine Art von Fieber erregen (sehr starker Kaffee, Pfeffer, Wolferlei, Ignazbohne, Arsenik), löschen die Typen des Wechselfiebers aus. – Ich nahm des Versuchs halber etliche Tage zweimal täglich jedesmal vier Quentchen gute China ein; die Füße, die Fingerspitzen usw. wurden mir erst kalt, ich war matt und schläfrig, dann fing mir das Herz an zu klopfen, mein Puls ward hart und geschwind; eine unleidliche Aengstlichkeit, ein Zittern (aber ohne Schauder), eine Abgeschlagenheit durch alle Glieder; dann Klopfen im Kopfe, Röthe der Wangen, Durst, kurz alle mir sonst beim Wechselfieber gewöhnlichen Symptome erschienen nach einander, doch ohne eigentlichen Fieberschauder. Mit kurzem: auch die mir bei Wechselfiebern gewöhnlichen besonders charakteristischen Symtpomen, die Stumpfheit der Sinne, die Art von Steifigkeit in allen Gelenken, besonders aber die taube widrige Empfindung, welche in dem Periostium über allen Knochen des ganzen Körpers ihren Sitz zu haben scheint – alle erschienen. Diese Paroxysm dauerte zwei bis drei Stunden jedesmahl, und erneuerte sich, wenn ich diese Gabe wiederholte, sonst nicht. Ich hörte auf, und ich war gesund. (Cullen 1790, II, 108f., zit. nach Bayr 1989, 79)

Hahnemann widerlegt Cullen zum einen mit dem Hinweis auf andere Substanzen, die die angeführten Eigenschaften haben, jedoch nicht fiebersenkend wirken. Zum anderen führt er anhand seines Selbstversuchs gleich die Gegenthese an. Chinarinde wirke nicht aufgrund ihrer Bitterkeit. Vielmehr werde sie bei Kranken die Symptome des Wechselfiebers heilen, gerade weil sie diese bei gesunden Menschen hervorrufe.

Was Hahnemann in seinen Fußnoten zu Cullen eher angedeutet als ausgeführt hatte, machte er später zum Gegenstand des Aufsatzes »Versuch über ein neues Princip zur Auffindung der Heilkräfte der Arzneisubstanzen, nebst einigen Blicken auf die bisherigen«, der 1796 in dem anerkannten, von dem Arzt Christoph Wilhelm Hufeland herausgegebenen *Journal der practischen Arzneykunde* erschien. Hahnemann grenzt sich hier ausdrücklich von der traditionellen Medizin, der »Galenischen Schule«, ab: Nutzlos sei es, zu untersuchen, ob das aus der Ader gelassene Blut hell oder dunkel, flüssig oder gerinnbar sei. Auch Experimente mit Tieren schließt er wegen der körperlichen Unterschiede ausdrücklich aus, etwa vertrage ein Hund eine Unze frische Blätter, Blüten und Samen vom Napellsturmhut – »welcher Mensch würde nicht davon sterben?« (Hahnemann 2001, 214, vgl. allgemein zum Tierversuch in der Pharmakologie: Maehle 1990, 37-44). Und auch das natürliche System der Pflanzen könne anhand von Verwandtschaftsbeziehungen keine sicheren Aussagen über die Wirkungsweise einzelner Pflanzen geben.

Auch was die Wirkungsweise der Mittel betrifft, geht Hahnemann neue Wege: Bislang habe das Prinzip *contraria contrariis* gegolten. So sei Verstopfung durch Gabe von Abführmittel, Säure im Magen durch Alkalien, Schmerzen durch Mohnsaft behandelt worden. Dies helfe zwar bei akuten Fällen, doch bei chronischen Krankheiten würden stärkere Gaben nötig, die den Krankheitszustand nicht behöben, sondern verschlimmerten. Weiterhin wirft er der zeitgenössischen Medizin vor, die Wirkungen der Mittel, die sie einsetze, gar nicht zu kennen, denn deren Wirkung könne am kranken Körper gar nicht erforscht werden, da dieser ja selbst mit Gegenwirkungen auf das Mittel reagiere. Hahnemann folgert schließlich, daß die »reine« Wirkung von Arzneisubstanzen am gesunden Körper untersucht werden müsse (vgl. Hahnemann 2001, 222f.). Das zentrale Prinzip hierfür lautet:

Jedes wirksame Arzneimittel erregt im menschlichen Körper eine Art von eigner Krankheit, eine desto eigenthümlichere, ausgezeichnetere und heftigere Krankheit, je wirksamer die Arznei ist. Man ahme der Natur nach, welche zuweilen eine chronische Krankheit durch eine andre hinzukommende heilt, und wende in der zu heilenden (vorzüglich chronischen) Krankheit dasjenige Arzneimittel an, welches eine andre möglichst ähnliche, künstliche Krankheit zu erregen im Stande ist, und jene wird geheilet werden: Similia similibus. (Hahnemann 2001, 223)

Statt *contraria contrariis* heißt es von nun an: *similia similibus.* Im restlichen Teil des Aufsatzes führt Hahnemann Beispiele an, die diesen Satz belegen sollen, allen voran den Selbstversuch mit Chinarinde: Hatte er damals noch vermutet, daß diese einen ähnlichen Fieberanfall hervorrufe wie das Wechselfieber und dieses deshalb heile, so setze er nun nach »reiferer Erfahrung hinzu: nicht nur wahrscheinlich, sondern g a n z g e w i ß« (Hahnemann 2001, 225).

Obgleich Hahnemann die Homöopathie von der zeitgenössischen Medizin, die er als Allopathie bezeichnet, radikal abgrenzt (vgl. Jütte 1996, 23-27), ist diese selbst innerhalb der Umstellung der epistemologischen Basis der *gesamten* Medizin um 1800 zu verorten. Folgt man Michel Foucaults Ausführungen in *Die Geburt der Klinik* zur Archäologie des ärztlichen Blicks, so war die Medizin des 18. Jahrhunderts gekennzeichnet durch die Klassifikation von Krankheiten. Diese seien in einem »Projektionsraum ohne Tiefe« wahrgenommen worden, in einem Raum ohne zeitlichen Verlauf (Foucault 1996, 22). Grundlage der Ordnung dieses Raums ist ein botanisches Modell, Krankheiten erscheinen als Arten, deren Verwandtschaftsverhältnis durch das Prinzip der Analogie definiert wird. Daher muß der ärztliche Blick vom kranken Körper abstrahieren, der Patient ist »im Verhältnis zu seinem Leiden nur ein äußerliches Faktum« (Foucault 1996, 24). Aus der Anwendung dieses Tableaus folgt, daß sich der Raum der Krankheit nicht mit dem Raum des Körpers decken muß. Ein und dasselbe Krampfleiden kann, wie Foucault aus dem Artikel *Spasme* der *Encyclopédie* anführt, »vom Unterleib, wo es Verdauungsstörungen, Eingeweideverstopfungen, Unterbrechungen der Menstruation oder des Hämorrhoidalflusses hervorruft, zur Brust wandern und dort Erstickungsanfälle, Herzklopfen, Globusgefühl in der Kehle und Hustenanfälle hervorrufen; schließlich kann es mit epileptischen Zuckungen, Ohnmachten oder komatösem Schlaf auch den Kopf befallen« (Foucault 1996, 26f.). Körper und Krankheit sind solchermaßen nicht durch eine bestimmte Lokalisation der Symptome verbunden, sondern durch Qualitäten: Die eine Krankheit charakterisierende Gesamtqualität schlägt sich in bestimmten Organen nieder. So sei etwa das Gehirn der Schwindsüchtigen »ausgezehrt, schlaff, träg und blutleer, da die Schwindsucht zur allgemeinen Klasse der Blutflüsse gehört« (Foucault 1996, 29). Foucault untersucht nun die Reorganisation des Bezugs des ärztlichen Blickes zur Krankheit, welche die Möglichkeit einer klinischen Erfahrung allererst eröffnet hat. Nicht mehr mit der Frage: »Was haben Sie?« eröffnet der Arzt den Dialog mit dem Patienten, sondern mit der Frage: »Wo tut es Ihnen weh?« (Foucault 1996, 16). Deutlich wird dies am Beispiel des Fiebers: Im 18. Jahrhundert galt, daß die organische Basis des Fiebers das Blut sei, genauer gesagt, dessen Bewegungen, durch welche Verunreinigungen ausgeschwemmt werden. Anhand von Qualitäten (beißende und irritierende Qualität der Fieberhitze, die wie Rauch in den Augen wirke, zeige Faulfieber an, wie der Arzt Stoll 1786 ausführt) können dann einzelne Fieber unterschieden werden.

Dagegen wurden später die Symptome nicht mehr zusammengefaßt, weil sie als »*Ausdruck von Wesenheit*« galten, sondern »weil sie *lokale Zeichen* sind« (Foucault 1996, 194). Nicht mehr qualitative Eigenschaften sind entscheidend, sondern die Lokalisierung der Symptome im Körper, an dem Ort, an dem die Krankheit begonnen hat. Die Klassifikation diverser Fieber wird abgelöst durch den Blick auf einzelne Entzündungsformen: Bei dem Mediziner François Joseph Victor Broussais (1772-1838) werden die Fieber dann in einen organischen Prozeß eingefügt. Etwa erscheint als Effekt einer starken Magen-Darm-Entzündung adynamisches Fieber, das, wenn die Entzündung auf die Gehirnhüllen übergreift, zu einem bösartigen Fieber wird. Damit werde das Fieber »desessentialisiert« und die Fieber-Ontologie aufgelöst (Foucault 1996, 203).

Mit Foucaults Ausführungen läßt sich Hahnemanns Homöopathie historisch genauer verorten. Auch Hahnemann geht es nämlich nicht mehr um das Wesen einer Krankheit, auch er stellt das Moment der Erfahrung in den Vordergrund, und auch in seinem Neuentwurf verändert sich der semiotische Wert des Symptoms. In der Medizin des 18. Jahrhunderts galt, daß die Symptome die unveränderliche Krankheit, die hinter ihnen liege, »*durchscheinen*« lassen (Foucault 1996, 104). In der Ausbildung der klinischen Medizin dagegen wird es jenseits der Symptome keine Krankheit geben, sie werden zu Signifikanten, deren Signifikat »Krankheit« gerade nicht durchscheint; die Gesamtheit der Symptome gilt nun als die Krankheit, »das Sein des Signifikats – das Herz der Krankheit – [geht] gänzlich in der intelligiblen Syntax des Signifikanten« auf (Foucault 1996, 105). Foucault betont, daß es stets einer spezifischen Operation bedarf, damit aus Symptomen Zeichen werden: Der Blick des Arztes auf den kranken Körper, der Organismen vergleicht, Häufigkeiten des gleichzeitigen und sukzessiven Auftretens von Symptomen registriert und bei der Obduktion schließlich das unsichtbar Sichtbare aufdeckt, transformiert Symptome in Zeichen, die die Krankheit bezeichnen. Aus dieser Semiologie der Medizin folgt, daß das Symptom nur dann ein Zeichen ist, wenn es einer Beschreibung (durch einen Arzt) eingefügt wird.

Die Herausbildung der klinischen Erfahrung als Erkenntnisform konstituiert sich aus der Neuorganisation des medizinischen Zeichensystems (statt botanische Klassifikation: Grammatik der Zeichen). Wenn nun Hahnemann die Homöopathie als Erfahrungswissenschaft ausweist, der Titel des 1805 erschienenen ersten systematischen Entwurfs lautet *Heilkunde der Erfahrung*, schaltet er das Problem des Krankheits-Signifikats von vornherein aus: »Zwei Tausend Jahre wurden von den Aerzten verschwendet, um die unsichtbaren innern Veränderungen des Körpers bei den vorkommenden Krankheiten, ihre nächste Ursache und das apriorische Wesen derselben zu ergrübeln, weil sie wähnten, nicht eher heilen zu können, bis sie diese *unmögliche* Kenntniß ergrübelt hatten.« (Hahnemann 2001, 390) Das Verhältnis von Signifikant und Signifikat wird insofern auch bei Hahnemann neu organisiert, allerdings geht es ihm nicht um die Lokalisierung der Krankheit, sondern um die

Beziehung der sichtbaren Symptome zu den sichtbaren Wirkungen spezifischer Arzneimittel. Aus dieser Ausschaltung des Unsichtbaren folgt, daß die Medizin sich nicht im geschlossenen Raum eines botanischen Klassifikationssystems bewegt, sondern die Einheit des ärztlichen Blicks wird, mit Foucault formuliert, hergestellt durch »die offene, unbegrenzte, bewegliche, sich ständig verschiebende und in der Zeit anreichernden Totalität, die er durchläuft, ohne an ein Ende zu kommen« (Foucault 1996, 46). Ganz in diesem Sinne führt Hahnemann aus, daß die Zahl der Wörter aus einem Alphabet von 24 Buchstaben berechnet werden könne, wer aber vermöge »die Menge jener *ungleichartigen* Krankheiten zu berechnen, da unser Körper von unzählbaren, größtentheils noch unbekannten Einflüssen äußerer Agenzen afficirt werden kann, und von fast eben so viel Potenzen von innen« (Hahnemann 2001, 391; → Rosa). Dem unendlichen Raum der Krankheiten, gesteigert noch durch die Kombinationsmöglichkeiten der Einzelfaktoren, korrespondiert jedoch eine unendliche Zahl von Substanzen und deren Wirkungen. Um nun auch die richtige Substanz einsetzen zu können, bedarf es auch bei Hahnemann des deutenden Blickes des Arztes. Die Krankheit »spreche« sich gleichsam durch die vorhandenen Zeichen aus, wie sie sich »nach ihrem ganzen Umfange, ihrer individuellen Stärke, Verbindung und Succession dem ächten Beobachter darbieten« (Hahnemann 2001, 392). Hat der Arzt solchermaßen aus Symptomen Zeichen gemacht (Hahnemann 2001, 395), kann nun das korrespondierende Heilmittel auf der Grundlage des Satzes *similia similibus* gesucht werden. Denn Aufgabe des Arztes sei es nicht, die Krankheit zu erkennen, sondern die Symptome zu beseitigen (vgl. dazu § 1 des *Organons der Heilkunst*: »Des Arztes höchster und einziger Beruf ist, kranke Menschen gesund zu machen, was man Heilen nennt.« Hahnemann 1992, 65)

Zwar kann nach Hahnemann die Ursache der Krankheit nicht lokalisiert werden, eine Theorie der Krankheit hat er dennoch formuliert. Im *Organon der Heilkunst* führt er beispielsweise aus, daß die Krankheit auf eine Störung der Lebenskraft zurückzuführen sei, diese selbst sei jedoch nicht wahrnehmbar.

Sichtbar sei nur die Gesamtheit der Symptome, das nach »außen reflectirende Bild des inneren Wesens der Krankheit, d. i. des Leidens der Lebenskraft« (Hahnemann 1992, 67). Diese Theorie aber ist vor allem eine diskursive Strategie, den menschlichen Körper als einen ganzheitlichen zu konzipieren und ihn so gegen die mechanistische Sichtweise der sich etablierenden positiven Medizin in Stellung zu bringen.

Angriffspunkte bot die Homöopathie bis heute genug, man denke an die Technik der Verdünnung der Arzneimittel, die Behauptung, die wahre Ursache der Krankheit sei verborgen, oder die Unterstellung, die Wirkung homöopathischer Arzneimittel sei ein bloßer Placebo-Effekt (vgl. dazu: Jütte 1996, 179-221). Und nicht zuletzt bot die Geburt der Homöopathie aus dem Selbstversuch mit Chinarinde einen willkommenen Anlaß zur Kritik, man zweifelte daran, daß Hahnemann wirklich Fieber hatte, da aus Arzneimittelprüfungen Temperaturerhöhungen nach der Gabe von Chinin nicht bekannt seien (Bayr 1989, 34). Bayr geht allerdings davon aus, daß Hahnemann bereits Malaria hatte, die mit Chinin behandelt worden war. Dabei könnte er eine Überempfindlichkeit gegen das Mittel erworben haben, die bei erneuter Chinin-Einnahme eine Fieberreaktion hervorrufe. Bayr folgert daraus, daß die Schilderung des Selbstversuchs auf eine echte Fieberreaktion aufgrund erworbener Chininüberempfindlichkeit zurückzuführen sei (Bayr 1989, 40). Wie dem auch sei, ob sich Hahnemann das Fieber eingebildet hat oder es durch eine Überempfindlichkeit verursacht wurde, der Versuch, mit dem das berühmte Prinzip *similia similibus* gefunden wurde, basierte auf einem Irrtum. Daß dies noch kein Makel der Homöopathie sein muß, zeigt ein Blick in die Wissenschaftstheorie: So hat Ludwig Fleck in seiner noch für die aktuelle Wissenschaftsgeschichte wegweisenden Studie *Entstehung und Entwicklung einer wissenschaftlichen Tatsache* in genau solchen Irrtümern die historische und kulturelle Abhängigkeit wissenschaftlicher Erkenntnis festgemacht. Wie Foucault, so führt auch Fleck wissenschaftliche Tatsachen nicht auf die »reine Beobachtung« zurück, sondern macht deutlich, daß die wissenschaftliche Erfahrung und damit die wissenschaftliche Tatsache selbst historisch ist, gebunden an ein bestimmtes »Denkkollektiv« (Fleck 1980). In diesem Sinne bewegt sich Hahnemann in demselben Denkkollektiv oder in demselben Diskurs wie die positive Medizin. In seinem Selbstversuch geht es weder um die Feststellung von Qualitäten wie feucht/trocken noch darum, Krankheiten hinter den Symptomen zu erkennen, sondern darum, die Symptome in Zeichen zu transformieren. Wie die moderne Medizin beruft sich die Homöopathie zwar auf die Erfahrung, die den Arzt leiten müsse, doch in beiden Fällen handelt es sich um ein an Zeichen orientiertes hermeneutisches Vorgehen. Damit ließe sich der Vorwurf von Medizinern, Homöopathie sei eine »Parawissenschaft«, das behaupten Ludwig und Otto Prokop in dem Buch *Homöopathie und Wissenschaft* aus dem Jahr 1957 (vgl. Jütte 1996, 192), mit Roland Barthes auf die moderne Medizin selbst zurückwenden:

Die Ausübung einer positivistischen Wissenschaft wie der Medizin schließt in Wirklichkeit vermutlich nicht aus, daß in ihrem Inneren weiterhin, sagen wir, mythische Schemata zirkulieren, da die medizinische Semiologie eigentlich recht gut einem gewissen Schema animistischen Typs entspricht: Die Krankheit wird im Grunde als Person intelligibilisiert, die zunächst hinter der Haut in das Geheimnis des Körpers eingeweiht ist und Zeichen, Mitteilungen aussendet, die der Arzt empfangen und interpretieren muß, etwa so wie ein Seher entziffert: Es handelt sich in Wirklichkeit um eine Mantik. (Barthes 1988, 220)

B. B.

Desmodium gyrans

Ein absolutes Novum stellt auch die Entwicklung des ›Transcenders‹ dar. Pflanzen geben mittels dieses Gerätes auf Fragen akustische Antworten. Presse und Fernsehen berichteten darüber eingehend. Durch die Möglichkeit einer gedanklichen Beeinflussung von Pflanzen und Registrierung ihrer Reaktion scheint sich auch hier ein interessanter Weg für die Stimmenforschung anzubahnen.

Schäfer 1978, 60

Die Sprache spricht, nicht der Mensch.

Heidegger 1978, 161

Der Hollunderbusch rührte sich und sprach: »Du lagst in meinem Schatten, mein Duft umfloß dich, aber du verstandest mich nicht. Der Duft ist meine Sprache, wenn ihn die Liebe entzündet.«

Hoffmann 1976, 183

Wenn Pflanzen den Bauplänen von Kommunikations- oder Nachrichtenübertragungsmedien unvermittelt nahetreten oder diese gar mimetisch verdoppeln wie im Fall der eigens so benannten Telegraphen-Pflanze *Desmodium gyrans*, ist die Rede von Verständigung und Kommunikation schier zwangsläufig (vgl. zur Forschung die aktuellen Arbeiten von Michael Giesecke). Bei der in den Ebenen des Ganges wild wachsenden Pflanze, deren schnelle Blattbewegungen den Eindruck einer Signalfolge nahelegen und die im Internet vor allem bei Hobbyzüchtern auf große Resonanz stößt, ist es die optische Telegraphie, die mit ihren Sicht- und Einsehbarkeiten einer solchen Plausibilität Vorschub leistet und den Vergleich von Pflanzenteilen mit den Bauteilen entsprechender Fernschreibanlagen nachgerade erzwingt. Damit ist das Wort von der Pflanzenrede ein anderes als im alttestamentarischen Fall des Drohung verheißenden Dornbusches oder im romantischen des von der

Fig. 40. Blatt von *Desmodium gyrans*. Die zwei kleinen seitlichen Blättchen führen spontane Bewegungen aus.

Abb. 1: Telegraphen-Pflanze nach Bose 1928.

Liebe wispernden Hollunders. Mit dem Verfahren des französischen Geistlichen und Technikers Claude Chappe (1763-1805), das die Kriegsführung im napoleonischen Frankreich revolutionieren sollte, scheint *Desmodium gyrans* die Frühgeschichte moderner Nachrichtenübertragung zu verkörpern (vgl. dazu Kittler 1996). Es sind Details wie die zur Codierung benutzten Schwenkärme des Chappschen Semaphors, die den griechischen Wortsinn eines Zeichens (*sema*) tragen (*phorein*) auch auf die natürliche Signalgebung übertragen. Im Telegraphenbaum gelangen das natürliche Modell und der arbiträre Code zur Deckung. Der indische Pflanzenforscher Sir Jagadis Chunder Bose (1858-1937) nennt in seiner Monographie *Die Pflanzen-Schrift und ihre Offenbarungen* den Semaphor beim Namen und führt ihn als Beleg für die Besonderheiten der pflanzlichen Eigenbewegung an.

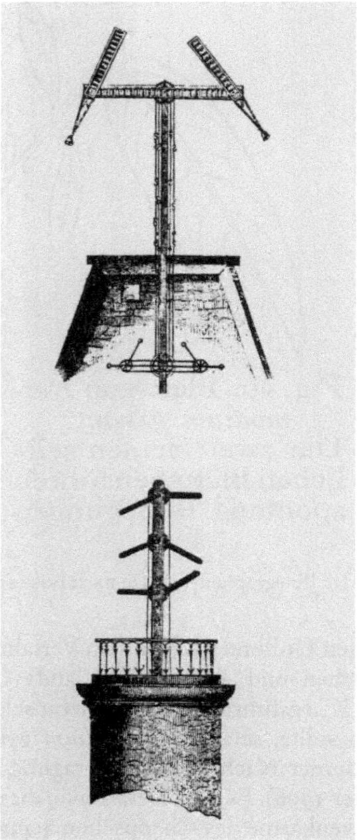

Abb. 2: Optischer Telegraph nach Oberliesen 1987.

Sicherlich kann uns kaum eine Erscheinung mehr in Erstaunen versetzen als die unablässige, aktive Tätigkeit der Blättchen dieser Pflanze. Ihr zusammengesetztes Blatt hat drei Blättchen, ein großes Endblättchen und zwei kleine seitliche. [...] Die kleinen Blättchen bewegen sich auf und nieder wie ein Semaphor, der früher bei der telegraphischen Signalgebung verwendet wurde. (Bose 1928, 98)

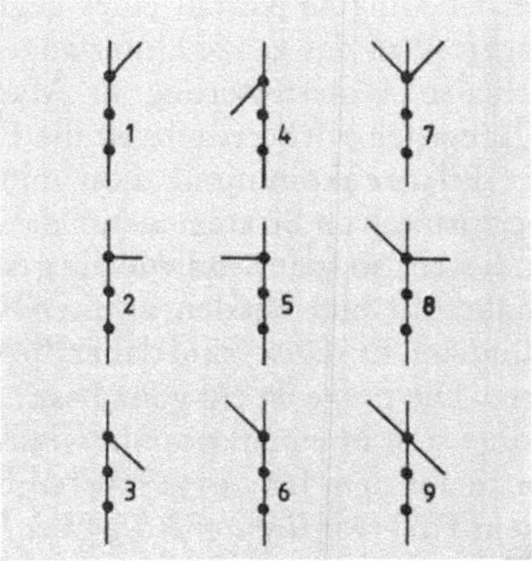

Abb. 3: Signalstellungen nach Oberliesen 1987.

Doch die vermeintliche Befähigung zur Kommunikation ist nicht von bloßen Äußerlichkeiten abhängig. Auch unterhalb der Oberflächen gut sichbarer und mithin signaltauglicher Blattstellungen macht sich die Rede von der Kommunikation breit. Dabei ist den Verständigungsbemühungen mit Pflanzen ein Handicap eigen, das umgekehrt ein höchst eigenwilliges Licht auf die Belange der Kommunikation selbst wirft. (→ Tropaeolum Majus) Was sachdienlich und im Namen jener Telegraphie beginnt, in deren Schlagschatten die wohl wirkmächtigste aller Kommunikationstheorien anzuheben vermochte – die Rede ist von Claude Elwood Shannons Modell von Sender, Empfänger und Kanal –, bleibt der Pflanze, genauer noch: bleibt der Pflanzenkommunikation in weiten Teilen versagt (vgl. Shannon/Weaver 1949). Der Vorbehalt gegen die Unterstellung ihrer bloßen Möglichkeit ist so enorm, daß man rituell den Vorwurf der Esoterik und Parapsychologie erhebt und die Aktanten aus den seriösen Reihen der *scientific community* verbannt. Eröffnet ist damit der Weg in die Privatismen höchst eigener oder in die der Geheimhaltung unterstellten Bereiche höchst staatstragender Forschung. Psychologisierend wird das Reden mit Pflanzen in die Register von Schwindel und Autosuggestion, von New-Age-motivierter Ganzheitssehnsucht und dem modernebedingten Verfall eines geglückten Naturbezugs eingetragen. Weil das ganze Unterfangen wegen seiner kulturgeschichtlichen Unterfütterung in Mythos, Märchen oder Literatur lächerlich wirkt, reagieren die Fürsprecher der Möglichkeit der Pflanzenkommunikation mit einem großen Aufgebot an performativen Strategien auf das Unbehagen in der Kultur. Mindestens so spannend wie die geschilderten Verfahren zur Kontaktaufnahme mit dem zweiten Naturreich (und die darauf gegründeten Einsätze) sind daher die Verfahren ihres Berichtetwerdens. Die Folge ist ein ganz bestimmtes Narrativ, dessen Grundzüge sich in einem populärwissenschaftlich gehaltenen Sachbuch aus dem Jahr 1992 mustergültig entwickelt finden. Unter dem Titel *Der Ruf der Rose. Was Pflanzen fühlen und wie sie mit uns kommunizieren* versammeln die beiden Wissenschaftsjournalisten Dagny und Imre Kerner, was an einschlägigen Anstrengungen unternommen wurde. Greift man sich einige dieser Episoden heraus, so wird das narrative Schema schnell deutlich. Unter Überschriften wie *Mensch schmeckt gut* oder *Das Alarmsystem des Waldes* beschreiben sie ihre Kontaktaufnahme mit Personen, deren Anliegen zu einer aufwendig herbeigeschriebenen Normalität kaum zu passen scheint. So schildern sie im ersten Kapitel eine Begegnung mit Joe Sanchez im kalifornischen Long Beach. Erst allmählich können sie sich und ihre Leser an den Gedanken gewöhnen, daß dieser Mann hinter seiner bürgerlichen Fassade tatsächlich mit Aprikosenbäumen redet. Alles an diesem Fall ist einschlägig, nicht zuletzt ein Lebenslauf, der sich um die militärischen und zivilen Äste amerikanischer Technikentwicklung rankt. Als Elektronikspezialist bei der US Air Force ausgebildet, war Sanchez im deutschen Bitburg stationiert und dort für die gleichermaßen spezielle wie geheime Montage nuklearer Sprengköpfe auf Raketen zuständig. Auch nach seiner Armeezeit läßt ihn sein Steckenpferd, die Elektronik, nicht los, und so ist er als freiberuflicher Ingenieur immer wieder an den Schaltstellen entsprechender Großprojekte zu finden – etwa beim »Raumfahrtprogramm der Nasa, speziell sieben Jahre Space Shuttle, Flugzeugdesign, Atomanlagen, Arbeiten teils in zivilen, teils in militärischen Bereichen« (Kerner/Kerner 1992, 20). Seine Freiberuflichkeit läßt ihm hinreichend Zeit für das, was die Autoren im Gestus zögerlicher Reserviertheit ein Hobby nennen, die Kommunikation mit Pflanzen. Der dazu betriebene häusliche Aufwand wird als gigantisch geschildert und hinterläßt bei den beiden Wissenschaftsjournalisten, die sich dezidiert als nicht vom Fach gerieren und somit den Part einer zu überzeugenden, wenngleich kritischen Naivität einnehmen, einen entsprechenden Eindruck. Ihre Heimstatt finden die Experimente zur Übersetzung pflanzlicher Äußerungen und/oder pflanzlicher Kommunikation im ehelichen Schlafzimmer und unter Einbindung der gesamten Familie. Was so durch die Schilderung familiärer Alltagsdetails beschworen werden soll, sind Normalität und Sachkunde, Objektivität und Neutralität, allesamt Eigenschaften, die das vermeintlich Groteske des Anliegens plausibilisieren, und die auf diese Weise einen Forschertypus zeichnen, der das Gegenteil vom *mad scientist* ist und dabei die Moral auf seiner Seite zu haben scheint.

Das Verfahren selbst wirkt auf den ersten Blick wenig spektakulär: »Es ist bekannt, daß jedes Lebewesen elektrische Signale abgibt, daß um uns herum elektromagnetische Felder sind, daß Kontakte und der Austausch von Information stattfinden. Nur eben auf Ebenen, die uns nicht bewußt sind. Diese Ebenen möchte ich mit den Mitteln, die mir als Techniker vertraut sind, anzapfen.« (Kerner/Kerner 1992, 20) Spannender als die Ableitung der Spannungsdifferenzen mittels zweier Elektroden ist allerdings ihre Weiterverarbeitung. Dazu erhebt er die Differenzen in den Status eines Signals und speist sie kurzerhand in entsprechende Computerprogramme ein. Wie in den Gründertagen der frühen Kommunikationstheorie finden Veranstaltungen statt, die das Primat der Kommunikation zunächst von aller Psychologie entkoppeln, um die Verständigung auf ein Fundament von Zahlen und Verteilungen, von Übergangswahrscheinlichkeiten und Statistik zu stellen. Was aus Magnolien und Aprikosenbäumen, was aus Philodendren und Dieffenbachien spricht, ist ein Wissen um Sprache. Oder anders, weil mit Martin Heidegger und dessen Einschätzung der Sprache sprechend: Es ist die Sprache, die spricht und nicht der Mensch – oder in diesem Fall nicht die Pflanze.

> Aus einem Wörterbuch der englischen Sprache gab er die 900 meistgebrauchten Wörter in seinen Computer ein. Gern hätte er noch mehr eingegeben, doch bei 910 Wörtern brach der Computer regelmäßig zusammen. 900 Wörter sind ohnehin mehr als der Wortschatz des Durchschnittsamerikaners; darunter sind z. B. »Ankunft«, »essen«, »weil«, »vor«, »nach«, »öffnen«, »Öffnung«, »Licht«, »anziehen«, »Schwerkraft« usw. Ergänzend zum Wortschatzprogramm entwickelte er ein Satzbauprogramm. Bäume und Pflanzen ›wählen‹ nun mit ihren elektrischen Impulsen Zahlen im Computerprogramm an, denen die Wörter nach dem Zufallsprinzip zugeordnet sind. (Kerner/Kerner 1992, 26)

Was dann passiert, und was von den anwesenden Journalisten bezeugt wird, ist eine Eigenheit, die in die Anfangszeit der frühen Kommunikations- und Informationstheorie reicht. Einmal mehr werden so die grundlegenden Mechanismen und Mißverständnisse in der Verständigung deutlich. Was unter Weltkriegsbedingungen in der mathematischen Forschungsabteilung der amerikanischen Bell Laboratories, einem Subunternehmen der amerikanischen Telefongesellschaft AT&T, favorisiert wird, ist ein Modell, das im formalen Glanz den Menschen mitsamt seiner ausdruckswilligen Psyche außen vor lassen und schlußendlich überflüssig machen sollte. Statt seiner herrscht ein formales Kalkül, gilt das Interesse zahlenmäßig erfaßbaren Informationen über Informationen. Was für Wissenschaftler wie Claude E. Shannon oder Warren Weaver, für Ralph V. L. Hartley oder Harry Nyquist zählt, sind nicht semantisch ausgewiesene Inhalte, die ein sendendes einem empfangenden Bewußtsein zwar technisch vermittelt, aber unter den Bedingungen eines herrschaftsfreien Dialoges zuteil werden läßt. Der Elektroingenieur Hartley bringt das vermeintlich anthropologische Bauernopfer auf den Punkt und nennt als vorrangiges Ziel dieser Herangehensweisen den Wunsch »to eliminate the psychological factors involved and to establish a measure of information in terms of purely physical quantities« (Hartley 1928, 536). Das Modell der Kanalbreiten, der Codierung und des Repertoires, der Redundanz und Entropie, der Störung und Idealisierung erlaubt jene angestrebten Berechenbarkeiten, die der Optimierung der Übertragung von Informationen dienen, also ihrer Beschleunigung, Verbilligung und Abschirmung. Vor dem Hintergrund technischer Medien wird Information zur Sache statistischer Funktionen – vorrangig faßbar in jenem Kalkül des Informationsbegriffs, der die Auswahlwahrscheinlichkeit ins Zentrum seiner Formel stellt.

Bei all dem kommt der altmodischen, da optischen Telegraphie, deren Bauteile in der Pflanze *Desmodium gyrans* ihr Analogon findet, eine besondere Rolle zu. Der Physiker Nyquist, dessen Abtasttheorem die technische Ordnung von Übertragung und Komprimierung bis in unsere Gegenwart dominieren sollte, hat im Vorfeld Shannons und unabhängig von der jeweiligen technischen Implementierung die Telegraphie für die Modellierung von Kommunikation nach den Maßgaben von Sender, Kanal und Empfänger stark gemacht. Obwohl, wie Shannon schreibt, semantische Aspekte der Kommunikation für das technische Problem ohne Relevanz sind, prägt gerade dieser Aspekt die Rede und das Verständnis von Kommunikation. Wie durch die Hintertüre und gegen die Intention der frühen Informationstheoretiker drängt das, was in der Logik einer Formalisierung ausgeschlossen sein sollte, mit aller Gewalt wieder herein und bestimmt, was unter Kommunikation gefaßt wird. Das gilt selbstredend auch für die Kommunikation mit Pflanzen. Aller Beteuerung der Unvoreingenommenheit und aller technischen Objektivität zum Trotz – formal übernimmt die Pflanze in den Anordnungen von Sanchez und vielen anderen die Rolle eines Zufallsgenerators. Wie in den Berechnungen Shannons, die der Sprache über den Zufall und mit Hilfe eines Systems aus Repertoire und gewichteter Übergangswahrscheinlichkeit auf den Leib rücken wollte, nähert sich mit zunehmender Komplexität die künstlich generierte Sprache den Vorgaben der Alltagssprache an. Bei der Erhöhung der Sprachelemente von wenigen auf mehrere sowie bei der Komplexitätssteigerung im Übergang von Buchstaben zu Wörtern werden Spuren von Syntax oder Bedeutung laut, deren (Fehl)Lektüre als bedeutender Information nichts im Wege steht. Manche der künstlich erzeugten Elaborate rücken gar in die Nähe experimentierfreudiger Prosa. Kittler zeichnet diese Approximationen Shannons ausgehend von der nullten Ordnung, bei der alle Elemente des Ausgangsalphabets gleich wahrscheinlich sind, nach und stellt eine zunehmende Annäherung an die Sprache des Menschen fest:

Die Approximation erster Ordnung – mit Buchstabenwahrscheinlichkeiten oder -frequenzen wie in englischen Texten – beginnt sprechbar zu werden: »OCRO HLI RGWR NMIELSSWIS EU LL...« Eine Approximation zweiter Ordnung [...] liefert mühelos erste Kurzwörter wie »ARE« oder »BE«. Diejenige dritter Ordnung mit Übergangswahrscheinlichkeiten auch zwischen englischen Buchstabentripeln kann schon mit Wahnsinnigen, Surrealisten oder (was Shannon nicht zur Kenntnis nahm) mit Finnegans Wake konkurrieren: »IN NO IST LAT WHEY CRACTICT FROURE BIRS GRODIC PONDENOME OF DEMONSTURES OF THE RAPTAGIN IS REGOACTIONA OF CRE.« Und wenn die Markoff-Ketten ihre Elemente nicht mehr nur aus Buchstaben, sondern Wörtern schöpfen, produziert schon die Approximation zweiter Ordnung schönste Autoreferenzen der Mündlichkeit, Typographie und Literatur: »THE HEAD AND IN FRONTAL ATTACK ON AN ENGLISH WRITER THAT THE CHARACTER OF THIS POINT IS THEREFORE ANOTHER METHOD FOR THE LETTERS THAT THE TIME OF WHO EVERT OLD THE PROBLEM FOR AN UNEXPECTED.« (Kittler 1988, 346)

Die Funktion der Pflanze als Zufallsgenerator wird vom gängigen Narrativ der Pflanzenkommunikationsforschungserforschung eher stiefmütterlich behandelt. Mehr Aufmerksamkeit gelten der Entwicklungslogik der gesamten Veranstaltung, der erste Kontakt mit den Forschern, die Vertiefung bis hin zu einer Verstetigung und den zugestandenermaßen unabgeschlossenen Versuchen einer reflexiven Begleitung. Neben anfänglicher Skepsis, nach Versuchen, ähnlich gelagerte Untersuchungen in den Wissenschaften zu Rate zu ziehen, macht sich die Macht des Faktischen geltend – im Modus des Zitats soll sich die Richtigkeit des Theorems von der Pflanzenkommunikation nicht zuletzt durch die Masse gehäufter Exempla selbst autorisieren. Der Magnolienbaum erhält das Wort und gibt am 10. 01. 87 zu Protokoll:

Erfolgreich durch Leichtsinn,
Pflanzen vor allen anderen.
Jemand erreicht Frieden in Träumen,
ohne Zähmung – über die Menschen hinaus.
(Kerner/Kerner 1992, 22)

Was im Zirkelschluß und unter dem Einsatz von Technik zutage tritt, ist zum einen die Sprache und zum anderen ein schier ungebrochener Wille zur Interpretation und eine gerade bei Naturwissenschaftlern zu findende Bereitschaft nach Sinnsuche und Sinnunterstellung dort, wo formal angebbare Kriterien einer Bedeutungszuweisung versagen. Und weil zu den narrativen Versatzstücken solcher Pioniertaten noch der Habitus des Randständigen fehlt, muß auch dieser zur Abrundung einschlägiger Berichterstattung nachgereicht werden. Wer wie Joe Sanchez mit Pflanzen spricht, bleibt außen vor, wird in Bereiche gedrängt, die dann gerne wieder als Ränder gängiger Diskurse ausgewiesen und entsprechend als heroische Pioniertaten jenseits gängigen Forschens gefeiert werden. Dafür liefern viele andere Geschichten entsprechende Belege, die bis zur vollständigen Ächtung durch die wissenschaftliche *community* reichen – wie im aufsehenerregenden Fall des Polygraphiespezialisten Cleve Backsters (→ WACHOLDER) oder Jagadis Chunder Bose, dem zu einem bestimmten Zeitpunkt seines Forscherlebens das Publizieren in der Schriftenreihe der Royal Society versagt blieb. Was sich als wissens- und gruppensoziologisches Phänomen innerhalb der Wissenschaften beschreiben läßt, wird von einem kulturgeschichtlichen Phantasma gespeist. Außerhalb der Wissenschaften, in der Literatur oder im Märchen, dürfen Pflanzen medial ungebrochen, weil technisch unvermittelt zu Wort kommen, haben sie dort doch eine Stimme. Es ist eine der Pointen der Telegraphenpflanzen, als Neologismus mit großer Lässigkeit die Grenze zwischen Bereichen von Natur und Kultur zu überschreiten und unter den Bedingungen technischer Medien der Sehnsucht nach einer im Wortsinn natürlichen Botschaft zu lauschen. Aber auch hier bleibt der Mensch im anthropologischen Zirkel gefangen. Wenn die Pflanze spricht, dann spricht ein Kommunikationsmodell. Im Zeichen einer Nachrichtenübertragung erscheint das, was die Natur zu sagen hat, als Fernschrift und das im wörtlichsten aller Sinne. Die Telegraphenpflanze löst die Sehnsucht nach einer utopischen Kommunikation ein: Im unablässigen Rauschen, in der Permanenz ihrer Bewegung überlebt die Frage oder die Hoffnung nach einer Bedeutung, der Traum, daß sie ihrem Namen und dem Theoriemodellspender gerecht wird – als Sender für den menschlichen Empfang.

»Mensch schmeckt gut«, sagte Joes Dieffenbachie, und auch das ist eine Wirklichkeit für den Elektronikspezialisten, dessen Lebensgrundlage die Anwendung der exakten Naturwissenschaften ist. Auch die Lyrik des Magnolienbaums ist für ihn eine Wirklichkeit, auch dann, wenn er häufig nicht in der Lage ist zu verstehen, was die Pflanzen sagen. Er weiß, daß niemand sonst weltweit solche Experimente macht, er ist allein, das bedauert er zwar, aber das hindert ihn nicht daran, weiterzumachen und den Pflanzen zuzuhören, denn er ist überzeugt, daß es hier etwas Reelles, noch Unentdecktes gibt. (Kerner/Kerner 1992, 31)

Aber es ist nicht nur ein kulturwissenschaftliches Phantasma, das über die Pflanzenkommunikation und ihre zur Selbständigkeit abgestellten Sachbearbeiter das Sagen hat. Die schiere Ignoranz gegenüber der Möglichkeit einer entsprechenden Kommunikation wird durch die staatliche und vorrangig die militärische Forschung noch zusätzlich in den Schatten gestellt. Was dort einer durchaus realen Geheimhaltung in den politischen Machtkämpfen unterliegt oder unterstellt wird, treibt Blüten am Baum kommunikativer Utopien und Bedürfnisse, die von harmlos anmutenden Anliegen wie bei Sanchez unerreicht bleiben. Im Kalten Krieg ist die Pflanze, oder genauer: ihr kommunikativer Schauplatz heiß umkämpft (vgl. dazu Tompkins/Bird 1977). Ob als Informant über das Verhalten des Feindes im Dschungelkrieg oder für die Belange interstellarer Kommunikation, ob als Agent der außersinnlichen Wahrnehmung oder als Prophet kriegsentscheidender Zukünfte, ob zur Überführung von Mördern oder als Frühwarnsystem zur Entlarvung potentieller Flugzeugentführer (vgl. zum Unternehmen Skyjack Tompkins/Bird 1977, 52), ob im Vorhof von Sektenwesen oder Parapsychologie – die Kenntnisse über die Pflanzenkommunikation und der dazu sachdienlichen Gerätschaften scheinen unerläßlich. So kann in den Reihen der Scientologen ein vom Sektenbegründer L. Ron Hubbard im Umfeld eigener Pflanzenforschungen entwickeltes Elektro-Psychometer gleich noch für die Belange von Aufrichtigkeitsermittlung und *mental auditing* herangezogen werden. Damit steht dem Kommunikations- und Nachrichtendienst am Menschen

Telegraphenpflanze
(Desmodium gyrans)

Abb. 4: Telegraphenpflanze nach Francé 1912.

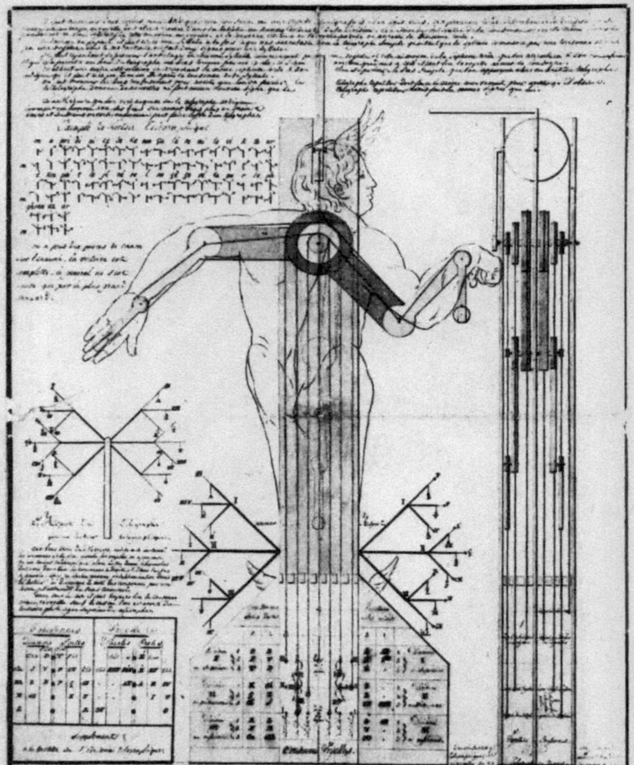

15: Entwurf von ‹Telegraphencodebäumen› für einen optischen Telegrafen mit weiter unterteilten Indikatoren, um 1800.

Abb. 5: Telegraphenbaum nach Oberliesen 1987.

nichts im Wege. Wie ein Artikel in der einschlägigen Zeitschrift *Sputnik* verheißt, scheint im uneigentlichen Wortgebrauch eines letzten Titels auch die Technikentwicklung bei der Pflanze vollumfänglich angekommen: »Billions of Transmitters inside us? An Unknown Bio-information Channel has been Discovered: Using This ›Wireless Telegraph‹, the Cells of the Organism Transmit Danger Signals« (Bhattachary 1973). Die Zeiten der optischen Telegraphie sind vorbei, die Zeiten der drahtlosen Telegraphie haben auch die Pflanzenkommunikation erreicht.

S. R.

Dictyostelium mucoroides

Die Schmarotzerpflanzen bieten uns ähnliche seltsame und bösartige Schauspiele, so z. B. die erstaunliche Flachsseide (Cuscuta epilinium), im Volksmund Mönchsbart genannt. Sie ist blätterlos und kaum ist ihr Stengel ein paar Zentimeter lang, so verläßt sie mit Vorbedacht ihre Wurzeln, um ihr erwähltes Opfer zu umspinnen und ihre Saugwurzeln hineinzusenken. Fortan lebt sie fast ausschließlich auf Kosten ihrer Beute. Es ist unmöglich, ihren Scharfsinn zu täuschen, sie weist jede ihr nicht zusagende Stütze ab und sucht, unter Umständen ziemlich weit, nach dem Hanf=, Hopfen=, Lein= oder Luzernenstengel, der ihrem Temperament und Geschmack zusagt.

Maeterlinck 1907, 6

Ist nun ein solcher Baum, der nur ein vegetativer Ableger eines anderen Baumes ist, kein Individuum? [...] »Sollen wir darum die herrlichen Trauerweiden unserer Parke und Friedhöfe, denen zu vollständigen Bäumen gewiß nichts abgeht, nicht für individuelle Stöcke, sondern für die zerrissenen Glieder eines in mythisches Dunkel sich verlierenden Urstammes halten?«

Fritsch 1920, 609

Für den Königsberger Botanikprofessor Ernst Meyer steht das Sozialverhalten der Pflanzen gänzlich außer Frage. Ein Aufsatz aus dem Jahre 1834 mit dem zunächst etwas launig klingenden Titel »Ueber den geselligen Wuchs der Pflanzen« zeichnet ein Bild, das die Pflanzen ob ihrer sozialen Qualitäten in die Nähe des Menschen rückt. Nicht mehr nur die in der Botanik verbreiteten Anthropomorphismen, von der Liebe der Pflanzen bis zu ihrem Schlaf, von ihrer Empfindungsfähigkeit gegenüber bestimmten Reizen über die Qualität ihres Wahrnehmungsvermögens bis hin zu Mutmaßungen über ihre etwaige Gesamtbeseelung, werden in der wie weit auch immer gefaßten Uneigentlichkeit analogischer Bezüge deutlich, sondern ein struktureller Befund, der die Organisation der Seinsarten in ihrer ganzen Breite betrifft. Weil zwar Geselligkeit die Grundlage aller Humanität ausmachen soll, zugleich aber keineswegs auf den Menschen beschränkt ist, taugt sie zu Abgrenzung unterschiedlicher Seinsarten voneinander nur bedingt. Selbstredend teilt der Mensch die Geselligkeit mit den Tieren, wie Meyer mit Verweis auf unterschiedliche Sozietäten bei Bienen und Ameisen, Austern und Polypen beispielreich kundtut. (→ AMEISE, AUSTER, BIENE; vgl. auch Vogl/von der Heiden 2007) Solche Erfahrungen gehören so sehr zum Allgemeinwissen, daß sie Meyer zufolge längst in die unteren Ausbildungsregularien wie ABC-Bücher Eingang genommen haben. »Daß aber auch unter den Pflanzen sehr viele, und einige derselben in hohem Maße gesellig leben, dürfte minder bekannt, oder doch minder beachtet sein, obgleich es in mehrfacher Rücksicht unsere Aufmerksamkeit verdient.« (Meyer 1834a, 161)

Mit dieser Captatio benevolentiae ist der Boden für die Pflanzen bereitet. Meyer beginnt mit einer disziplinären Klärung in Sachen Pflanzengeographie, einer zu seiner Zeit noch jungen Wissenschaft, die sich der Pflanzenverteilung auf der Erdoberfläche und ihrer Spezifika widmet. Für Meyer gelten dabei die Pflanzenformen als topographisches pars pro toto, als Stellvertretungs- oder gar als probates Reisevehikel. »Der Anblick der Pinien= oder Cypressenform, die man nur selten in den Landschaften der Italiäner vermissen wird, versetzt uns gleichsam nach Italien; der der Palmen, der baumartigen Gräser, der großblättrigen Pisangstämme zieht uns fort in die Tropenwelt, die allein so edle Formen hervorzubringen fähig war.« (Meyer 1834a, 162) Das Gegenüber der Tropen ist die heimische Heide, eine Vegetationsform, die für Meyer den Sachverhalt der Geselligkeit und damit das Gegenteil der Zerstreuung prototypisch verdichtet. »So repräsentirt denn das Wachsthum dieser einen Pflanze vollständig alle pflanzliche Geselligkeit.« (Meyer 1834a, 184) Die Geschichte, die er zwischen tropischer Ferne und heimischer Nähe aufspannt, ist in weiten Teilen die Geschichte der Pflanzengeographie als einer Disziplin, die mit Alexander von Humboldt anhebt und dann verschiedene Formen einer Verwissenschaftlichung erfährt, die ihrerseits zum

Teil hochgradig politisch besetzt sind. Betroffen davon sind die reale Politik ebenso wie die Versatzstücke politischer Semantik. (→ ROGGEN, POISON IVY) Die Aufmerksamkeit der Pflanzengeographen gilt Faktoren wie der Raumverteilung, dem Verdrängungswettbewerb zwischen den Arten und den Naturreichen sowie der besonderen Rolle, die sowohl dem geplanten als auch dem zufälligen Eingriff des Menschen, mithin der Kultur und der Kultivierung bei solchen Prozessen zukommt – ob als Reise- oder als Eroberungsgeschichte, ob aus ökonomischen Gründen listenreich geschmuggelt oder, weil den Kontingenzen des Reiseverkehrs geschuldet, versehentlich mittransportiert. (→ CINCHONA) Dem steht eine Wissenschaft zur Seite, die Meyer der Sache, aber nicht der Terminologie nach in seinem Vortrag über den geselligen Pflanzenwuchs andenkt: Es ist die Pflanzensoziologie, eine Disziplin, die in den ersten Dezennien des 20. Jahrhunderts ganz selbstverständlich die Rede von der Geselligkeit im Reich des Vegetabilischen in den Bereich des Menschen überführt und in den Jargon der Sozialwissenschaften übersetzt. Der Soziologisierung der Pflanzengeographie wird durch Autoren wie den schwedischen Botaniker Gustaf Einar Du Rietz der Weg bereitet, etwa mit Texten *Zur methodologischen Grundlage der modernen Pflanzensoziologie* oder über die *Gesetze der Konstitution natürlicher Pflanzengesellschaften*, um dann mit dem Schweizer Pflanzensoziologen Josias Braun-Blanquet ihre Verdichtung zu erhalten (Du Rietz 1921 und 1929 sowie übergreifend Thienemann 1956 und zum historischen Rückblick Ellenberg 1982).

Bei diesem wenig expliziten disziplinären Vorgriff auf eine nachmalige Pflanzensoziologie gelingt Meyer ein frühes Bild systemischer Zusammenhänge, wie sie später dann von der Ökologie theoretisch formuliert werden und diese als Wissenschaft entsprechend begründen. Was aber bei all dem ganz besonders ins Auge sticht, ist die Wahl der Protagonisten für das Gesellschaftsleben der Pflanzen, mithin eine sonderbare Gegenüberstellung zweier exemplarischer Vertreter, die auf einen ersten Blick gegensätzlicher nicht sein könnten: die monumentale Eiche und der unansehnliche Schimmelpilz (*Rhizopus stolonifer*). Ins Spiel kommen beide anläßlich der zugegebener-

Einfluss der Elektrizität auf das Pflanzenwachstum.

Versuchsergebnisse Sommer 1900.

A. Wachstum unter gewöhnl. Verhältnissen.
B. Wachstum unter Einfluss elektrischer Ströme.

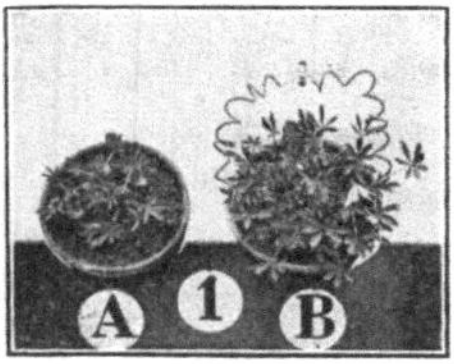

Lupinen.

Aussaat: 24. Mai 1900.
Photogr. 1. 7. Juni 1900. Photogr. 6. 21. Juni 1900.

Weizen.

Roggen.

Aussaat: 24. Mai 1900.
Photogr. 3. 7. Juni 1900.
Photogr. 7. 21. Juni 1900.

Abb. 1: Vergleichsversuche nach Heber 1902.

Fig. 2. *Kalanchoë Blossfeldiana.* Gleichaltes Kurztags- (links) und Langtagsexemplar (rechts). (Nach *Harder.*)

Abb. 2: Blühende Käthchen nach Stocker 1950.

maßen trivialen Voraussetzung, daß es für die Geselligkeit vorab der Individuation bedarf. Wie aber ist diese bei Pflanzen zu bestimmen? In seinen Ausführungen über den Pflanzenschlaf, und dort nicht minder anthropomorphisierend, greift Meyer diese Frage auf und äußert sich zum Status der Individualität im Pflanzenreich sehr dezidiert. Was ist überhaupt die Identität einer Pflanze, so fragt er, was markiert die Grenzen ihrer Erscheinung, wo beginnt und wo endet sie? Welche Sozialbeziehungen kennt die Pflanze und ist sie, auf Grund der ihr eigenen Individuation, überhaupt in der Lage, Beziehungen einzugehen? Wie erhält sich die Identität der Pflanzen vor dem Hintergrund ihrer unterschiedlichen Formung und Formbarkeit, erzielt durch die ganze Fülle variabel und daher auch experimentell nachstellbarer Parameter?

Wie an einem beliebig ausgewählten Beispiel, dem Photoperiodismus bei der Pflanze *Kalanchoe blossfeldiana*, dem blühenden Käthchen, stellvertretend ersichtlich wird, werden die Experimente mit ihr zu Experimenten an den Rändern der Individualität der Pflanzen selbst. (→ SONNENWENDE) »Der Photoperiodismus beeinflußt bei ihr auch die Ausbildung der vegetativen Organe, und das so weitgehend, daß gleichalte Lang- und Kurztagspflanzen kaum mehr als Individuen derselben Art zu erkennen sind.« (Stocker 1950, 62) In Parallelabbildungen und Gegenüberstellungen der Einflüsse unterschiedlicher Variablen erfährt dieser Forschungszweig eine ausgewählte Ikonographie. Nicht der Vorher-Nachher-Effekt zählt, wie er im Videomorphing aktueller Selbststilisierungsveranstaltungen zum Ausdruck gelangt, sondern das direkte Gegeneinanderhalten zweier Exemplare soll Veränderungen sichtbar machen (und natürlich auch den Stand einer Individualität kommentieren, der nicht auf Temporalisierung, sondern auf die schiere Tatsache der Vielheit setzt). Was hat man nicht alles angestellt, um die Formen zu manipulieren, aus welchen Gründen und Anlässen auch immer (stellvertretend zur Formveränderung unter den Bedingungen von Dunkelheit und Feuchtigkeit vgl. Wiesner 1891). Neben dem breiten Spektrum der variierten Umweltbedingungen stellen direkte Interventionen an der Pflanze von den Kreuzungen des Saatgutes bis zur Kulturtechnik der Pfropfung deren Individualität weiterhin in Frage. Was hat es mit deren Status auf sich, wenn die ökonomischen Sachzwänge selbst zu Auswüchsen wie einer Omelett-Pflanze führen – wie im Fall des amerikanischen Pflanzenzauberers Luther Burbank, der es bei einer natürlichen Ordnung der Dinge so wenig beließ, daß eine zwar scherzhafte Pointierung ihm aber doch immerhin unterstellen konnte, aus Eier- und Milchpflanze eine entsprechende Omelette-Pflanze in Erwägung zu ziehen, um von der obskuren Biopolitik seiner *Zucht der Menschenpflanze* gar nicht erst zu reden (vgl. Burbank/Hall 1929 und Burbank 1926). Und welche Rolle spielt das immer wieder in vielfältigen Kontexten bemühte parasitäre Verhältnis zwischen Wirt und Schmarotzer – einer Organisationsform, die, neben all den noch ausstehenden Staatsbiologismen (vgl. dazu stellvertretend Uexküll 1933), für von Humboldt gleich noch zum Parasiten an der Ordnung der Dinge selbst zu werden droht. Der Dschungel als Heimstatt des Schmarotzertums birgt für den Botaniker neben realen Gefahren eben auch solche der taxonomischen Verwirrung. »Diese mannichfaltigen Verschlingungen der Schmarotzergewächse setzen den Botaniker nicht selten der Gefahr aus, Blüthen, Früchte und Blätter, welche verschiedenen Pflanzen angehören, mit einander zu verwechseln.« (Humboldt nach Meyer 1834a, 164)

Aber nicht nur der Ausfall der Form oder der Gestalt, wie es in einer bestimmten Richtung ganzheitlich gesonnener Bestimmungsbemühungen heißt, irritiert den Status pflanzlicher Individualität. Auch innerhalb eines Individuums ist deren Status strittig und daher Anlaß für allerlei Mutmaßungen. (→ Polyp) Wie viele und vor allem wessen Leben stehen bei einer Pflanze im Prozeß ihrer vegetativen Dynamik überhaupt zur Disposition? Hat man für deren Beschreibung grammatikalisch den Singular oder den Plural zu benutzen? Und wie ist es mit ihrer stetigen Veränderung beschaffen (vgl. zur Irritation menschlicher Identität durch die Physiologie des Stoffwechsels bei Jean Paul Rieger 2008b)? Und nicht zuletzt wird danach gefragt, wie es mit der Sterblichkeit im Reich des Vegetabilischen beschaffen ist (vgl. zur Spannbreite des Pflanzentodes Dorflein 1919 und Marbe 1919, 137 sowie zum Nachweis mittels eines Todmelders durch den Pflanzenphysiologen Bose → Mimosa Pudica II). Gerade dafür wird immer wieder das flüchtige Sein des Blattes gegen das beharrliche Sein des Baumstamms in Anschlag gebracht (vgl. zur Rolle der Blätter in den Bestimmungsbestrebungen einer Pflanzenindividualität auch Tschirch 1939).

»Was ist es denn, was die Blätter hundertjähriger Bäume nach Verlauf eines Sommers tötet? Sind sie nicht organische Theile des Baums? Wie kann der Organismus bestehen, wenn er so mit sich selbst zerfällt? Hierauf hatte Brolik noch keine andre Antwort, als die leidige sogenannte *vita propria*, ein Ding, dessen sich neuere Physiologen gar oft als eines Nothhakens bedienten, wenn ihnen in der Kette des Lebens irgendwo ein Glied zu fehlen schien. Gleich wie sich das Privatleben der Bürger vom allgemeinen Staatsleben unterscheidet, so sollten die Blätter am Gesammtleben des Baums zwar Theil nehmen, zugleich aber ein besonderes Leben führen, dessen Faden nun einmal früher abzulaufen bestimmt sei.« (Meyer 1834b, 157)

Im Zeichen der Geselligkeit, der unterschiedlichen Lebenserwartung und in Abgrenzung von der ungeselligen Eiche darf endlich eine frühe theoretische Karriere des Pilzes beginnen – als Figur des Wissens um die Form sozialer Organisation, mithin als politische Figur der Verschränkung und damit als Transferangebot zwischen humanen und weniger humanen Sozialformen (vgl. zur Semantik und Politik des Pilzes im Allgemeinen Schröter 2005). Für Meyer setzt die Wahl des Schimmelpilzes als Beobachtungsobjekt Techniken der Zeugenschaft, in diesem Fall die Mikroskopie voraus. Erst das Mikroskop erlaubt die empirische Sozialforschung am Pilz, ist mithin jener Karriere vorgängig, die ihn neben allen anderen Verwendungsweisen in das Zielgebiet avancierter System- und Umweltforschungen führen wird. Jenes veränderte Regime der Sichtbarkeit, das mit Autoren wie Robert Hooke oder Anton van Leeuwenhook Einblicke in die Formenwelt des mit bloßem Auge Uneinsehbaren beschert (und im Fall Leeuwenhook der Zuordnung des Polypen zum Naturreich des Vegetabilischen Vorschub leistete), macht Beschreibungen möglich, die dem bloßen Augenschein zuwiderlaufen. Performativ stimmig, weil nach Maßgabe menschlicher Sozialformen, erfolgt Meyers Beschreibung dessen, was unter dem Mikroskop zu sehen ist:

> Denn einsam ist, was seines Gleichen nicht um sich hat. Nennen wir doch denjenigen einsam, der in einer fremden Stadt mitten im Gewühl des Marktes sich selbst überlassen dasteht. In demselben Sinne dürfen wir auch die Eiche mitten in einem Walde einsam nennen, wenn sie darin die einzige ihrer Art ist. Der Schimmel dagegen, der auf dem Brodte wächst, und mit bloßem Auge angesehen Flecken bildet, die sich mit einer Fingerspitze zudecken lassen, gehört gleichwohl zu den geselligen Pflanzen. Denn unter dem Mikroskop betrachtet, zeigt sich jeder Fleck als ein Wald zahlloser dichtgedrängter Pflanzen derselben Art. (Meyer 1834a, 162f.)

Wie in einer Kippfigur entscheidet das technische Medium zwischen einer amorphen Masse ohne Geselligkeitsstruktur und einem hochgradig differenzierten Sozialverbund, wie er ausgerechnet im Wald sein Bild findet. Im Wald, den man vor lauter Bäumen nicht oder eben nur unter dem Mikroskop sieht, ist nur der Einsame einsam. Nicht so der Schimmelpilz, dessen Solipsismus nur vermeintlich, weil ein Effekt natürlicher Anschauung ist. Und es ist ebenfalls ein Pilz, der bei Viktor von Weizsäcker als Beleg für ein sonderliches Changieren benutzt wird. Dabei geht es in von Weizsäckers *Die Grundlagen der Medizin* weniger um einen soziologisch relevanten Befund, sondern um die Seinsweise des Pilzes selbst: Weil der Schleimpilz *Dictyostelium mucoroides* weder modular noch zellulär aufgebaut ist, weil er seine Organisationsweise nach Maßgabe von Außenfaktoren selbst verändert, taugt er von Weizsäcker in besonderer Weise zur Beschreibung sozialer Organismen, etwa zur Bildung von Staaten oder auch von Schwärmen (vgl. zum *swarming* und zum Schleimpilz als Modell für Frank Schätzings Roman Horn 2007, 491 ff.). Aber bevor ihm die Ehre zuteil wird, auf dem Weg seiner Morphologie gleich noch ein Ungenügen im scheinbar festgefügten Gebäude der Wissenschaften selbst zu verdeutlichen und, wie von Weizsäcker an anderer Stelle ausführt, Hybridbildungen aus scheinbar unvereinbaren Lagern der Wissenschaften Vorschub zu leisten, verfällt er zunächst auf die Beschreibung von animalischem Nervensystem und Gehirn. Deren Verhandlung bereitet nicht nur den Boden für die Bestimmung von Individualität, sie führt von Weizsäcker in der Beschreibungssprache wie in der Wahl seiner Veranschaulichungen ausgerechnet dorthin, wo schon Alexander von Humboldt den Forscher von allerlei Verwechslungsgefahr bedroht sah – in die Urwälder Südamerikas, in denen nicht der erhabene Solipsismus einheimischer Eichen, sondern ein kaum mehr zu durchschauendes Pflanzengewirr wuchert.

Eine große Schwierigkeit tauchte hier auf. Besteht dieses Fasergewirr zuletzt doch aus einheitlichen Individuen, die wie die Bäume des Waldes für sich bestehen, oder verschmelzen ihre Wurzeln und Zweige zu einem gemeinsamen Netze oder Wabengehäuse, wie es die Bienen bauen? Seit Jahrzehnten tobt hier ein Streit ohne Entscheidung. Man sieht, es geht auch hier um den Begriff des Individuums und des Kollektivs. Zuletzt kommt es auf den physikalisch-philosophischen Gegensatz von Atom und Kontinuum hinaus. Gleichviel, wie man ihn deutet: wenn sich der Physiologe die Aufgabe stellt, den Spuren einer einzelnen sich ausbreitenden Erregung zu folgen, so kommt er etwa in die Lage eines Menschen, den man vom Flugzeug aus in die Mitte der Urwälder des Amazonas absetzte, und der sich seinen Weg in der grünen Hölle suchen müßte. (Von Weizsäcker 1987, 16)

Die Übertragung der grünen Hölle des Amazonas als Bild für das Nervensystem auf den Schleimpilz motiviert von Weizsäcker zunächst mit der Forderung, den Blick von der Komplexität des Gehirns abzuwenden und stattdessen möglichst einfache Formen zu untersuchen. Mit Bezug auf die Forschungen von Alfred Kühn kommt von Weizsäcker dem nach, gelangt dann aber zur Befundlage, daß auch in der Welt der Schleimpilze die Dinge keineswegs besser stehen als dort, wo der übergeordnete Führungsanspruch des Gehirns diskutiert wird. Dazu greift er auf Kühns Aufsatz »Die Ausprägung organischer Formen in verschiedenen Dimensionen und die Grundfragen der Entwicklungsphysiologie« aus dem Jahr 1943 und das dort bemühte Bild von *Dictyostelium mucoroides* zurück. Kühn ist es dort um Fragen der Formbildung zu tun, die er von präformistischen Vorstellungen bestimmter Muster im Übergang von Ausgangszellen auf deren Abkömmlinge befreien möchte: »Formbildung kann sich auch an einer Vielheit vollkommen gleichartiger Zellen vollziehen. Ein Beispiel bildet der Entwicklungsvorgang von Dictyostelium, eines niederen, den Schleimpilzen nahe stehenden Geschöpfes, das auf faulenden Stoffen aller Art vorkommt und sich leicht auf Agar mit einem Bakterienbelag als Nährboden züchten lässt.« (Kühn 1943, 381) Was Kühn beschreibt, ist der Übergang der Amöbenorganisation vom unabhängigen Nebeneinanderleben zur Bildung einer Einheit, veranlaßt durch die Erschöpfung der Nahrung und einhergehend mit einer Veränderung des Stoffwechselzustands als Prozeß in der Amöbenmasse selbst (und nicht als Reaktion etwa auf Umweltvorgaben wie die Beschaffenheit des Untergrunds). Dazu verweist er auf das Bewegungsverhalten und die Ausbildung von Scheinfüßen, sogenannten Pseudopodien, sowie die eindrucksvolle Sichtbarmachung dieser Prozesse mittels aufwendig angestellter Zeitrafferaufnahmen. Dieses unterschiedliche Organisationsverhalten greift von Weizsäcker auf und kleidet es nach einem genauen Referat der einzelnen Bewegungsvorgänge in das Bild staatlicher Organisation.

Ihr zerstreutes Bild ändert sich erst, wenn der Nährboden erschöpft ist und der Hunger droht. Nun sammeln sie sich da und dort zu Gruppen, von denen einige untergehen, andere aber durch zuströmende neue An-

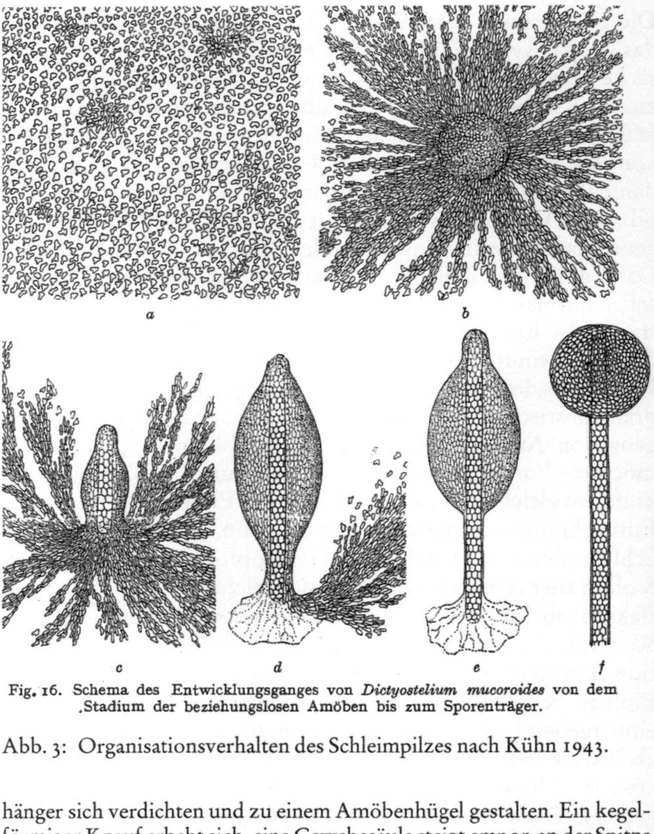

Fig. 16. Schema des Entwicklungsganges von *Dictyostelium mucoroides* von dem Stadium der beziehungslosen Amöben bis zum Sporenträger.

Abb. 3: Organisationsverhalten des Schleimpilzes nach Kühn 1943.

hänger sich verdichten und zu einem Amöbenhügel gestalten. Ein kegelförmiger Knauf erhebt sich, eine Gewebesäule steigt empor, an der Spitze des Stieles zeigt sich eine Kugel, aus der eines Tages eine neue Aussaat von Sporen entsandt wird. Sie schwärmen aus, und gibt man ihnen frische Nahrung, so beginnt das gleiche Spiel von vorne. – Beim gleichen Lebewesen erblicken wir einmal den extremsten beziehungslosen Individualismus und ein andermal die straffste arbeitsteilige Staatenbildung. Die Ernährungsfrage ist dabei von entscheidender Bedeutung. (Von Weizsäcker 1987, 17)

Von Weizsäcker generalisiert diesen Befund und markiert mit ihm ein grundsätzliches Ungenügen der Biologie. Gleichgültig, ob bei komplexen Organen wie dem Gehirn oder vermeintlich einfachen wie dem Pilz, tun sich die einschlägigen Wissenschaften schwer, die unbewußte Vernünftigkeit von Organismen, so die Formulierung, adäquat zu beschreiben. Es gelingt ihnen nur unzureichend, Antworten auf Fragen systemischer Organisation oder damit auf solche der Führung zu geben. Zwar ist die Rolle der Nahrungsressourcen unstrittig, aber, wie er Kühn noch einmal zitiert, »›welcher Art der Einfluß ist, der von den Ansammlungszentren auf die zuströmenden Amöben wirkt, wissen wir nicht‹« (von Weizsäcker 1987, 17). Genau von diesem Punkt ausgehend hebt er zu einem Parforceritt an, der nicht weniger als den Anspruch der Wissenschaften und namentlich die Grundlagen der Medizin zum Gegenstand hat. Reduktionismen wie die einseitige Ausrichtung auf Kollektiv oder Individuum, auf Seele oder Körper faßt er in das von ihm häufig benutzte Bild der Drehtüre, deren jeweiliger Systemzustand das jeweils andere nicht annihiliert, aber eben als unzugänglich markiert. Weil die Komplexität des Gegenstandes die Exklusion des anderen Zustandes behindere, wird Wissenschaft immer wieder vor die Entscheidung gestellt, nach welcher Öffnung der Drehtüre hin sie sich ihrem Gegenstand annähert. »Man kann nicht dasselbe Naturobjekt nach den Prinzipien der Mechanik und Energetik und gleichzeitig nach vitalistischem, ganzheitlichem und psychologischem Prinzip sich gestalten und bewegen lassen.« (Von Weizsäcker 1987, 22; zur Kritik an Reduktionismen vgl. stellvertretend Portmann 1970) Vor diesem Hintergrund zeichnet er ein Bild, in dem das Versagen der Wissenschaften vor Führungsfragen zwangsläufig, weil im Zustand der wissenschaftlichen Ordnung begründet liegt, mithin epistemisch bedingt ist und sich nicht auf das Versagen irgendwelcher Einzelwissenschaftler zurückführen läßt. Nicht ganz ohne Schadenfreude, wie er selbst schreibt, hat diese Doppelstellung des Ärztlichen auch vor anderen Wissenschaften und namentlich vor der Physik nicht Halt gemacht. Diese befindet sich etwa in ihrer Entscheidung für Korpuskel und Welle bei der Beschreibung des Lichtes in einer ähnlichen

Drehtürsituation, ein Befund, der von Weizsäcker zu der Hoffnung Anlaß gibt, »daß Physik und Lebenswissenschaft als ebenbürtiges Gespann nebeneinander gehen« (von Weizsäcker 1987, 25). Immer wieder nimmt er die als Drehtüre beschriebene Situation zum Anlaß für die Forderung nach neuen Hybridbildungen im Gebäude der Wissenschaften selbst. Um der einseitigen Ausrichtung auf das Individuum als beträchtliche Einschränkung im wissenschaftlichen Arbeiten zu entgehen, so gibt er wiederholt zu bedenken, wären neue Disziplinen wie etwa eine eigens erwogene Sozialphysiologie vonnöten. So mutmaßen seine Mitarbeiter anläßlich einer Untersuchung über Wirksozietäten, daß die Beschränkung der Physiologie auf das Einzelsubjekt die selbständige Ausprägung von Disziplinen wie einer medizinischen Soziologie, einer Soziopathologie, einer Arbeitspathologie oder einer Sozialphysiologie weitgehend verhindert hat (vgl. Christian, Haas 1949).

Zwischen den Forderungen nach einer Pflanzensoziologie und einer Sozialphysiologie haben sich die System- und Umwelttheorien ihren Weg in die Moderne gebahnt. Ihnen schuldet das 20. Jahrhundert die wohl anspruchsvollsten Leistungen, die es auf dem Feld der Theoriebildung zu verzeichnen galt, Kenntnisse von System und Umwelt, von Komplexität und jenem Prinzip der Übersummativität, demzufolge das Ganze mehr als die Summe seiner Teile ist. Es ist die eigentümliche Pointe, daß derlei Lektionen am Pilz und den Änderungen seiner Systemzustände einen adäquaten Gegenstand gefunden haben. Als Analogon zum Welle-Teilchen-Dualismus in der Physik hält der Schleimpilz in seiner Wandelfähigkeit vor Augen, was unter dem Mikroskop bereits für den Geselligkeitsforscher Ernst Meyer sichtbar wurde: eine Kippfigur zwischen Einzelnem und Kollektiv, mithin eine Drehtür auf der Ebene der vermeintlich bloßen Gegenstände, auf die die Wissenschaften nicht nicht reagieren können. Für Meyer wurde das Mikroskop zur Drehtüre, die die Komplexität der Dinge vor Augen stellte – daß der Anlaß die scheinbar unscheinbare Frage nach der Geselligkeit der Pflanzen war, tut dem keinen Abbruch.

S. R.

Erbse

DOKTOR: [...] Meine Herren, Sie können dafür etwas anderes sehen, sehn Sie, der Mensch, seit einem Vierteljahr ißt er nichts als Erbsen, beachten Sie die Wirkung, fühlen Sie einmal was ein ungleicher Puls, da und die Augen.

WOYZECK: Herr Doktor es wird mir dunkel. *Er setzt sich.*

DOKTOR: Courage! Woyzeck noch ein paar Tage, und dann ist's fertig, fühlen Sie meine Herren fühlen Sie. *Sie betasten ihm Schläfe, Puls und Busen.*

á propos, Woyzeck, beweg den Herrn doch einmal die Ohren, ich hab es Ihnen schon zeigen wollen. Zwei Muskeln sind bei ihm tätig. Allons frisch.

WOYZECK: Ach Herr Doktor!

DOKTOR: Bestie, soll ich dir die Ohren bewegen, willst du's machen wie die Katze! So meine Herren, das sind so Übergänge zum Esel, häufig auch in Folge weiblicher Erziehung und die Muttersprache. Wieviele Haare hat dir die Mutter zum Andenken schon ausgerissen aus Zärtlichkeit? Sie sind dir ja ganz dünn geworden, seit ein paar Tagen, ja die Erbsen, meine Herren.

Büchner 1987, 175

Möglicherweise ist es weniger irritierend, daß die Bedeutung der Ergebnisse der Arbeiten Gregor Mendels (1822-1884) von den Fachwissenschaftlern seiner Zeit nicht erkannt wurde, als daß es Experimente eines Mönchs des Augustiner-Klosters St. Thomas in Brünn (tschechisch: Brno) waren, die den Beginn der Genetik markieren. So widerspricht schon alleine die den Wissenschaftler antreibende *curiositas* dem katholischen Geist, was die Literaturgeschichte anhand der Figur des D. Johann Fausten, der wegen seines »Fuerwitzes«, seiner Wissbegierde also, den Teufel anruft, behandelte. Bis ins 20. Jahrhundert hinein bleibt die Inszenierung der wissenschaftlichen Neugierde ein zentrales Thema, ist doch ein prominenter Nachfolger der Faust-Figur der *mad scientist*, derjenige, der sämtliche Grenzen überschreitet, dafür aber auch nicht seiner Strafe entgeht (vgl. Horn 2006 und (→ MANDRAGORA). Allerdings war Mendel Angehöriger des Ordens der Augustiner-Eremiten, deren zentrale Werte nicht nur in der täglichen Praxis umzusetzende Liebe und Gemeinschaft waren, sondern bei denen das religiöstheologische Studium (mit Schwerpunkt auf den Schriften des Augustinus) sowie die Naturwissenschaften einen wesentlichen Bestandteil des mönchischen Lebens bildeten. Überhaupt spielte für die Augustiner die Bildung eine wichtige Rolle, bestand doch schon im Mittelalter ein breites Netz von Studienhäusern, begabte Studenten wurden an Universitäten gesandt, seit dem 17. Jahrhundert interessierte sich der Orden auch für das Schulwesen und bis heute unterhält er Gymnasien (vgl. Eckermann 1997). Ganz in dieser Tradition stand denn auch der Abt des Klosters St. Thomas, Cyrill Napp (1782-1867), der selbst Philosophie und Theologie studiert hatte, in Brünn biblische Studien und orientalische Sprachen unterrichtete sowie die Betreuung der Bibliothek übernahm. Als Napp 1824 Abt des Klosters wurde, gab er seine wissenschaftlichen Ambitionen (trotz bischöflichen Widerstandes) keineswegs auf. Er war nicht nur in diversen Institutionen aktiv, Napp war Mitglied der Ackerbau-Gesellschaft, seit 1827 Präsident der Pomologischen Vereinigung und außerdem Direktor der Staatlichen Gymnasien in Mähren und Schlesien, sondern er hielt auch ständig Ausschau nach talentierten Mönchen, ob nun in Theologie, Mathematik, Botanik oder Meteorologie. Er selbst widmete sich vor allem der Landwirtschaft, er stellte u. a. Freilandversuche mit Leguminosen an, experimentierte mit Obstbäumen und veröffentlichte seine Ergebnisse (Nachweise bei: Orel 1996). Und schließlich hatte er sich im Rahmen der Schafzucht bereits selbst mit Fragen der Vererbung beschäftigt und sich einem wichtigen Forschungsobjekt der frühen Vererbungsforschung zugewandt, das überdies als bedeutener ökonomischer Faktor galt (wie Orel (1996, 48) schreibt, war die Wollproduktion eine Zeitlang die profitabelste Seite der klösterlichen Landwirtschaft; vgl. auch: Wood 2007).

Doch auch wenn die Mönche inzwischen neugierig sein durften und Mendel alles andere als ein *mad scientist* war, stellt sich die Frage nach dem Verhältnis Mendels zu Charles Darwins *On the Origin of Species*, bekanntlich eine Provokation der kirchlichen Lehre (auch wenn Darwin das selbst nicht so gesehen haben mag). Mendel jedoch, der Darwins Werk gründlich gelesen hatte, ging es überhaupt nicht um die Veränderung der Arten, im Gegenteil: Seine Experimente zeigten, daß Merkmale unverändert an die Nachkommen weitergegeben werden, das heißt: Mendel zeigte nicht den *Wandel*, sondern die *Beständigkeit* der Arten. Auch wenn er sich zu diesem Thema nicht explizit äußerte, diskutierte er dies doch im Zusammenhang der Blütenfarbe von Zierpflanzen, ein äußerst veränderliches Merkmal. So habe man behauptet, daß die »Stabilität der Arten durch die Kultur erschüttert oder ganz gebrochen werde«, wobei häufig die Färbung der Zierpflanzen als Muster aller Unbeständigkeit gelte. Doch niemand, so Mendel weiter, werde behaupten, »daß die Entwicklung der Pflanze im freien Lande durch andere Gesetze geleitet wird, als im Gartenbeete. Hier wie dort müssen typische Abänderungen auftreten, wenn die Lebensbedingungen für eine Art geändert werden, und diese die Fähigkeit besitzt, sich den neuen Verhältnissen anzupassen« (Mendel 1970, 54). Diese Anpassung erklärt Mendel jedoch nicht mit der Vererbung erworbener Eigenschaften und Selektionsmechanismen, sondern mit der Hybridbildung. Seiner Meinung nach seien die Kulturpflanzen »*Glieder verschiedener Hybridreihen*«, deren gesetzmäßige Weiterentwicklung durch häufige Zwischenkreuzungen abgeändert und aufgehalten würden (Mendel 1970, 54). In diesem Sinne gelte auch für die Blütenfarbe der Zierpflanzen, daß deren Entwicklung einem bestimmten Gesetz folge, das seinen Ausdruck in der Kombinierung mehrerer selbständiger Farbmerkmale finde. Während es für Mendel demnach nicht auf die äußeren Bedingungen ankam, sondern auf die Kombination von Merkmalen durch Kreuzungen, argumentierte Darwin umgekehrt: Er beginnt sein Hauptwerk mit dem Kapitel »Abänderung im Zustande der Domestikation«, in dem er von Kulturpflanzen und Haustieren ausgeht. In der Polemik gegen die Behauptung, sämtliche

Hunderassen seien durch Kreuzung einiger weniger Unterarten entstanden, heißt es:

Überdies ist die Möglichkeit, durch Kreuzung verschiedene Rassen zu bilden, sehr übertrieben worden. Man kennt viele Fälle, welche beweisen, dasz eine Rasse durch gelegentliche Kreuzung mittels sorgfältiger Auswahl der Individuen, welche irgend einen bezweckten Charakter darbieten, sich modificiren läszt; es wird aber sehr schwer sein, eine nahezu das Mittel zwischen zwei weit verschiedenen Rassen oder Arten haltende neue Rasse zu züchten. Sir J. Sebright hat ausdrückliche Versuche in dieser Beziehung angestellt und keinen Erfolg erlangt. Die Nachkommenschaft aus der ersten Kreuzung zwischen zwei reinen Rassen ist so ziemlich und zuweilen, wie ich bei Tauben gefunden, auszerordentlich übereinstimmend in ihren Merkmalen und alles scheint einfach genug zu sein. Werden aber diese Blendlinge einige Generationen hindurch untereinander gepaart, so werden kaum zwei ihrer Nachkommen einander ähnlich ausfallen, und dann wird die äuszerste Schwierigkeit des Erfolgs klar. (Darwin II 1899, 40)

Darwin geht, wie hier deutlich wird, völlig anders vor als Mendel: Für ihn hängt die Bildung von Varietäten von veränderten Lebensbedingungen ab, welche direkt oder indirekt Abänderungen hervorrufen und außerdem Veranlassung zur natürlichen Zuchtwahl geben, die bestimmt, welche Varietät fortdauert und welche nicht (vgl. Darwin II 1899, 159). Darwin arbeitete diese Überlegungen später in seine Pangenesis-Theorie ein (vgl. Darwin IV, 2 1899, Kap. 27). Gemäß dieser Theorie ist jede Eigenschaft eines Organismus in stofflichen Teilchen als Anlage enthalten, die durch den gesamten Körper »frei circuliren« und bei der Fortpflanzung auf die Nachkommen übertragen werden. Variabilität entstehe durch Modifikation dieser Teilchen, welche ihrerseits dadurch verursacht werde, daß veränderte Umweltbedingungen zu verändertem Gebrauch/Nichtgebrauch von Organen führten. Während Darwin mit dieser These an Lamarck anschließt, folgt Mendel der *ars combinatoria*: Merkmale entstehen nicht neu, vorhandene Merkmale werden lediglich unterschiedlich miteinander kombiniert.

Nichtsdestotrotz kam es aufgrund Mendels Forschertätigkeit bald zu Konflikten zwischen dem liberalen, der Wissenschaft aufgeschlossenen Kloster und der konservativen Kirche, hier vertreten durch den Bischof Anton Ernst Schaffgotsch, dem die Klosterführung durch den wissenschaftlich äußerst aktiven Abt ein Dorn im Auge war. Napp, so des Bischofs Meinung, vernachlässige nämlich seine eigentliche Aufgabe, die administrative und spirituelle Leitung des Klosters. Als der Bischof 1854 das Kloster besuchte und mit dessen Schließung drohte, erfuhr er auch von Mendels Mäusezucht. Der hatte nämlich vor, Feldmäuse mit Albinomäusen zu kreuzen, um zu sehen, welche Farben die Nachkommen haben würden. Wahrscheinlich war es nicht nur der Geruch in den Zimmern des Mönchs, sondern vor allem die Tatsache, daß es für einen solchen nicht angebracht sei, sich mit dem Geschlechtsleben von Tieren zu beschäftigen, welche den Bischof veranlaßten, diese Studien zu verbieten. Daß Mendel selbst mit diesem Thema keinerlei Probleme hatte, zeigt eine Anmerkung seines Biographen Hugo Iltis: »Bei solchen Gelegenheiten sprach er freimütig über Geschlechtsverhältnisse und Begattungsapparate und wies ein dummes Lachen der Jungen mit den Worten zurück: ›Machst keine Geschichten. Das sind natürliche Dinge.‹« (Iltis 1924, 58) Insofern war es nur konsequent, daß sich Mendel nach dem Besuch des Bischofs dem Geschlechtsleben der Pflanzen zuwendete (vgl. zur Auseinandersetzung mit dem Bischof Orel 1996, 84f.; zur Mäusezucht: Iltis 1924, 68; Henig 2001, 24f.).

Mendels Wahl fiel dabei auf die Erbsen, und diese Entscheidung war keineswegs zufällig. Wie bei den anderen *Leguminosen* findet sich auch bei der Erbse, *Pisum*, ein eigentümlicher Blütenbau: Die Befruchtungsorgane sind vom sogenannten Schiffchen umschlossen, was die Störung durch fremde Pollen, die für die Versuche natürlich verheerend wäre, von vornherein erschwert. Als weitere wichtige Merkmale der Erbse nennt Mendel: Einige Formen besäßen konstante und leicht zu unterscheidende Merkmale; die bei Kreuzungen hervorgebrachten Hybriden seien fruchtbar; die Pflanze sei leicht zu kultivieren und besitze eine verhältnismäßig kurze Vegetationsdauer; die künstliche Befruchtung sei zwar schwierig, gelinge aber immer (vgl. Mendel 1970, 22f.). Auch die Wahl der Merkmale, die Mendel kreuzte, steht im Dienste der statistischen Auswertung. Er wählte nur Merkmale, die an den Pflanzen »deutlich und entschieden« hervortreten, u. a. sind das: die Gestalt der reifen Samen (rund oder kantig), die Färbung der Samenschale (weiß oder grau), die Form der reifen Hülse (einfach gewölbt/runzlig, nicht verengt/tief eingeschnürt).

Das Ziel der Versuche bestand darin, das Gesetz herauszufinden, nach welchem zwei differierende Merkmale in den aufeinanderfolgenden Generationen auftreten. Ausgangspunkt war der Befund, daß bei zwei in einem oder mehreren Merkmalen konstant verschiedenen Pflanzen, die durch Befruchtung verbunden werden, die gemeinsamen Merkmale unverändert auf die Hybriden und ihre Nachkommen übergehen (vgl. Mendel 1970, 24). Nachdem die Merkmale ausgesucht waren, kreuzte Mendel die unterschiedlichen Varianten miteinander und zeichnete dann auf, wie sich die jeweiligen Merkmale auf die Nachkommen verteilten. Für die erste Generation der Hybriden stellte Mendel fest, daß nicht Mittelformen entstehen, sondern bestimmte Merkmale ganz oder fast unverändert in die hybride Verbindung eingehen (dominante Merkmale), die anderen dagegen latent werden (rezessive Merkmale). In der ersten Generation trugen von vier Pflanzen drei das dominierende Merkmal, eine das rezessive, so daß das Verhältnis lautete: 3:1. Nach weiteren Versuchen, Mendel ging bis in die sechste Generation, konnte er dann feststellen, daß das genaue Verhältnis 1:2:1 war, d.h. ein rein dominanter, zwei hybride und ein rezessiver Typ.

Mendels Versuche seien nun nicht im einzelnen rekapituliert, im Folgenden soll vielmehr auf die Darstellungsform der Ergebnisse eingegangen werden. Mendel führte für die Notation ein, daß A das dominante, a das rezessive Merkmal und Aa die Hybridform bezeichne. Damit meint Mendel den, in den Begriffen des dänischen Botanikers Wilhelm Johannsen, Phänotyp, und nicht den Genotyp. Daraus ergibt sich für die erste Hybrid-Generation: A + 2 Aa + a (entsprechend dem Verhältnis: 1:2:1). Etwas unübersichtlich wird es, wenn die gekreuzten Pflanzen nicht nur in einem, sondern in zwei Merkmalen (A und B) verschieden sind. Ausgehend von den Merkmalen rund/kantig und gelb/grün kam er für die Kreuzung von Hybriden, die in zwei Merkmalen unterschieden sind, in der ersten Generation zu folgendem Ergebnis:

AB + Ab + aB + ab + 2 A Bb + 2 a Bb + 2Aa B + 2Aab + 4 AaBb (Mendel 1970, 38)

Im Falle von in drei Merkmalen (A, B, C) verschiedenen Hybriden, sieht das so aus:

ABC + Abc + AbC + Abc + aBC + aBc + abC + abc +2ABCc + 2AbCc + 2aBCc+ 2abCc + 2ABbC + 2ABbc + 2aBbC + 2aBbc + 2AaBC + 2AaBc + 2AabC + 2Aabc + 4ABbCc + 4aBbCc + 4AaBCc + 4AabCc + 4AaBbC + 4AaBbc + 8AaBbCc (Mendel 1970, 39)

Mendels Vorgehen bestand darin, die Pflanze in einzelne Merkmale zu zerlegen und diese dann miteinander zu kombinieren. Dabei bestätigte die Empirie die Berechnung und umgekehrt, denn Mendel stellte fest, daß wiederholte Kreuzungen mit den sieben charakteristischen Merkmalen, bei denen sämtliche möglichen konstanten Verbindungen erzeugt wurden, 128 Verbindungen hervorbrachten. Dies entsprach der von frei kombinierbaren Merkmalen ausgehenden Rechnung. Bei sieben Merkmalen ergeben sich nämlich insgesamt $2^7 = 128$ Verbindungen. Dies sei der faktische Beweis, »*daß konstante Merkmale [...] auf dem Weg der wiederholten künstlichen Befruchtung in alle Verbindungen treten können, welche nach den Regeln der Kombination möglich sind*« (Mendel 1970, 40). Daß die Weitergabe von Merkmalen an die Nachkommen den Regeln der Kombinatorik folgt, sollte für die Genetik des 20. Jahrhunderts zentral werden, wie die die Wahrscheinlichkeitstheorie integrierende Populationsgenetik vorführt. Für Mendel war in Sachen Kombinatorik sein Lehrer am Physikalischen Institut in Wien, der Mathematiker Andreas von Ettingshausen, relevant, der die Kombinatorik als selbständige Grundwissenschaft konzipiert hatte. Denn, so Ettingshausen, die Elemente, mit denen sich die Kombinationslehre beschäftige, können »was immer für gleichartige oder ungleichartige Gegenstände seyn, als: Personen, Farben, Buchstaben, Sylben, Wörter, Zahlen u. d. gl.« (Ettinghausen 1826, 2).

Was im Falle der Kombination zweier Merkmale A und B noch leicht zu überschauen war, wird, wie aufgezeigt, schon bei drei oder gar sieben Merkmalen unübersichtlich. Mendel selbst behandelt diese Problematik, als er darauf eingeht, daß die An-

Pollenzellen: $AB + AB + AB + AB + Ab + Ab + Ab + Ab + aB + aB + aB + aB + ab + ab + ab + ab.$

Keimzellen: $AB + AB + AB + AB + Ab + Ab + Ab + Ab + aB + aB + aB + aB + ab + ab + ab + ab.$

Im mittleren Verlaufe der Befruchtung verbindet sich jede Pollenform gleich oft mit jeder Keimzellform, daher jede von den 4 Pollenzellen $A B$ einmal mit einer von den Keimzellarten AB, Ab, aB, ab. Genau ebenso erfolgt die Vereinigung der übrigen Pollenzellen von den Formen Ab, aB, ab mit allen anderen Keimzellen. Man erhält demnach:

$$\frac{AB}{AB}+\frac{AB}{Ab}+\frac{AB}{aB}+\frac{AB}{ab}+\frac{Ab}{AB}+\frac{Ab}{Ab}+\frac{Ab}{aB}+\frac{Ab}{ab}+\frac{aB}{AB}+\frac{aB}{Ab}+\frac{aB}{aB}+\frac{aB}{ab}+\frac{ab}{AB}+\frac{ab}{Ab}+\frac{ab}{aB}+\frac{ab}{ab},$$

oder

$$AB + ABb + AaB + AaBb + ABb + Ab + AaBb + Aab + AaB + AaBb + aB + aBb + AaBb + Aab + aBb + ab$$
$$= AB + Ab + aB + ab + 2ABb + 2aBb + 2AaB + 2Aab + 4AaBb.$$

Abb. 1: Kombination von Pollen- und Keimzellen bei Hybriden mit zwei differierenden Merkmalen nach Mendel 1970.

nahme gerechtfertigt sei, daß die Keim- und Pollenzellen der Erbsenhybriden allen konstanten Formen entsprechen, »*welche aus der Kombinierung der durch Befruchtung vereinigten Merkmale hervorgehen*« (Mendel 1970, 46). Dieser Satz begründete und erklärte das Gesetz der Kombinierung der differierenden Merkmale. Demnach werden bei Hybriden mit zwei differierenden Merkmalen, für die gilt: A + 2 Aa + a, Pollen- und Keimzellen von der Form A und a durchschnittlich zu gleichen Teilen in die Befruchtung treten. An der Befruchtung nehmen demnach teil: Pollenzellen: A + A + a + a und Keimzellen: A + A + a + a.

Prinzipiell seien die Verbindungen dem Zufall überlassen,

»nach den Regeln der Wahrscheinlichkeit« aber werden sich die Pollenzellen A und a gleich oft mit den Keimzellen A und a vereinigen. Die Ergebnisse der Befruchtungen sollen sich nun dadurch »anschaulich machen« lassen (Mendel 1970, 47), daß die verbundenen Keim- und Pollenzellen in Bruchform gesetzt werden. Die Pollenzellen stehen über, die Keimzellen unter dem Strich. Doch auch hier gilt, daß schon bei zwei differierenden Merkmalen die Anschaulichkeit dieser Schreibweise abnimmt.

Weil die Genetik seit Mendel einzelne Merkmale und nicht den Körper als Ganzheit untersuchte (vgl. zur holistischen Biologie: Harrington 1999, Bühler 2004), mußte sie diese Merkmale und deren mögliche Kombinationen zur Darstellung bringen. Aufgrund der Datenmenge wurden diese Darstellungen aber schnell unübersichtlich. Mit diesem Problem war schon Darwin konfrontiert gewesen, als er versuchte, die Vielfalt der Arten in ihrer zeitlichen Entwicklung in Diagramme zu bannen (vgl. Voss 2007, 95 ff.). Im Fall des Mendelismus bemühte sich Reginald C. Punnett (1875-1967) durch Schemata Klarheit zu schaffen. Sein berühmt gewordenes Diagramm der Verteilung der Merkmale erhielt denn auch den Namen »Punnett-Quadrat«.

Dieses veranschaulichte nun zwar die Kreuzung mit zwei Merkmalen, wie aber bereits ein einfacher Selbstversuch zeigt, wird bei einer Kreuzung mit drei Merkmalen auch diese Tabelle unübersichtlich. Daher mußten Thomas H. Morgan und seine Kollegen, die in ihrem Fliegenraum Millionen von Drosophila-Mutanten erzeugten, auf ein neues Darstellungsformat wechseln: Die Datenflut war nicht mehr in einer Tabelle festzuhalten, so dass die Gen-Karte und mit ihr ein neues Forschungsprogramm der Genetik entstand (→ DROSOPHILA). Deren Geschichte läßt sich in diesem Sinne als Geschichte der Datenproduktion, -speicherung, -verarbeitung und -darstellung lesen, eine Lektüre, in der die Wissenschaftsgeschichte zur Mediengeschichte wird.

Zeit seines Lebens wurden die Ergebnisse des Augustiner-Mönchs nicht beachtet, in den Worten des Botanikers Carl Erich Correns: »Der Hauptgrund für die Wirkungslosigkeit

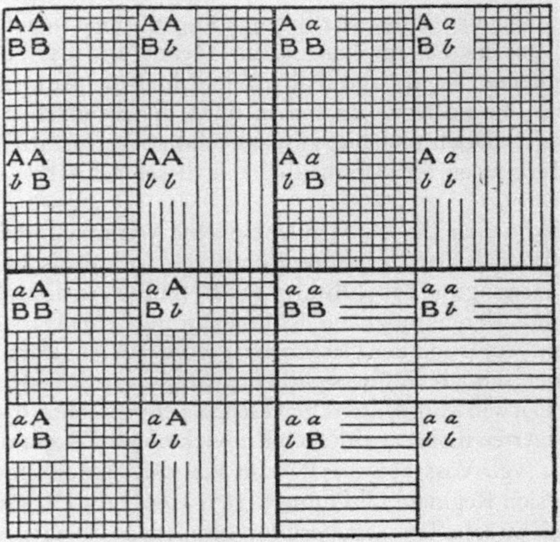

Abb. 2: Punnett-Quadrat für dihybride Kreuzung nach Punnett 1907.

von Mendels Arbeit bei Nägeli und den übrigen Forschern [...] lag aber [...] wohl an der völligen Neuheit der Vorstellung, daß nicht das Gesamtbild des Individuums, sondern seine Einzelzüge vererbt würden.« (Correns 1924, 1158) Carl Nägeli (1817-1891), der sich intensiv mit Hybridbildungen beschäftigte, ignorierte die Erbsenversuche und bat Mendel statt dessen darum, mit *Hieracium*, dem Habichtskraut, zu arbeiten (nicht zuletzt, weil die manuelle Bestäubung dieser Pflanzen besondere Fingerfertigkeit erforderte). Da diese Gattung sich allerdings asexuell fortpflanzt (Apomixis), stellten diese Versuche Mendels alte, an Erbsen gemachte Ergebnisse in Frage. Das Habichtskraut war schlicht die falsche Pflanze, um die moderne Genetik zu begründen. Vor allem aber »paßten« Mendels

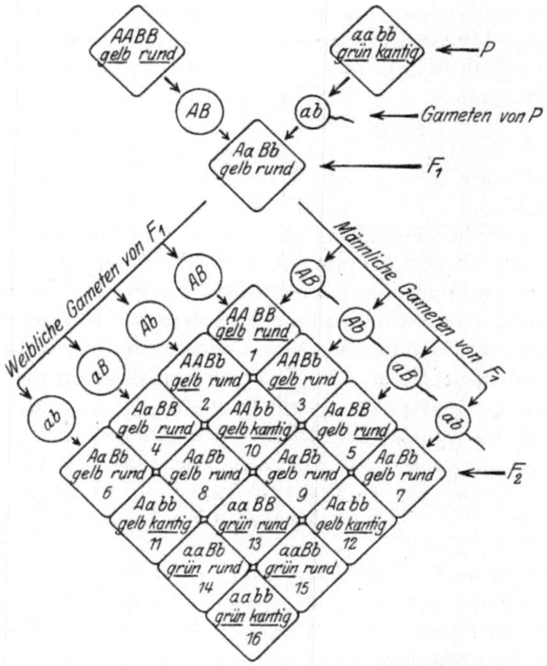

Abb. 31. Schematische Darstellung des Verhaltens der Faktoren und Merkmale bei der Kreuzung einer gelbrundsamigen mit einer kantiggrünsamigen Erbse. (Die Merkmale, in bezug auf welche die einzelnen Individuen homozygot, bzw. konstant sind, sind unterstrichen.)

Abb. 3: Modifiziertes Punnett-Quadrat für dihybride Kreuzung nach Iltis 1924.

Arbeiten nicht zu den gängigen Vererbungstheorien (einen Überblick und weitere Literaturangaben bieten: Olby 1985, Hoppe 2000, Müller-Wille/Rheinberger 2004, dies. 2007): Neben Darwins Pangenesis-Theorie läßt sich Ernst Haeckel (1834-1919) anführen, der in dem 1875 gehaltenen Vortrag

»Ueber die Wellenzeugung der Lebenstheilchen« (1902) von mit Gedächtnis begabten »beseelten Atomen« ausging. Entsprechend dieser Auffassung beruht die Vererbung auf der Übertragung von »Plastidul-Bewegungen«, die sowohl alte als auch erworbene Eigenschaften betreffen (Haeckel 1902). Die Einsicht, daß Vererbung mit einer speziellen Substanz zu tun haben könnte, hatten weder Darwin noch Haeckel, erst Wissenschaftler wie Carl Naegeli oder August Weismann unterschieden die körperliche Substanz, Soma, von der Erbsubstanz (Idioplasma oder Keimplasma). Mendel ging dagegen anders vor: Er setzte den Fokus auf distinkte Merkmale (Merkmalspaare) und deren Kombinationen. Insofern ist die »Wiederentdeckung« der Mendelschen Vererbungsgesetze innerhalb dieser Gemengelage ein komplexer und höchst umstrittener Vorgang. Der genaue Verlauf gilt als unklar (vgl. Jahn 1957-58). Zu vermuten ist jedenfalls, daß die mindestens dreimal erfolgte Wiederentdeckung durch Hugo de Vries (1848-1935), Erich von Tschermak (1871-1962) und Carl Correns (1864-1933) nicht ohne Kenntnis von Mendels Unterlagen erfolgte (vgl. Rheinberger 2006).

Geht man, wie es Rheinberger (2006, 75 f.) für den Fall Correns tut, davon aus, daß hier nicht einfach vom »Entstehungsprozeß einer bestimmten Wissenschaft« gesprochen werden könne, da weder ihre Anfänge noch entscheidenden Wendepunkte auszumachen seien (z. B. erhalten, wie er ausführt, lange als insignifikant geltende Beobachtungen im Zuge von Experimenten oft plötzlich eine Bedeutung), so ist der Fokus von der Frage nach dem Anfang der Genetik auf die Frage nach den jeweiligen Inszenierungen dieses Anfangs zu verschieben.

Ein wichtiges Datum dieser Inszenierung ist der 2. Oktober 1910, für den der erste Mendel-Biograph Hugo Iltis namhafte Wissenschaftler zur Enthüllung des Mendel-Denkmals, einer Statue, nach Brünn eingeladen hatte (vgl. zum Folgenden v. a. Orel 1996, 296-319 sowie Iltis 1911 und 1924, Henig 2001, 328-340). William Bateson (1861-1926), einer der wichtigsten Verfechter des Mendelismus, hielt die erste Rede, die zweite wurde von Tschermak gehalten, der gemeinsam mit Iltis das Geld für das Denkmal organisiert hatte. Correns hielt sich im

Hintergrund und de Vries reiste nicht einmal an. Die Vertreter des Klosters nahmen dagegen an der Veranstaltung teil, zumal Frater Anselm Matoušek seit 1906 nach Manuskripten und Dokumenten gesucht hatte, deren Ausstellung im Rahmen der Enthüllung des Denkmals von dem damaligen Abt unterstützt wurde. Allerdings fand diese Ausstellung nicht im Kloster, sondern im Deutschen Haus statt. Von diesen Feierlichkeiten, die ja Mendel nicht nur ehren, sondern ihn auch den Menschen der Stadt Brünn näherbringen sollten, blieb allerdings die tschechische Bevölkerung ausgeschlossen: Die Veranstaltung fand in deutscher Sprache statt, ebenso war die Inschrift des Denkmals deutsch.

Die Stilisierung Mendels zum »Vater der Genetik« wurde natürlich auch in Buchform vorangetrieben. So wurde etwa 1911 in den *Verhandlungen des naturforschenden Vereins in Brünn* Mendels Arbeit über die Erbse sowie seine meteorologische Abhandlung über eine von ihm beobachtete Windhose veröffentlicht. Enthalten war darin auch Iltis' Bericht über Mendels Denkmal und dessen Enthüllung sowie eine Reihe wissenschaftlicher Aufsätze. Von besonderem Interesse ist die weitere Geschichte der Mendel-Statue: Zum hundertsten Geburtstag von Mendel im Jahr 1922 fanden nicht nur ein Kongreß in Leipzig sowie der zweite Kongreß der Deutschen Genetischen Gesellschaft statt, sondern auch eine Veranstaltung in Brünn, zu der über 120 Wissenschaftler aus vierzehn Nationen anreisten. Bei diesem Treffen stellte man in Mendels Garten einen Sandstein auf mit Inschriften in tschechischer, deutscher, französischer und englischer Sprache. Unmittelbar nach dem Ersten Weltkrieg war die Internationalität dieser Veranstaltung keine Selbstverständlichkeit, selbst Forscher aus der Sowjetunion, die in den folgenden Jahren eine führende Rolle in der Genetik spielen sollten, waren anwesend. Dort, in der UdSSR, sollte sich aber auch das weitere Schicksal der Statue entscheiden: Als Trofim Denissowitsch Lyssenko (1898-1976) unter Josef Stalin zum wichtigsten Biologen geworden war, brachen für die wissenschaftliche Genetik im Land dunkle Zeiten an. Lyssenko war ein Vertreter der Theorie der erworbenen Eigenschaften, die er durch schlecht durchgeführte Versuche und gezielte Fälschungen fundierte, so daß es durch deren Anwendung in der Landwirtschaft zu großen Mißernten und Hungersnöten kam, was aber Lyssenkos Macht nicht beeinträchtigte. Da seine Theorie eine naturwissenschaftliche Begründung des Marxismus zu liefern schien, er seit 1938 Präsident der Akademie für Landwirtschaftswissenschaften war und sowohl zu Stalin persönlich als auch zu dessen Geheimdienst NKWD hervorragende Kontakte hatte, bestimmte er die gesamte sowjetische Biologie. So konnte er Wissenschaftler, die eine andere Meinung vertraten, verhaften und in Straflager bringen lassen. Eines der prominentesten Opfer war der angesehene Genetiker Nikolai Iwanowitsch Vavilov (1887-1943), der auf Veranlassung Lyssenkos verhaftet wurde und den man im Gefängnis Saratov verhungern ließ (vgl. Medvedjev 1971 und Popovsky 1984).

Als die Universität für Landwirtschaft in Brünn Vavilov im Jahr 1936 die Ehrendoktorwürde verleihen wollte, durfte dieser schon nicht mehr reisen. Er schrieb an die Universität, er könne leider nicht nach Brünn kommen, »the home of modern genetics« (zit. nach Orel 1996, 313). Nachdem in der Tschechoslowakei im Jahr 1948 Kommunisten die Macht ergriffen, änderten sich auch hier endgültig die Bedingungen für die biologische Forschung. 1950, pünktlich zum 50. Jahrestag der Wiederentdeckung Mendels, wurde das Kloster St. Thomas durch die Geheimpolizei geschlossen, ein Großteil der Mönche verhaftet, die Statue entfernt und an einem entlegenen Ort auf dem Gelände des Klosters abgestellt. Erst als Lyssenkos Einfluß, nicht zuletzt aufgrund neuer Ergebnisse auf dem Gebiet der Genetik, zu schwinden begann, brachte man die Statue 1964 auf die Initiative einiger tschechischer Wissenschaftler hin wieder in den Klosterhof, in dem Mendel seine Versuche durchführte. Das Angebot, sie wieder auf dem Mendelplatz aufzustellen, lehnte das Mendel Museum allerdings 1989 ab. Und so steht die Statue bis heute in dem Hof der Abtei, in das in demselben Jahr der Augustiner-Orden zurückkehrte.

B. B.

Getreide

Hinter der erschütterten Geschichte der Regierungen, Kriege und Hungersnöte zeichnen sich für das Auge fast unbewegliche Geschichten ab, Geschichten mit leichtem Gefälle: die Geschichte der Seewege, die Geschichte des Getreides oder der Goldminen, die Geschichte der Dürre und der Bewässerung, der Koppelwirtschaft, die Geschichte des von der Menschheit erreichten Gleichgewichts zwischen Hunger und Vermehrung.

Foucault 1995, 9f.

Die Entstehung dieser Hochkulturen steht in enger Beziehung mit einem Vorgang in der Menschheitsgeschichte, den man als die »neolithische Revolution« bezeichnet hat. Diese neolithische Revolution ist der Anfang einer Entwicklung gewesen, die dazu geführt hat, daß der Mensch sich im Verlaufe weniger Jahrtausende vom »Wilden«, der sich von der Jagd und vom Sammeln wildwachsender Pflanzen und Pflanzenteile ernährte, zum Kulturmenschen, zum Schöpfer und Träger großer Kulturen, entwickelte. Ermöglicht wurde dies durch eine großartige geistige Leistung des *Homo sapiens*: die Erfindung des Anbaus nützlicher Pflanzen.

Schwanitz 1967, 6

In politics everything hangs together and all politics starts with a grain of wheat.

Victor de Riqueti, Marquis de Mirabeau 1775,
zit. nach Fox-Genovese 1976, 47

Hungeraufstände, »food riots«, sind nicht bloße Rebellionen des Bauches, sondern vielmehr Muster kollektiven Verhaltens, die sich, wie der Historiker E. P. Thompson in einem wegweisenden Aufsatz ausgeführt hat, aus der »moral economy« der Armen ergeben, aus ihren sozialen Normen und Vorstellungen über legitime und illegitime Praktiken »in marketing, milling, baking etc.« (Thompson 1991, 188). »Food riots« erweisen sich

Abb. 1: Hungerunruhen in Stettin nach Nicholls 1847.

somit als komplexe Gebilde, die sich sowohl aus Normen, Wertvorstellungen, Traditionen als auch aus ökonomischen Praktiken konstituieren und die außerdem voraussetzen, daß überhaupt eine Gruppierung mit ausreichender Motivation und konkreten Zielvorstellungen existiert.

Eine zentrale Bedeutung kommt dabei dem Getreide selbst zu, sowohl als Nahrungsmittel wie auch als Wissensfigur, welche die Verknüpfung von Agrarwissenschaft, Ökonomie und Politik allererst konstituiert. Deuten »food riots« auf das Verhältnis der Land- zur Stadtbevölkerung oder auf die Ausbeutung der Arbeiterklassen hin, so verweist die Landwirtschaft als Garantin der Nahrungsversorgung auf makroökonomische Zusammenhänge, auf das Problem der Bevölkerungsentwicklung und damit auch auf das der Ernährungsphysiologie und der Produktion von Kunstdünger (→ LEGUMINOSEN). Schließlich scheint mit den Kulturpflanzen auch der Mensch überhaupt erst als zivilisiertes Wesen in Erscheinung zu treten, wie Alphonse de Candolle (1806-1893) in seinem Werk über den *Ursprung der Culturpflanzen* bemerkte: »Für Landwirthe und Botaniker, ja selbst für Geschichtsforscher und Philosophen, welche dem Beginn der Civilisation ihr Augenmerk zuwenden, ist die Frage über den Ursprung der Culturpflanzen von einer gewissen Wichtigkeit.« (Candolle 1884, V)

Während sich de Candolle und auch Charles Darwin (in der zweibändigen Schrift *Das Variieren der Thiere und Pflanzen im Zustande der Domestication* aus dem Jahr 1867) vor allem dafür interessierten, wie der Anbau in verschiedenen Ländern überhaupt begann, welche Arten ausgesucht wurden und wie deren Kultivierung und Züchtung die jeweiligen Eigenschaften veränderten, widmete sich der Historiker André Leroi-Gourhan dem Zusammenhang zwischen Ackerbau und sozialer Ordnung. Nach Leroi-Gourhan bildete sich bei den im Mittelmeerraum angesiedelten Gesellschaften zwischen 8000 und 5000 v. d. Z. eine neue techno-ökonomische Struktur aus. Damit nahmen die Gesellschaften »eine Gestalt an, die völlig verschieden ist von der Gestalt, die sie seit den Anfängen kannten« (Leroi-Gourhan 1980, 202). Die durch die agrarische Ökonomie ausgelöste »Explosion« hätte die Gesellschaftsstrukturen von Mesopotamien bis in die Türkei, von Griechenland bis nach Ägypten vollständig verwandelt:

> Die Basisökonomie hat sich noch vor der Entwicklung der Töpferei (zwischen 6000 und 5000) durch die Verbindung von Weizen und Gerste mit dem Schaf und der Ziege und dem Schwein herausgebildet, und es erscheinen die ersten ständig bewohnten Dörfer. (Leroi-Gourhan 1980, 211)

Ob in naturrechtlicher, evolutionistischer oder kulturalistischer Theorie – die Entstehung, die Transformation und damit stets auch der Status quo der sozialen Ordnung erscheinen immer wieder als innig verknüpft mit der Agrarökonomie. Eine der ersten Theorien hierzu lieferten französische Wissenschaftler, die sogenannten Physiokraten, im 18. Jahrhundert. Mit ihren Ideen zum Zusammenspiel von Landwirtschaft, Ökonomie und sozialer Form entstand die Disziplin der Politischen Ökonomie.

Eine Bezugsgröße hierfür findet sich bereits in der Bibel: Die Geschichte von Joseph und seinen Brüdern ist eine Erzählung über die Ökonomie und über das, was aus dieser herausfällt. Bereits im Zusammenhang mit dem ersten Traum Josephs (er träumt, er sei mit seinen Brüdern auf dem Feld, und ihre Garben verbeugten sich vor der seinen) werden Mord und ökonomischer Gewinn verknüpft. Nachdem Joseph seinen Brüdern davon erzählt hat, beschließen diese, ihn zu töten. Doch Jehuda sprach zu seinen Brüdern: »Welcher Gewinn ist es, daß wir ihn erschlagen unsern Bruder und sein Blut bedecken? Kommet laßt uns ihn verkaufen den Jischmaelim, aber unsere Hand sei nicht an ihm, denn unser Bruder, unser Fleisch ist er.« (Genesis 37, 26-27/Zunz) Durch den Verkauf laden die Brüder scheinbar keine Schuld auf sich, zugleich bringt er ihnen Gewinn. Daß diese Vermischung von Moral und Ökonomie ein Irrtum ist, wird sich im weiteren Verlauf der Geschichte herausstellen. Bald verlagern sich die ökonomischen Probleme von der individuellen auf die kollektive Ebene. Denn die Träume des Pharao, die Joseph deutet, zeigen die ökonomische Entwicklung des gesamten Landes an: Auf sieben Jahre Überfluß werden sieben Jahre Knappheit und Hungersnot folgen. Indem Joseph nun nicht nur die Zukunft voraussagt, sondern auch konkrete Handlungsvorschläge erteilt – in den Städten sollen in den Jahren des Überflusses Vorräte eingelagert werden, und der Pharao tue gut daran, Aufseher über das Land zu bestellen – wird er zum zweitwichtigsten Mann im Staat, oder in den Worten des Pharao: »Du sei über mein Haus, und durch deinen Mund werde mein ganzes Volk gepflegt; nur um den Thron will ich größer sein denn du. [...] Siehe, ich setze dich über das ganze Land Mizrajim [Ägypten].« (Gen 41, 40-41/Zunz) Während Joseph damit Ägypten vor einer Hungersnot bewahrt und dem Land (durch Getreideverkäufe) Wohlstand beschert, sind sein Vater und seine Brüder einer solchen ausgesetzt, in deren Folge sie nach Ägypten reisen. Nun zeigt sich die andere Seite des am Anfang stehenden Verkaufs Josephs, der die Brüder von Schuld freihalten sollte. Denn nachdem er seinem Bruder Benjamin einen Kelch unterschieben ließ, heißt es: »Bei wem er [der Kelch] gefunden wird, der soll mir Sklave sein, ihr aber seid dann schuldfrei.« (Genesis 44, 10/Zunz) Als nun Jehuda sich anbietet, mit dem zu Unrecht verdächtigten Benjamin zu tauschen, er sich also selbst zum Opfer macht und damit die auf sich geladene Schuld durch den Verkauf Josephs tilgt, gibt sich Joseph den Brüdern zu erkennen. Die Versöhnung kann insofern erst mit der Erkenntnis stattfinden, daß moralische Schuld vom ökonomischen Tausch ausgeschlossen bleiben muß, da sie einer anderen Ordnung angehört. Allerdings brachte eben diese Verbindung die Geschichte erst in Gang, erst durch sie wurde Joseph zum Ökonomen, als welcher er wiederum Moral und Ökonomie zu unterscheiden lernte.

Insofern wird es nicht überraschen, daß Joseph für den Ökonom Johann Gottlieb von Eckhart »der erste Finanzier und Cameralist« war, der seinem König große Vorteile gestiftet und die Leibeigenschaft eingeführt habe (Eckhart 1810, X). Eckhart bezieht die Josephs-Geschichte auf die sich im 18. Jahrhundert etablierende Kameralwissenschaft, die spezifisch deutsche Variante des Merkantilismus, die sich von dessen französischer Form, dem Colbertismus, unter anderem dadurch unterschied, daß sie nicht allein den Handel zu fördern suchte, sondern auch die Landwirtschaft. Die Kameral- oder Polizeywissenschaft umfaßte die Bereiche Verwaltung, Finanzen wie Ökonomie und war vor allem an der Systematisierung empirischen Regierungswissens zu praktischen Zwecken interessiert. Der enzyklopädische Charakter dieses Unternehmens wird u. a. deutlich in den Titeln einiger Werke des deutschen Kameralisten Johann Heinrich Justi (1717-1771) wie *Staatswirthschaft oder Systematische Abhandlung aller Oekonomischen und Kameralwissenschaften, die zur Regierung eines Landes erfordert werden* (1758) oder *Die Grundfeste zu der Macht und Glückseligkeit der Staaten; oder ausführliche Vorstellung der gesamten Polizey=Wissenschaft* (1760/61), deren erster Band *die vollkommene Cultur des Bodens, die Bevölkerung, den Anbau, Wachsthum und Zierde der Städte, desgleichen die Manufakturen, Fabriken und Commercien, und den Zusammenhang des ganzen Nahrungsstandes* behandelt. Für Justi war es keine Frage, daß der »Wohlstand eines Landes und die Macht und Glückseligkeit eines Staates hauptsächlich auf der vollkommenen Kultur des Bodens und dem blühenden Zustand der Landwirthschaft ankommt. Die Bevölkerung, der ganze Nahrungsstand, die Manufakturen und selbst die Commercier ruhen auf dem Flor der Landwirtschaft, als auf ihrem vesten und unbeweglichen Grunde« (Justi 1761, 1). Die Landwirtschaftslehre war insofern eine Grundlage des Kameralismus, was dieser, trotz aller staats- und wirtschaftstheoretischen Unterschiede mit der französischen Physiokratie gemeinsam hatte (vgl. Sandl 1999, 106-120). Im Gegensatz zu den pragmatisch orientierten Kameralisten ging es jedoch den Physiokraten um die Rolle der Landwirtschaft innerhalb des Wirtschaftsprozesses, den sie in ein geschlossenes theoretisches System zu fassen versuchten.

Der Vordenker der Physiokraten war der königliche Leibarzt François Quesnay (1694-1774). In dem Artikel »Getreide« (frz. »Graines«), der 1757 in der *Encyclopédie* erschien, wendet er sich vehement gegen die einseitige Förderung von Handel und Gewerbe: »Man hat den Preis für unser Korn herabgesetzt, damit Fabrikation und Lohnarbeit sich billiger stellen als im Auslande, und Menschen und Reichtümer konzentrieren sich somit in den Städten.« (Quesnay I, 1 1971, 66) Der Irrtum bestand nach Quesnay in der Verkennung der Landwirtschaft, die den »ursprünglichen Grundstock« des Reichtums bilde. Weiterhin habe Frankreich den Handelsverkehr zwischen den Nationen nicht gefördert, sondern lahmgelegt. So kaufe man aus dem Ausland Rohstoffe, um in Manufakturen Luxuswaren herzustellen, statt die Herstellung der primär nötigen Bedarfsstoffe im eigenen Land sowie den freien Handel mit Getreide voranzutreiben. Denn wenn die landwirtschaftlichen Erträge ausschließlich für den Konsum innerhalb des Königreichs bestimmt seien und die Ernten reichlich ausfielen, dann würde der Kornpreis weit unter seinen Wert sinken, und die Landwirte könnten die Kosten des Anbaus nicht mehr bestreiten. Daher solle das den Verbrauch überschreitende Korn gerade nicht gehortet werden; »Überfluß und Profit« würden allein durch zügigen Absatz gesichert (Quesnay I, 1 1971, 70).

Wie schon in der Josephs-Geschichte ist auch bei Quesnay die Getreidemenge stets auf den Ernährungsbedarf des Volkes bezogen. Für Quesnay jedoch ist es allein der freie Handel, der die Lebensbedingungen der »Bevölkerung« erhält. Damit verbunden sind die Produktion und das Sammeln konkreten empirischen Wissens (was auch Justi betonte): Etwa das Verhältnis der Lage der Wohnung zur Lage der Äcker (man sollte möglichst inmitten der Ländereien wohnen), die Einteilung der Felder (die Ländereien eines Pächters sollten nicht zerstückelt sein), die Größe der Landgüter, das Verhältnis von Ackerbau und Viehzucht, die Beschaffenheit der Böden. Genauso wichtig ist das Wissen um die Konsumenten, denn »von der Verwendung der Menschen also und vom Wachstum der Bevölkerung hängt es ab, ob die in einem fort immer wieder von neuem entstehenden Reichtümer der Nationen erhalten bleiben und sich mehren« (Quesnay I, 1 1971, 239), wie Quesnay in dem Artikel »Bevölkerung« (frz. »Hommes«) schreibt. Bekannt sein muß daher die Größe der Bevölkerung wie auch ihre Entwicklung, ihre Altersstruktur und die durchschnittliche Lebenserwartung, die Geburten- wie die Sterberate. Berücksichtigt werden Faktoren, die zur Abnahme der Bevölkerung führen (z. B. Krieg, Zölibat, Elend), wie solche, die zu deren Zunahme führen (z. B. Sicherung von Privateigentum, keine überhöhte Besteuerung, Reichtümer, denn »man braucht Reichtümer, um Reichtümer zu produzieren«, Quesnay I, 1 1971, 282).

Quesnay stellte den Ablauf wirtschaftlicher Prozesse in dem berühmten *tableau économique* dar. Diese Tafel bildet jedoch nicht den realen Stand der Wirtschaft ab, den »ordre positif«, sondern die Wirtschaft, wie sie sein *sollte*. In seiner naturrechtlichen Argumentation entspricht der »ordre naturel« der von Gott für die Menschen vorgesehenen harmonischen Weltordnung, der »ordre positif« dagegen dem vom Menschen geschaffenen Zustand, der der natürlichen Ordnung angenähert werden muß, da nur so wirtschaftlicher Wohlstand erreicht werden könne.

Das *tableau* veranschaulicht die Zirkulation der Waren und des Geldes in einem Zickzack-Modell, das einer physikalischen Versuchsanordnung, in der Kugeln verschiedene Bahnen durchlaufen, entspricht (Rieter 1983). Damit unterscheidet sich Quesnay von Justi, der den Wirtschaftskreislauf explizit in Analogie zu dem von William Harvey (1578-1657) entdeckten Blutkreislauf einführt: »Der Reichthum ist das Blut, die Gewerbe sind die Adern und die Regierung ist das Herz, in wel-

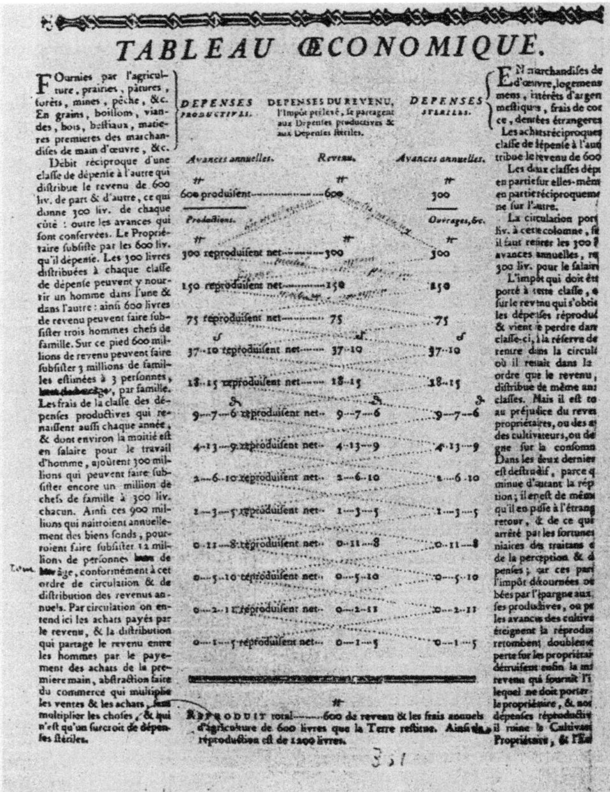

TABLEAU ŒCONOMIQUE.

Fournies par l'agriculture, prairies, pâtures, forêts, mines, pêche, &c. En grains, boissons, viandes, bois, bestiaux, matieres premieres des marchandises de main d'œuvre, &c.

Débit réciproque d'une classe de dépense à l'autre qui distribue le revenu de 600 liv. de part & d'autre, ce qui donne 300 liv. de chaque côté : outre les avances qui sont conservées. Le Propriétaire subsiste par les 600 liv. qu'il dépense. Les 300 livres distribuées à chaque classe de dépense peuvent y nourrir un homme dans l'une & dans l'autre : ainsi 600 livres de revenu peuvent faire subsister trois hommes chefs de famille. Sur ce pied 600 millions de revenu peuvent faire subsister 3 millions de familles estimées à 3 personnes, [illegible], par famille. Les frais de la classe des dépenses productives qui renaissent aussi chaque année, & dont environ la moitié est en salaire pour le travail d'homme, ajoûtent 300 millions qui peuvent faire subsister encore un million de chefs de famille à 300 liv. chacun. Ainsi ces 900 millions qui naitroient annuellement des biens fonds, pourroient faire subsister 12 millions de personnes [illegible] âge, conformément à cet ordre de circulation & de distribution des revenus annuels. Par circulation on entend ici les achats payés par le revenu, & la distribution qui partage le revenu entre les hommes par le payement des achats de la premiere main, abstraction faite du commerce qui multiplie les ventes & les achats, [illegible] multiplier les choses, & qui n'est qu'un surcroit de dépenses stériles.

DEPENSES PRODUCTIVES.	DEPENSES DU REVENU, l'Impôt prélevé, se partagent aux Depenses productives & aux Depenses stériles.	DEPENSES STERILES.
Avances annuelles.	Revenu.	Avances annuelles.
₶	₶	₶
600 produisent	600	300
Productions.		Ouvrages, &c.
₶	₶	₶
300 reproduisent net	300	300
150 reproduisent net	150	150
75 reproduisent net	75	75
37‥10 reproduisent net	37‥10	37‥10
18‥15 reproduisent net	18‥15	18‥15
9‥7‥6 reproduisent net	9‥7‥6	9‥7‥6
4‥13‥9 reproduisent net	4‥13‥9	4‥13‥9
2‥6‥10 reproduisent net	2‥6‥10	2‥6‥10
1‥3‥5 reproduisent net	1‥3‥5	1‥3‥5
0‥11‥8 reproduisent net	0‥11‥8	0‥11‥8
0‥5‥10 reproduisent net	0‥5‥10	0‥5‥10
0‥2‥11 reproduisent net	0‥2‥11	0‥2‥11
0‥1‥5 reproduisent net	0‥1‥5	0‥1‥5

₶
REPRODUIT total 600 de revenu & les frais annuels d'agriculture de 600 livres que la Terre restitue. Ainsi la reproduction est de 1200 livres.

En marchandises de main d'œuvre, logemens, vêtemens, intérêts d'argent, domestiques, frais de commerce, denrées étrangeres [illegible]

Les achats réciproques d'une classe de dépense à l'autre distribue le revenu de 600 [illegible]

Les deux classes dépensent en partie sur elles-mêmes, en partie réciproquement l'une sur l'autre.

La circulation porte [illegible] liv. à cette colomne, [illegible] il faut retirer les 300 [illegible] avances annuelles, re[illegible] 300 liv. pour le salaire [illegible]

L'impôt qui doit être porté à cette classe, [illegible] sur le revenu qui s'obtient [illegible] les dépenses reproductives [illegible] & vient se perdre dans [illegible] classe-ci, à la réserve de [illegible] rentre dans la circulation où il restait dans le [illegible] ordre que le revenu, [illegible] distribue de même aux [illegible] classes. Mais il est [illegible] au préjudice du revenu [illegible] propriétaires, ou des a[illegible] des cultivateurs, ou de [illegible] gne sur la consomm[illegible] Dans les deux derniers [illegible] est destructif, parce q[illegible] minue d'autant la rép[illegible] tion ; il en est de même qu'il en passe à l'étrang[illegible] retour, & de ce qui [illegible] arrêté par les fortunes [illegible] niaires des traitans [illegible] de la perception & d[illegible] penses ; car ces par[illegible] l'impôt détournées ou [illegible] bées par l'épargne aux [illegible] ses productives, ou pa[illegible] les avances des cultiva[illegible] éteignent la reproduc[illegible] retombent doublement [illegible] perte sur les propriétai[illegible] détruisent enfin la ma[illegible] revenu qui fournit l'i[illegible] lequel ne doit porter [illegible] le propriétaire, & non [illegible] dépenses reproductive[illegible] il ruine le Cultivat[illegible] Propriétaire, & l'Eta[illegible]

2. *Ausgabe*

[Versailles, Mai (?) 1759], mit Korrekturen von Quesnays Hand. Reproduziert nach dem Exemplar in der Bibliothèque nationale, Paris: bedruckte (beschädigte) Fläche: 21 cm × ca 17 cm

Abb. 2: *Tableau économique* nach Quesnay 1971.

ches der in den Gewerben circulirende Reichthum durch die Abgaben nach und nach fließet, und sich von dar wieder in alle Theile des Staatskörpers durch den Aufwand der Regierung ergießet.« (Justi 1758, 259) Entscheidend jedoch ist der Begriff der »Zirkulation«, der im 18. Jahrhundert zum zentralen Begriff ökonomischer wie physiologischer Analyse wird (vgl. Vogl 2002, 224).

Den Kern des *tableau* bildet die These, daß ausschließlich die Landwirtschaft einen Mehrwert, ein »surplus«, hervorbringt. Denn *produzieren* kann alleine die Natur, die Landwirtschaft verwandelt diese *Produktion* in einen ökonomischen Ertrag. Daraus ergibt sich die Einteilung der Gesellschaft: »Die Nation gliedert sich in drei Klassen von Bürgern: die *produktive Klasse*, die *Klasse der Eigentümer* und die *sterile Klasse*.« (Quesnay II, 1 1976, 79) Zur »classe productive« zählen die Pächter und Bauern; die »classe de propriétaires« bilden die Besitzer der Ländereien, die das Nettoprodukt aus der Bodenkultur erhalten und darüber verfügen; zur »classe stérile« schließlich gehören alle anderen Bürger, die die produzierten Güter lediglich verteilen oder weiterverarbeiten. Indem Quesnay den Handel und das Gewerbe, als »stéril« bzw. unproduktiv ausweist, wendete er sich gegen den Hauptgegner der Physiokraten, nämlich gegen die französische Variante des Merkantilismus, den Colbertismus, der den Agrarsektor vernachlässigte und durch staatliche Reglementierungen lähmte.

Den Physiokraten kommt in der Geschichte ökonomischer Ideen eine Schlüsselposition zu. So haben sie die erste geschlossene Theorie einer Nationalökonomie entwickelt und mit ihrer Lehre vom Mehrwert waren sie für Karl Marx die »Väter der modernen Ökonomie« (Marx 1968, 12). Die historische Stellung Quesnays als »Begründer der modernen volkswirtschaftlichen Gesamtrechnung« (Bürgin 1993, 356) wurde allerdings in den letzten Jahren vehement in Frage gestellt und als Konstruktion einer bestimmten historischen Tradition angesehen (so Rieter 1983 und Bürgin 1993). Statt jedoch nach dem Ort der Physiokratie in einer linearen Geschichtskonzeption zu fragen, deren Maß der aktuelle Theoriestand ist, hat Birger Priddat einen anderen Akzent gesetzt. Er erkennt in der Physiokratie eine »Umbruchsphilosophie, die die Form der Ökonomie annimmt« (Priddat 2001, 8). Die Physiokratie sei zwar noch in der aristotelisch geprägten Tradition ökonomischen Denkens verankert, zugleich aber transformiere sie diese und öffne damit den »Diskurs über die Ökonomie als ein System mit eigener Logik und Mechanik« (Priddat 2001, 8). Entscheidend ist hierbei, daß das *tableau économique* von vornherein doppelt zu lesen ist: Es beschreibt nicht nur makroökonomische Prozesse, sondern stellt zugleich ein soziales Reformprogramm dar. Quesnays Entwurf ist als ökonomische Theorie immer auch schon ein politisches Programm (vgl. Fox-Genovese 1976), weshalb sich Michel Foucault in seiner *Geschichte der Gouvernementalität* ausführlich den Physiokraten widmet.

Am Beispiel des Nahrungsmangels, genauer: des Getreidemangels, führt Foucault die Entstehung der Technik der Sicherheitsdispositive, einem der »Kennzeichen moderner Gesellschaften«, vor (Foucault 2004, 59). Das merkantilistische System erweist sich für ihn als »Anti-Nahrungsmangel-System«, als ein juridisches und disziplinarisches System, das durch Reglementierungen (Lagerverbote, Beschränkungen des Exports, Preisbeschränkungen, Verhinderung von Seetransporten von Korn usw.) den Kornpreis möglichst gering zu halten versuchte, damit sich die Stadtbewohner zum niedrigstmöglichen Preis ernähren konnten. Letztlich sollte dies verhindern, daß es zu Knappheit und damit zu Preiserhöhungen und schließlich zu Revolten komme. Im Gegensatz hierzu wurde die Forderung der Physiokraten nach Liberalisierung des Getreidehandels und Schutz des Privateigentums zum Anlaß einer großen Debatte, deren politische Konsequenzen schon Zeitgenossen erkannten: »He who will dare to overhaul completely the administration of grain in France, if he succeeds, will have at the same time changed the form of government.« (Galiani 1770, zit. nach Fox-Genovese 1976, 66) In letzter Konsequenz stellten die Physiokraten damit die Autorität des Monarchen in Frage. Foucault sieht in der Diskussion um den freien Kornumlauf, der dann im Jahr 1764 tatsächlich durch ein Edikt garantiert wurde, deshalb nicht nur eine Episode innerhalb des theoretischen Feldes, sondern ein Symptom für den Wandel von Machttechnologien. Das juridisch-disziplinierende System des Merkantilismus sei abgelöst worden durch ein Sicherheitsdispositiv. Nun beschränke sich die Analyse nicht länger auf die Marktmechanismen, sie beziehe vielmehr die Produktion mit ein: Im Blickpunkt stehe ab dieser Zeit die Realität des Korns selbst, die Qualität des Geländes, die klimatischen Bedingungen, sein Überfluß oder seine Knappheit. Das heißt, die Schwankungen der Nahrungsmenge und der Preise sollen hier nicht durch ein disziplinarisches System im Vorhinein verhindert werden, sondern das neue Dispositiv schließt an diese Schwankungswirklichkeit an und sucht sie zu regeln (vgl. Foucault 2004, 62f.). Es bilde sich »eine Ökonomie oder eine ökonomisch-politische Analyse, die das Moment der Produktion, den Weltmarkt und schließlich die ökonomischen Verhaltensweisen der Bevölkerung, der Produzenten und der Konsumenten einbezieht« (Foucault 2004, 68).

Für Foucault ist die im 18. Jahrhundert als politische Größe in Erscheinung tretende Bevölkerung eine »absolut neue politische Figur« (Foucault 2004, 103). Im Gegensatz zum Merkantilismus sei sie bei den Physiokraten nicht mehr auf der Achse Souverän-Untertan verortet, sie werde vielmehr in ihrer »Natürlichkeit« betrachtet (Foucault 2004, 108), was auf einen neuen Typus des Regierens verweise. Nicht mehr um den Gehorsam der Untertanen gehe es, sondern um die Beeinflussung der Faktoren, von denen das Wohlergehen der Bevölkerung abhängt, wie etwa dem Klima, der Intensität des Handels, den Steuergesetzen, der Subsistenzmenge usw. Die Idee der Regierung beziehe sich nicht mehr auf ein bestimmtes Territorium oder die Sicherung der Macht des Fürsten, sondern auf die Verwaltung des Komplexes von Menschen *und* Dingen (vgl. Foucault 2004, 147). Foucault geht es um die Kopplung von Ökonomie und Politik, wie sie sich in Quesnays Ausdruck der »ökonomischen Regierung« zeigt. Demnach ist das Regieren die Kunst, »die Macht in der Form und nach dem Muster der Ökonomie auszuüben« (Foucault 2004, 144). Im Begriff der Gouvernementalität faßt er schließlich diese Überlegungen zusammen: Darunter versteht er »die aus den Institutionen, den

Vorgängen, Analysen und Reflexionen, den Berechnungen und den Taktiken gebildete Gesamtheit, welche es erlauben, diese recht spezifische, wenn auch sehr komplexe Form der Macht auszuüben, die als Hauptzielscheibe die Bevölkerung, als wichtigste Wissensform die politische Ökonomie und als wesentliches technisches Instrument die Sicherheitsdispositive hat.« (Foucault 2004, 162)

Innerhalb der politischen Ökonomie des 18. Jahrhunderts ergeben sich aus den unterschiedlichen ökonomischen Auffassungen jeweils unterschiedliche Vorstellungen der sozialen Form. Ein Schlüsselbegriff ist in diesem Zusammenhang der des »Kultivierens«, denn mit dem Kultivieren, dem Urbarmachen von Sümpfen, dem Anbau von Getreide und der Erhöhung der Bodenproduktion, entsteht überhaupt erst eine soziale Ordnung, was denn auch ein zentrales Thema der Geschichte der Kulturpflanzen von de Candolle bis Leroi-Gourhan werden sollte (s. o.; → DICTYOSTELIUM MUCOROIDES). Diesem Komplex widmete sich auch Justi, der in seinen *Abhandlungen von der Vollkommenheit der Landwirtschaft und der höchsten Kultur der Länder* schreibt, ein Land müsse alle Hindernisse für eine blühende Landwirtschaft beseitigen. Wenn es den »höchsten Punkt seiner Kultur erreichen« wolle, dürfe es keinen »Winkel von seiner Oberfläche uncultivirt und unangebaut liegen lassen« (Justi 1761, 41). Justi stellt einen Zusammenhang her zwischen der Tätigkeit des *Kultivierens* und der *Kultur* im Sinne der Gesamtheit menschlicher Errungenschaften. Mit ersterer Bedeutung rekurriert er auf die Etymologie von Kultur, nämlich das lateinische Verb *colere* = bebauen, bearbeiten *(agrum, hortum)*. Kultivieren im Sinne einer »Umwandlung der Natur in einen dem Menschen adäquaten Lebens- und Produktionsraum« (Sandl 1999, 85) steht damit an der Schnittstelle von Natur und Gesellschaft. Der Fokus auf die Landwirtschaft, durch die der Mensch allererst zum Kulturwesen wird, ob in naturrechtlicher oder evolutionistischer Argumentation, wie als Ursprung von Reichtum und Wohlstand, bezieht seine Legitimation damit nicht zuletzt daraus, daß das Mensch-Sein erst mit dem Kultivieren beginnt. Kultur dient hier weder allein der Kennzeichnung menschlicher Lebensformen noch allein der Fähigkeit der Selbstreflexion einer Gesellschaft. Kultivieren bezeichnet vielmehr den Akt, aus für den Menschen nicht nutzbarer Natur (z. B. Sümpfen) fruchtbare Natur, Ackerboden herzustellen (→ Apfel). Eine noch im Naturzustand ausgeübte Tätigkeit schafft Strukturen (z. B. folgt aus der Arbeitsteilung die Bildung von Klassen und Eigentum), die dazu führen, daß dieser Naturzustand beendet und der Mensch zu einem sozialen Wesen wird.

Der physiokratische Kulturbegriff denkt somit ökonomische, politische und soziale Ordnung zusammen, wobei die Tätigkeit des Kultivierens als Scharnier zwischen Natur und Gesellschaft fungiert. Das strategische Moment dieser damit eröffneten Zwischenzone, die weder der Seite der Natur noch der der Kultur eindeutig zugeordnet werden kann, liegt darin, daß zum einen auf die notwendige Instanz einer ökonomischen Regierung verwiesen wird, zum anderen auf den Menschen als »Figur der Bevölkerung« (Foucault 2004, 120), als eine biologische Art. Die Bevölkerung (und nicht der Mensch als singuläres Individuum) erscheint als Gegenstand der neuen Regierungskunst, die sich auf das Wissen der politischen Ökonomie stützt.

Quesnays Physiokratie konstituiert damit einen doppelten Menschen: Zum einen erhebt sich der Mensch nicht allein durch die Vernunft über das Tier, sondern dadurch, daß er sich richtig verhält: »[E]r muß sich, kraft seiner Vernunft, die für ihn notwendigen Kenntnisse aneignen und sich, kraft seiner Vernunft, dieser Kenntnisse bedienen, um sich würdig zu verhalten und um die Güter zu erlangen, deren er bedarf.« (Quesnay II, 1 1976, 45) Ruft Quesnay damit die Gestalt des die Natur beherrschenden und formenden Menschen auf, so zugleich auch den Menschen als Teil der Bevölkerung, die durch ökonomische Regierung reguliert und gesteuert werden muß. In der Politischen Ökonomie des 18. Jahrhunderts kündigt sich damit die Entstehung der biopolitischen Sozialform an.

B. B.

Grüne Pflanzen

Nachdem er [der Professor der Chemie, Anm. B. B.] einige einführende Experimente veranstaltet hatte, schloß er endlich mit einer Lobrede auf die neuzeitliche Chemie. Seine Worte werde ich [Viktor Frankenstein, Anm. B. B.] nie vergessen: »Die früheren Lehrer dieser Wissenschaft‹, begann er, ›versprachen Unmögliches und erreichten nichts. Die neuzeitlichen Gelehrten versprechen wenig; sie wissen, daß sich Metalle nicht verwandeln lassen und daß das Lebenselixier ein Wahngebilde ist. Doch gerade diese Wissenschaftler, deren Hände nur dafür bestimmt scheinen, im Schmutz zu rühren, und deren Blicke nur für das Mikroskop oder den Schmelztiegel bestimmt scheinen, haben in der Tat Wunder vollbracht. Sie sind in die Geheimnisse der Natur eingedrungen und haben aufgedeckt, wie diese im verborgenen wirkt. Die Gelehrten haben auch vor dem Himmel nicht haltgemacht; sie haben den Blutkreislauf entdeckt und die Natur der Luft, die wir atmen. Sie haben neue und fast unbegrenzte Macht erworben; sie lenken die Blitze des Himmels, ahmen die Erdbeben nach und machen die Welt des Unsichtbaren durch die Schatten sichtbar.«

Shelley 1988, 65

Was immer die Geschichtsschreibung und ihre Theorie sonst noch erfordern mögen: als mindestes sind *zwei* Abgrenzungsereignisse, also *drei* Epochen für eine Gesamtdarstellung der Geschichte als Prozeß unerläßlich. Es reicht nicht aus, alles auf eine Vorher/Nachher-Differenz zusammenzuziehen – etwa Europa vor der Kartoffel und nach der Kartoffel.

Luhmann 1985, 11

In seiner 1780 auf deutsch erschienenen Abhandlung *Versuche mit Pflanzen, wodurch entdeckt worden, daß sie die Kraft besitzen, die atmosphärische Luft beim Sonnenschein zu reinigen und im Schatten und des Nachts über zu verderben* beschreibt der niederländische Arzt Jan Ingenhousz (1730-1799) folgenden Versuch: In einem Unzenglas befindet sich ausschließlich durch Ausatmen verdorbene Luft, in der ein Kerzenlicht nicht brennen kann. In dieses wird ein Weinblatt gelegt und ins Sonnenlicht gestellt. Nach etwa anderthalb Stunden ist die »Reinigkeit« der Luft wiederhergestellt worden und eine Flamme brennt darin (Ingenhousz 1780, 47).

Ausgangspunkt dieser und weiterer Versuchsanordnungen waren die Arbeiten von Joseph Priestley (1733-1804), der sich eingehend mit den Eigenschaften der Luft beschäftigte. Die Resultate seiner innovativen Experimente stellte er in dem dreibändigen Werk *Experiments and Observations on different kinds of Air, and other branches of Natural Philosophy, connected with the subject* (1775-77) dar. So untersuchte Priestley die Effekte der sogenannten »fixed air« (d.i. Kohlendioxid) auf Tiere und Pflanzen: In ihr erstarrten und starben Fliegen nach einer gewissen Zeit; ein Frosch schien nach sechs Minuten tot zu sein, belebte sich dann aber in der »common air« wieder; Pflanzen dagegen starben darin ab und ließen sich auch nicht mehr wiederbeleben (Priestley I 1970, 100-111). Im Zusammenhang mit Experimenten, mit denen er herausfinden wollte, wie Luft durch das Brennen einer Kerze verändert bzw. verbraucht wird – für Priestley eine äußerst weitreichende Frage, man denke an Großfeuer oder Vulkanausbrüche –, bemerkte er eine sehr einfache Methode zur »restoration« verbrauchter Luft: »It is *vegetation*.« (Priestley III 1970, 249) Er erkannte, daß hier eine fundamentale Differenz zwischen Pflanzen und Tieren festzumachen war. (→ MIMOSA PUDICA I/II, SONNENTAU) Zwar zeigte sich, daß sowohl Tiere als auch Pflanzen »common air« brauchen, er stellte jedoch fest, daß eine mit Wasser versorgte Pflanze, die in einer Glasglocke stand, auch nach mehreren Monaten die Luft nicht verbraucht hatte: »I found that the air would neither extinguish a candle, nor was it at all inconvenient to a mouse, which I put into it.« (Priestley II 1970, 250) Weiterhin hatte Priestley in Wassergefäßen, die er einige Monate stehen gelassen hatte, eine Substanz entdeckt, die er »green matter« nannte. In weiteren Versuchen beobachtete er, daß die Reinigung der Luft von dieser abhing. Botanisch informiert, hätte er »the green matter« als die Grünalge *Conferva*

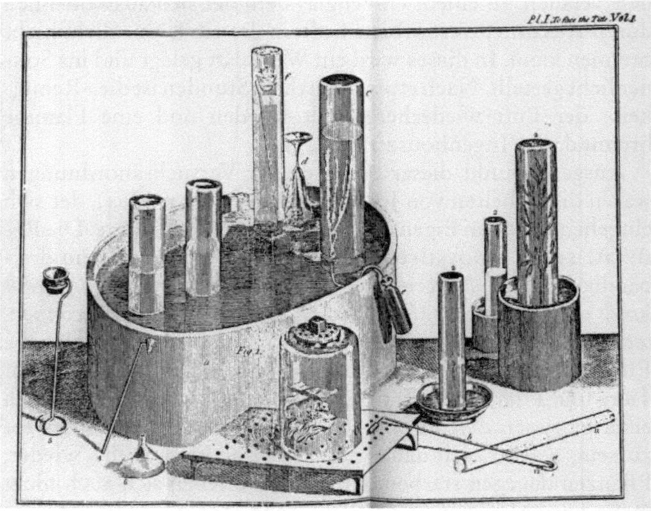

Abb. 1: Apparate und Instrumente, die Priestley für seine Experimente mit Luft verwendete, nach Priestley 1970.

fontinalis identifizieren können, doch Priestley blieb bei der prosaischeren Bezeichnung bzw. nannte die Substanz »water moss« und kam schließlich zu dem Ergebnis, die Namensgebung sei ohnehin nicht »within my province« (Priestley III, 1970, 306).

Über die Bedeutung von Priestleys Beobachtungen, die sich mit Kerzen und Mäusen leicht wiederholen ließen, war sich die scientific community schnell einig. Und auch die Konsequenzen waren klar: In einer Preisrede auf Priestley wurde etwa ausgeführt, daß keine Pflanze umsonst wachse, »von der Eiche bis zum niedrigsten Gräsgen ist die Pflanze dem Menschen nützlich« (zit. nach Ingenhousz 1780, 4). Doch wie genau die Pflanzen die durch die Atmung der Tiere verunreinigte Luft verbessern, blieb Gegenstand von Diskussionen. Priestley vermutete, daß die Pflanze die umgebende Luft aufnehme, das in ihr enthaltene Phlogiston (s. u.) entziehe und dieses als Nahrungsmittel verwende, das heißt, daß durch das Wachstum der Pflanze die Luft gereinigt werde. Priestley konnte diese Hypothese jedoch nicht experimentell bestätigen, und an genau dieser Stelle setzte Ingenhousz später an. In zahlreichen Versuchsreihen stellte er fest, daß diese Reinigung erstens nicht, wie Priestley annahm, lange Zeit benötigte, sondern relativ rasch (in einigen Stunden) erfolgte. Zweitens vollzog diese sich nur unter dem Einfluß von Sonnenlicht. (→ SONNENWENDE) Ingenhousz schloß daraus, daß die Pflanze mit Hilfe des Sonnenlichts der verdorbenen Luft das Phlogiston entziehe und sodann gereinigt abgebe.

Phlogisiert sei sie daran erkennbar, daß sie für Tiere giftig sei und Flammen auslösche. Dephlogisiert sei sie dagegen zum »Atemholen geschickte Luft« (Ingenhousz 1780, 26). Letztere könne man daran erkennen, daß das Licht einer Flamme größer werde und daß Tiere in einem Gefäß mit dephlogisierter Luft bis zu sechsmal länger lebten als in atmosphärischer, woraus sich wiederum schließen ließ, daß die von Pflanzen abgegebene dephlogisierte Luft reiner als atmosphärische sei. Wie Ingenhousz weiter ausführt, geben die Pflanzen jedoch nur am Tage, bei Sonnenlicht, dephlogisierte Luft ab. Im Laufe der Nacht dagegen verschlechtern sie, wie die Tiere, die Luft. Eine einfache Berechnung zeige jedoch, daß ohne die Pflanzen Leben nicht möglich sei, da nämlich »die schädliche Luft, welche eine ganze Nacht hindurch sich an einer Pflanze entbindet, noch nicht einmal den hundertsten Theil der dephlogisierten Luft betragen kann, welche das nämliche Gewächs an einem schönen Tag binnen zwo Stunden giebt« (Ingenhousz 1780, 51).

Ingenhousz, wie auch andere Pflanzenphysiologen, konnte seine Beobachtungen allein im Rahmen der Phlogiston-Theorie erklären. Dieses von Georg Ernst Stahl (1660-1734) eingeführte Konzept stand nicht nur im Zentrum der Chemie des 18. Jahrhunderts, sondern markierte zugleich den Übergang von der Alchemie zur experimentalwissenschaftlichen Chemie. Deutlich führt dies der Begriff des Phlogistons selbst vor, denn mit diesem leistete Stahl die Übersetzung eines alchemistischen Terminus in das neue System. Er knüpfte dabei an den Alchemisten und Merkantilisten Johann Joachim Becher (1635-1682) an (vgl. zu Bechers Vielseitigkeit: Frühsorge/Strasser 1993), dessen 1669 erstmals erschienene Arbeit *Physica subterranea* Stahl 1703 wieder herausgab. Becher hatte in dieser Schrift eine Fünf-Elemente-Theorie entwickelt, in der er Luft, Wasser und drei unterschiedliche Erden unterschied. Letztere unterteilte er in: *terra vitrescible*, *terra fluida* und *terra pinguis*. Bechers Gesamtkonzept der fünf Elemente glich der damals bekannten chinesischen Fünf-Elemente-Theorie, außerdem korrespondierten die drei Erden mit Paracelsus' Unterscheidung von Salz, Quecksilber und Schwefel. Diese Überlegungen waren also nicht neu, vielmehr standen sie im Horizont zeitgenössischen Wissens (Salzberg 1991, 175f.). Wichtig war jedoch für die weitere Forschung, daß laut Becher alle brennbaren Substanzen *terra pinguis* enthielten, denn Stahl übernahm Bechers Begriff der *terra pinguis*, verwarf jedoch zugleich das Projekt der Alchemie. In *Bedenken von der Goldmacherei* (1755) führte er aus, daß »man unter der Benennung Alchemie [...] die Goldmacherei [...] verstehen wolle, könne und solle. Hingegen unter dem Namen der Chymie die vernünftige, wohlbedächtliche, wohlverstandene und zu gründlicher Erkenntnis führende Untersuchung und Bearbeitung« (zit. nach Strube 1976, 98). Mit dem Umschwung von der Alchemie zur wissenschaftlichen Chemie wird die »symbolträchtige Ausdeutung der Natur« verworfen, was nicht zuletzt auch aus dem »radikalprotestantischen Skeptizismus gegenüber naturphilosophischer Metaphysik« resultiert (Geyer-Kordesch 1993, 127f.). Mit dieser Transformation wird insofern nicht nur ein Begriffswandel vollzogen, vielmehr handelt es sich um die Umstellung des gesamten Aussagesystems.

Die Leistungen der Phlogiston-Theorie waren vor diesem Hintergrund vielfältig: Für die Chemiker der Frühaufklärung lieferte die neue Theorie einen einheitlichen Rahmen für die experimentelle Forschung. Diese konnte in die protestantische Lehre eingegliedert werden, da die chemischen Prozesse als die Sichtbarmachung der *providentia* Gottes verstanden wurden (vgl. Geyer-Kordesach, 1993). Vor allem hatten Stahls Überlegungen Konsequenzen für die praktische Chemie und damit eine große ökonomische Bedeutung. Denn mit dem neuen

Konzept konnten die Vorgänge beim Verbrennen, Schmelzen und der Kalzination auf *einen* Mechanismus zurückgeführt werden. Zum Beispiel werde beim Schmelzen von Erzen mit Holzkohle Phlogiston von der Kohle auf das Erz übertragen, das damit zu einem Metall werde; erhitze man dagegen Metall in Luft (Kalzination), werde es zu einem (Metall-)Kalk, ein Prozeß, bei dem Phlogiston an die umgebende Luft abgegeben werde (vgl. Salzberg 1991, 176; Brock 1997, 51-55, zu Stahl als Chemiker vgl. auch Ströker 2000).

Wie aufgezeigt, hatte die Phlogiston-Theorie nicht nur wirtschaftliche Relevanz, sondern bildete auch das Rückgrat der Pflanzenphysiologie. Denn um die Funktionsweise der Pflanzen zu verstehen, benötigte man eine Theorie der Luft. Deutlich wird dies in einer weiteren Schrift Ingenhousz': In *Über Ernährung der Pflanzen und Fruchtbarkeit des Bodens* (1798) spielten die Begriffe der phlogisierten und dephlogisierten Luft allerdings keine Rolle mehr. Ingenhousz schrieb, daß die Pflanzen in der Nacht die Luft zersetzten, indem sie (alle Pflanzenteile) kohlengesäuertes Gas abgäben, bei Tage reinigten sie (die Blätter und Sprößlinge) diese durch die Abgabe von Sauerstoffgas. Ingenhousz ging es in dieser Abhandlung vor allem um die Frage, wie sich Pflanzen ernähren. Er führte aus, daß Pflanzen auch wüchsen, ohne in der Erde zu sein, ebenso gediehen sie, man denke an Wüstenpflanzen, unter Bedingungen extremer Trockenheit. Er schloß daraus, daß Pflanzen ihre Hauptnahrung (»zersetzte Luft« und damit Kohlensäure, die den wichtigen Bestandteil Kohlenstoff enthalte), aus der Atmosphäre aufnähmen. Die »zersetzte Luft« werde in der Pflanze dann in Säfte, Schleim, Salz und Öle umgewandelt (Ingenhousz 1789, 59).

Die Frage, wie sich Pflanzen ernähren, war äußerst umstritten. So widersprach Alexander von Humboldt in seiner Einleitung zur Übersetzung von Ingenhousz' Abhandlung dessen Auffassung vehement. Nach Humboldt benötigen Pflanzen in regenlosen Klimaten Wasser. Sie nähmen nämlich über die sich auf der Blattoberseite und insbesondere der Blattunterseite befindenden »Spaltgefäße« atmosphärische Feuchtigkeit auf. Und die Erde habe nicht allein die Funktion, die Pflanze zu verankern, sondern diene auch der Aufnahme von Nährstoffen. Wie Humboldt weiter ausführt, sei die Ernährungsfrage von größter Bedeutung, da mit ihr zugleich ökonomische Faktoren wie die Düngung ins Spiel kämen. Ausdrücklich fordert Humboldt denn auch die »Anwendung chemischer Grundsätze auf den Ackerbau«, gehe es doch darum, »durch Vervollkommnung der Pflanzenkultur den Nationalreichtum zu vermehren« (Humboldt 1789, 12f.). (→ GETREIDE, → LEGUMINOSEN)

Ingenhousz legte den Fokus dagegen vor allem auf die atmosphärische Luft. So erschien es ihm etwa unvorstellbar, daß ein großer Baum den Kohlenstoff über die Wurzeln aufnehme, denn wie sollte ein solcher Baum über Jahrhunderte hinweg seine Nahrung an demselben Ort finden können (vgl. Sachs 1965, 535). Auf der Grundlage der Phlogiston-Theorie hatte er zwar 1780 feststellen können, daß die Reinigung der Luft nur bei Sonnenlicht geschieht, doch zur Klärung der genauen Vorgänge war ein epistemischer Umbruch innerhalb der Chemie notwendig. Ingenhousz rekurrierte denn auch in dem Aufsatz von 1798 auf die Arbeiten der zentralen Gestalt der sogenannten »chemischen Revolution«, den französischen Chemiker Antoine Laurent Lavoisier (1743-1794). Der hier vollzogene Einschnitt in der Geschichte der Chemie wurde sogar mit einem kleinen Schauspiel gewürdigt: Lavoisiers Gattin, eine seiner wichtigsten Mitarbeiterinnen (sie übersetzte für ihn Werke von Priestley und anderen Autoren, zeichnete und gravierte die chemischen Apparate für seine Veröffentlichungen), verkleidete sich als Priesterin, verbrannte das die Phlogiston-Theorie ausführlich entfaltende Werk *Fundamenta Chymiae* (1746) Stahls und kündigte zugleich das Erscheinen von Lavoisiers *Traité Elémentaire de Chimie* (1789) an (Greenberg 2007, 240). Die Inszenierung (und gelegentlich auch die Chemie-Historie) verdeckte, daß Lavoisier die moderne Chemie nicht allein erschaffen hatte. Dafür seien drei Beispiele genannt: Der Mediziner und Chemiker Joseph Black hatte beobachtet, daß, wenn Kalkstein erhitzt wird, dieses nicht Phlogiston aufnimmt, sondern »fixed air« abgibt, was schließlich den bei dieser Reaktion unerklärt gebliebenen Gewichtsverlust (zumal ja angeblich bei dieser Verbrennung Phlogiston *auf*genommen wurde!) erklärte. Black hatte damit nicht nur festgestellt, daß die Änderungen der Masse bei einer Reaktion auf die Aufnahme oder Abgabe von Gasen zurückgeführt werden konnte, sondern seine Erklärung kam bei diesen chemischen Reaktionen ganz ohne Phlogiston aus, was ihn nicht daran hinderte, in anderen Bereichen diese Theorie weiterhin zu vertreten (vgl. zu Black: Salzberg 1991, 178-184). Ebenfalls für Lavoisiers Arbeiten relevant waren die Untersuchungen des Apothekers Pierre Bayen, der festgestellt hatte, daß sich Quecksilberoxid bei Erhitzung unmittelbar in metallisches Quecksilber wandle. Ganz ohne Holzkohle und damit ohne Phlogiston lag als Resultat ein Metall vor. Und auch Priestley selbst kam hier ins Spiel: Er hatte beim Erhitzen von Quecksilberoxid das Entstehen eines Gases festgestellt, das er als dephlogisierte Luft bezeichnete. Weiterhin stellte er fest, daß in dieser Verbrennungen schneller abliefen als in gewöhnlicher. Wie Black blieb aber auch Priestley trotz der Arbeiten Lavoisiers Zeit seines Lebens ein Vertreter der Phlogiston-Theorie (vgl. zu Bayen und Priestley: Brock 1997, 69).

Dabei hatte Lavoisier gerade für eines der großen Probleme der Phlogiston-Theorie, die Erklärung der Gewichtsveränderungen bei Verbrennungs-Reaktionen (Metalle werden schwerer, wenn man sie an Luft erhitzt, obgleich Phlogiston freigesetzt werde), eine plausible Lösung gefunden. Er nahm an, daß bei diesem Vorgang Luft fixiert werde, aus Metall und Luft entstehe ein Metalloxid unter Freisetzung von Hitze und Licht. Bislang hatte Lavoisier seine Überlegungen jedoch noch nicht veröffentlicht, und da andere Forscher wie etwa der Philosoph Jacques Turgot bereits ähnliche Ideen hatten (vgl. Brock 1997, 66f.), hinterlegte Lavoisier im Jahr 1773 bei der *Académie des Sciences* den berühmt gewordenen versiegelten Umschlag, welcher den Bericht enthielt, in dem er unter anderem ausführte, daß die Luft die Ursache für die Gewichtszunahme bei der Kalzination sei. Bis zum *Traité Elémentaire de Chimie* war es von hier zwar noch ein weiter Weg, die Grundlagen waren jedoch gelegt. Unter Einsatz der besten und modernsten Apparaturen, die ein Vermögen kosteten, und angeregt durch die Arbeiten von Bayen, Priestley und anderen, formulierte er dann 1778 die Sauerstoff-Theorie der Verbrennung:

Das Prinzip, das die Metalle beim Verkalken verbindet, sie schwerer werden läßt und konstitutiver Teil des Oxids ist, ist nichts anderes als der gesündeste und reinste Teil der Luft, der, nachdem er eine Verbindung mit Metall eingegangen ist, wieder freigesetzt werden kann. Er entweicht in einer besonders atmungsfähigen Form und unterstützt besser als die atmosphärische Luft Feuer und Verbrennung. (Lavoisier, zit. nach Brock 1997, 69)

Mit dieser Erklärung war die Phlogiston-Theorie erledigt, nicht zuletzt durch die »Öffentlichkeitsarbeit« der Lavoisiers: Auf Abendgesellschaften wurden etwa Versuche vorgeführt und diskutiert, 1789 gründete Lavoisier mit seinem Schüler Pierre Adet die Zeitschrift *Annales de Chimie* und als Direktor der *Académie des Sciences* (seit 1785) sorgte er für die Aufnahme der »richtigen« Leute in die entsprechende Abteilung. Vor allem ergaben sich daraus jedoch weitreichende Folgen für die theoretische und praktische Chemie, so ihre erste einheitliche Nomenklatur (→ ROSA) oder der Einsatz neuer Apparate.

Lavoisier beschränkte sich aber selbst nicht auf das Feld der Chemie, vielmehr ging er auch den physiologischen Konsequenzen der »neuen« Chemie nach. Wie Frederic Holmes in seiner Studie *Lavoisier and the Chemistry of Life* schreibt, könnte Lavoisier denn auch genausogut als Begründer der physiologischen Chemie (heute: Biochemie) gelten. Holmes führt aus, daß Lavoisiers Arbeiten zur alkoholischen Gärung von Zucker, zu Atmungsprozessen und zur Zersetzung von Pflanzen und Tieren nicht lediglich Nebenprodukte der chemischen Forschungen seien, sondern von Anfang an einem für Lavoisier zentralen Forschungsprogramm folgten. So präsentierte Lavoisier etwa im Jahr 1777 die Abhandlung *Expériences sur la respiration des animaux et sur les changements qui arrivent à l'air en passant par leur poumon*, in der er die Physiologie der Atmung untersuchte. Zwar war ihm auch hier Priestley schon zuvorgekommen, der in dem Aufsatz »Observations on respiration, and the use of the blood« (1776) die These ausgeführt hatte, daß das Blut mit der Luft in der Lunge in nahen Kontakt

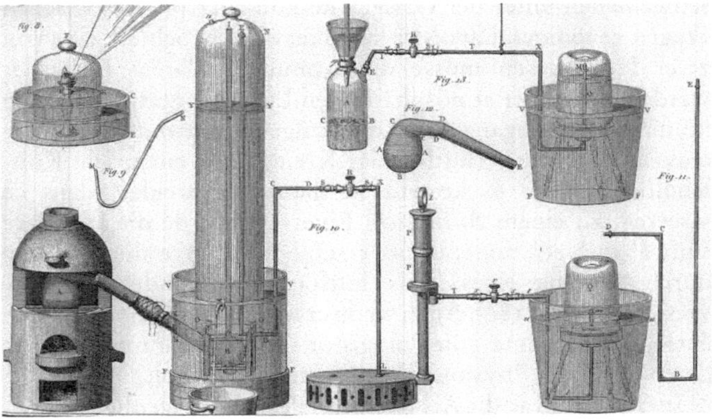

Abb. 2: Apparate, die Lavoisier für seine Versuche mit Luft verwendete. Fig. 8 zeigt einen Apparat, mit dem die Absorption von Luft während der Erhitzung von Blei oder Zinn (durch eine Linse) gemessen wird (Kalzination); mit dem Apparat in Fig. 10 wird die Freisetzung von »fixer Luft« (CO_2) gemessen, indem Bleioxid mit Holzkohle in einem Schmelzofen erhitzt wird, nach Lavoisier I 1965 (Erläuterungen nach: Greenberg 2000, 141-143).

komme und hierbei aus der Luft Phlogiston entnehme. Die Änderung der Farbe des Blutes hänge demnach davon ab, ob es Phlogiston enthalte oder nicht. Lavoisier, der diese Arbeit kannte, ging allerdings anders vor. Er setzte einen Sperling unter eine Glasglocke und wartete ab: Nach etwa einer Stunde starb der Vogel unter Zuckungen. Lavoisier untersuchte nun die verbliebene Luft (sie löschte eine brennende Kerze und ein anderer Vogel konnte darin nur kurz überleben), und da er Analogien zu den Vorgängen bei der Kalzination feststellte, zog er diese als Vergleichsfolie heran. Denn schon in diesen auf chemische Fragestellungen ausgerichteten Experimenten spielten die Tiere unter der Glasglocke eine wichtige Rolle, allerdings dienten sie hier noch lediglich als »Meßfühler« (→ FROSCH), mit denen Gase unterschieden werden konnten. In der Abhandlung *Expériences sur la respiration des animaux* waren die geschilderten Experimente mit den Vögeln und Meerschweinchen unter der Glasglocke nun aber physiologischen Fragen gewidmet. Lavoisier kam hier zu dem Schluß, eine von zwei Hypothesen müsse die Atmung erklären: Entweder werde der Teil der atmosphärischen Luft, der geatmet werden könne, im Durchgang durch die Lunge *umgewandelt* in »acide crayeux aériforme« (luftförmige Kreidesäure, entspricht Kohlendioxid), oder es komme in dem Eingeweide, »dans ce viscère«, zu einem *Austausch*: Einerseits werde die atembare Luft absorbiert, andererseits ersetze die Lunge diese Menge durch Abgabe eines Teils luftförmiger Kreidesäure (Lavoisier II 1965 a, 180). Auch wenn er sich nicht für eine Variante entscheiden konnte – die Phlogiston-Theorie war nun auch auf dem Gebiet der Physiologie der Atmung überholt.

Im Anschluß an die Arbeiten von Priestley, Ingenhousz, Jean Senebier und anderen untersuchte Lavoisier schließlich auch, wie Pflanzen wachsen, aus welchen Stoffen sie bestehen und nicht zuletzt: wie sie die umgebende Luft reinigen. Relevant wurden diese Fragen im Zusammenhang seiner Studien zum Wasser, das, wie seine Versuche und Berechnungen gezeigt hatten, kein einfaches Element ist, sondern eine Verbindung von Wasserstoff und Sauerstoff. Lavoisiers Ausgangspunkt war dabei Jan Baptista van Helmonts (1579-1644) berühmter Versuch mit einem Weidenbaum. Van Helmont, ein Vertreter der Iatrochemie, das heißt der auf Paracelsus zurückgehenden medizinischen Chemie, hatte in ein Gefäß zweihundert Pfund Erde gegeben. Diese bewässerte er, dann pflanzte er ein Weidenbäumchen ein, das fünf Pfund wog. Nach fünf Jahren wog der Baum 169 Pfund und drei Unzen. Die getrocknete Erde wog etwa zweihundert Pfund. Da in diesen fünf Jahren nur Regen bzw. destilliertes Wasser hinzugefügt worden war, hatten sich zusätzlich gebildet: »hundertvierundsechzig Pfund Holz, Äste und Wurzeln, allein aus Wasser« (van Helmont 1648, zit. nach Brock 1997, VI). Nach van Helmont gab es nur zwei Elemente, Wasser und Luft, letztere aber spiele bei chemischen Veränderungen keine Rolle, während sich sämtliche irdischen Stoffe auf Wasser reduzieren ließen.

An genau dieser Stelle knüpfte Lavoisier nun an. Van Helmonts Experiment wurde immer wieder wiederholt, allerdings konnte, wie Lavoisier betonte, die vorausgesetzte Prämisse, daß sich Wasser in ebenso viele Substanzen verwandelte, wie man in den Pflanzen entdecken könne, nicht bestätigt werden. Nachdem er aber selbst aufgezeigt hatte, daß Wasser kein einfaches Element sei, sondern sich in zwei Substanzen aufspalte, mußten sich auch neue Schlüsse für das Wachstum der Pflanzen ergeben. Lavoisier verband nun die unterschiedlichen Linien, van Helmonts Experiment und die Arbeiten von Priestley, Ingenhousz u. a. in einem Artikel zur Zusammensetzung des Wassers mit dem Titel »Mémoire dans lequel on a pour objet de prouver que l'eau n'est point une substance simple, un élément proprement dit. Mais qu'elle est susceptible de décomposition et de recomposition« (1783). Wie Lavoisier hier ausführt, sei das Wasser ein großes Reservoir, in der die Natur das Material für Verbrennungen finde, die sie ständig vor unseren Augen forme, und die »vegetation« sei ihre große Methode. Wenn man nun die Versuche van Helmonts, Ingenhousz', Senebiers und anderer Forscher vergleiche, zeige sich zum einen, daß Wasser das wichtigste Mittel der Vegetation sei, zum anderen, daß es gewöhnlich während seines Durchlaufs durch die Pflanze eine große Menge an »air vital« durch die Gefäße der Blätter abgebe. Das heißt, durch die Vegetation in den Pflanzen wird Wasser in seine Bestandteile getrennt und die »air vital« freigesetzt, während »le principe inflammable aqueux« in der Pflanze verbleibt, um die »matière charbonneuse des plantes«, die Öle sowie alles, was brennbar ist, zu formen. Diese unterschiedlichen Substanzen erscheinen somit als noch unbekannte Modifikationen »du principe inflammable de l'eau« (Lavoisier II 1965 b, 355 f.).

Während damit Lavoisier von der Chemie zur Physiologie überging und die Kohlenstoffassimilation der Pflanzen beobachtete, hatte Ingenhousz dasselbe als Pflanzenphysiologe, der auf die Chemie rekurrierte, beobachtet. Wie hier deutlich wird, etablierte sich gerade in der Phase der Formierung der Disziplinen als eigenständige Wissensbereiche ein Komplex eng verbundener Fragestellungen, der nur im Verbund bearbeitet werden konnte. Die epistemischen Umstellungen um 1800 etablierten solchermaßen die moderne wissenschaftliche Chemie und zugleich das Feld dessen, was im 20. Jahrhundert den Namen »Biochemie« erhielt. Allerdings sollte die chemische Seite der Pflanzenphysiologie nach 1800 erst einmal wieder verdrängt werden: Durch die, wie sich der Pflanzenphysiologe Julius Sachs in seiner bereits zitierten *Geschichte der Botanik* ausdrückte, »Neigung, den Organismen eine besondere Lebenskraft zuzuschreiben«, seien die geleisteten chemischen Untersuchungen nicht mehr verstanden worden (neben Ingenhousz nennt Sachs hier vor allem Théodore de Saussure, der in seinen *Recherches chimiques sur la végétation* (1804) zwar in der Sache nicht über Ingenhousz hinausging, sehr wohl aber durch seine intensiv betriebenen quantitativen Bestimmungen zu den Vorgängen in Pflanzen (Sachs 1875/1965, 544). Erst mit der Etablierung der Pflanzenphysiologie in der Mitte des 19. Jahrhunderts setzte die Photosynthese-Forschung wieder ein, woran Sachs selbst maßgeblichen Anteil hatte (einen Überblick über die Forschung bietet: Sachs 1865).

Gleichwohl kann es der Geschichte der Erforschung der Photosynthese im Sinne einer Wissensgeschichte nicht darum gehen, inwieweit Lavoisier, Ingenhousz oder Sachs bereits Erkenntnisse hatten, die die heutige Pflanzenphysiologie bestätigt, sondern wie über eine Vielzahl diverser Faktoren (Abgrenzung zu älteren Theorien wie Inszenierung dieser Abgrenzung, Öffentlichkeitsarbeit und Gründung neuer Publikationsorgane, Einsatz neuer Apparate und Techniken, Phänomene, die nicht mehr in die alte Theorie passen – z. B. Gewichtszunahme bei Kalzination –, Konzeption einer neuen Nomenklatur u. a.), innerhalb der Chemie und der Physiologie ein neues wissenschaftliches Paradigma entsteht. So hat Thomas S. Kuhn die Rede von der »Entdeckung des Sauerstoffs« zum Anlaß genommen, den Begriff der Entdeckung selbst in Frage zu stellen. Denn diese sei ein Beispiel dafür, daß sich eine »Entdeckung« weder einer Person noch einem Zeitpunkt zuschreiben lasse, weder Priestley noch Lavoisier hätten Anspruch auf den Titel des Erst-Entdeckers (vgl. Kuhn 1997, 66ff.). Nach Kuhn ist der Satz »Der Sauerstoff wurde entdeckt« irreführend, »da er den Anschein erweckt, als sei das Entdecken ein einziger und einfacher Vorgang, der unserem üblichen (und ebenfalls fragwürdigen) Begriff des Sehens entspreche« (Kuhn 1997, 68; → Ur-

PFLANZE). Ein solches »neues« wissenschaftliches Ereignis sei dagegen äußerst komplex, denn wenn »Beobachtung und Begriffsbildung, Tatsache und Einordnung in die Theorie bei der Entdeckung untrennbar verbunden sind, dann ist die Entdeckung ein Prozeß und muß Zeit beanspruchen« (Kuhn 1997, 68). In diesem Sinne geht es nicht um die »Entdeckung« des Sauerstoffs. Damit Lavoisier dort ein Gas sehen konnte, wo Priestley dephlogisierte Luft sah, war, in Kuhns Begriffen, ein Paradigmenwechsel nötig, die bereits angesprochene »chemische Revolution«. Anders gesagt: Da Lavoisier die Phlogiston-Theorie bereits verabschiedet hatte und die Sauerstoff-Theorie der Verbrennung anvisierte, identifiziert er das beim Erwärmen von rotem Quecksilberoxyd entstandene Gas als Sauerstoff.

Zugespitzt wird die Frage nach der »Entdeckung« des Sauerstoffs in dem Theaterstück *Oxygen* (2001) von Carl Djerassi, der, nach eigener Aussage, »Mutter der Pille«, und dem Chemie-Nobelpreisträger Roald Hoffmann. Das Stück führt abwechselnd zwei Ereignisse vor: Zum einen kommt der (fiktiven) Nobelstiftung im Jahr 2001 die Idee, einen »Retro-Nobelpreis« ins Leben zu rufen für Entdeckungen, die vor der Verleihung des ersten Nobelpreises im Jahr 1901 gemacht wurden. Schließlich seien, so die Stiftung, zu früheren Zeiten Forschung und Entdeckung klarer als im 20. Jahrhundert konturiert gewesen. Allerdings zeigt sich, als sich ein Komitee mit der Entdeckung des Sauerstoffs beschäftigt, daß das Auffinden eines geeigneten Kandidaten für den Preis doch nicht so einfach ist wie gedacht: Wem steht der Preis zu? Dem Apotheker Carl Wilhelm Scheele (1742-1786), der als erster Sauerstoff erzeugte und Lavoisier in einem Brief darlegte, wie man dies tut, seine Ergebnisse jedoch bis 1777 unveröffentlicht ließ, oder Priestley, der ebenfalls Sauerstoff erzeugte und dies ebenfalls publizierte, wobei er das Gas als »dephlogisierte Luft« bezeichnete, oder Lavoisier, der eine völlig neue chemische Theorie schuf? Das zweite Ereignis spielt sich 1777 ab. Die genannten Chemiker sind in Stockholm, da sie anläßlich der von König Gustav III. gestellten Preisfrage – »Wer hat den Sauerstoff entdeckt?« – noch einmal die entscheidenden Experimente vorführen sollen. Dabei kommt auch den Frauen der Chemiker eine zentrale

Rolle zu, das Stück beginnt tatsächlich mit einem Gespräch der drei Damen in der Sauna. Letztlich behauptet jeder der drei Wissenschaftler, er sei der erste gewesen, und am Ende bekommt keiner vom König die Belohnung. Die Entscheidung des Nobelkomitees dagegen erfährt der Leser nicht. Djerassi und Hoffmann liefern damit nicht nur eine Satire des Wissenschaftsbetriebes und der Vergabe des Nobelpreises, sie zeigen nicht nur, daß der wissenschaftliche Revolutionär Lavoisier ein politischer Reaktionär war, während der wissenschaftlich konservative Priestley politisch und religiös revolutionäre Ansichten vertrat. Das Beispiel des Sauerstoffs verdeutlicht vielmehr: Hätte Shakespeare nicht gelebt, gäbe es keinen *King Lear*, doch »wenn Scheele oder Priestley oder Lavoisier nicht gelebt hätten, Sauerstoff wäre trotzdem entdeckt worden« (Djerassi/Hoffmann 2001, 121).

B. B.

Leguminosen

Man erzählt, König Schihrâm habe sich sehr gefreut, als ihm Sissah seine Erfindung, das Schachspiel, gebracht habe. Es habe ihm so gut gefallen, dass er befahl, es in den Tempeln aufzustellen. Er hielt es für das Sinnvollste, was man erlernen könne, da darin die Kriegskunst, die Herrlichkeit der Religion, weltliche Angelegenheiten und die Grundlage aller Gerechtigkeit sichtbar werden. Er zeigte sich auch dankbar und erfreut darüber, dass ihm in diesem Spiel ein Symbol seiner Herrschaft dargeboten worden war. Daher forderte er Sissah auf, einen Wunsch zu äußern. »Ich wünsche mir«, erwiderte jener, »dass du mir zur Belohnung ein Weizenkorn auf das erste Feld des Spielbretts legst, zwei auf das zweite, und dass du dann von Feld zu Feld die Zahl verdoppelst bis zum letzten Feld und mir schließlich die gesamte Weizenmenge schenkst.« Dem König kam das bescheiden vor. Er schalt Sissah, so einen lächerlichen Wunsch zu äußern, und bestand darauf, ihn reichlicher zu beschenken. Sissah aber blieb dabei, er wolle nur das. [...] Schließlich gab der König nach und befahl, ihm das Gewünschte zu bringen. Doch als die *Dîwân*vorsteher den Befehl des Königs erhalten und die an Sissah auszugebende Weizenmenge berechnet hatten, ließen sie dem König melden, sie hätten auch nicht annähernd die erforderliche Menge vorrätig. Der König hielt dies für ausgeschlossen. Er ließ die *Dîwân*vorsteher kommen und verlangte eine Erklärung von ihnen. »Auch der gesamte Weizen der Welt«, erwiderten sie, »würde nicht ausreichen.«

Ibn Challikân 1256-1274/2004, 161f.

In seiner Abhandlung *Die Landwirtschaft in ihren Beziehungen zur Chemie, Physik und Meteorologie* (1851) berichtete der französische Chemiker und Mitbegründer der Agrikulturchemie Jean Baptiste Boussingault (1802-1887) folgenden Versuch: Er wählte mehrere entwickelte Kleepflanzen aus, säuberte diese gründlich von an den Wurzeln haftender Erde und setzte diese in lediglich mit destilliertem Wasser befeuchteten Sand ein. Nach anfänglich schwachem Wachstum nahm die Vegetation zu, »die Pflanze hatte dasselbe schöne Aussehen, wie der Klee von gleichem Alter auf dem Acker« (Boussingault 1851, 49). Obgleich der Klee in dieser Anordnung auf unfruchtbarem Boden wuchs, hatte er (allein auf Kosten der Luft und des Wassers) seine organischen Stoffe verdreifacht und das Gewicht des Stickstoffs hatte sich fast verdoppelt. In Parallelversuchen mit Weizen und Hafer ergab die Analyse, daß diese Pflanzen einen Zugewinn an Kohlenstoff, Wasserstoff und Sauerstoff, aber einen Verlust an Stickstoff zu verzeichnen hatten. Boussingault stellte demnach fest, daß Klee in einem von Dünger freien Boden angebaut, Stickstoff aufgenommen hatte, Hafer und Weizen jedoch nicht. Die Schlußfolgerung lautete: »Aus den mitgetheilten Versuchen geht zwar hervor, daß gewisse Pflanzen während ihres Wachsthums Stickstoff assimilieren, allein sie zeigen uns nicht den Weg, auf welchem dieses statt findet.« (Boussingault 1851, 51)

Boussingaults Versuche warfen eines der grundlegendsten Probleme der Agrikulturchemie des 19. Jahrhunderts auf: Die Aufnahme von Stickstoff durch die Pflanzen. Was Boussingault nämlich nicht erklären konnte, war die Frage, *weshalb* nur der Klee und die Erbse Stickstoff assimilierten. Die Bedeutung des Problems ergab sich aus der Frage, ob Dünger Stickstoff-Verbindungen enthalten müssen, um den Ertrag einer bestimmten Ackerfläche zu erhöhen. So war, wie der Professor für Landwirtschaftswissenschaft Carl Sprengel (1787-1859) berichtete, der Preis für Salpeter, der Stickstoff in Form von Salpetersäure enthält, äußerst hoch und seine Anwendung daher eingeschränkt. Es würde zu den »erfolgreichsten und wichtigsten Entdeckungen gehören, wenn man lernte, wie sich durch ein einfaches Mittel der Stickstoff und Sauerstoff der Atmosphäre zu Salpetersäure vereinigen ließen, die man dann auf Kalk, Kali oder Natron übertragen könnte« (Sprengel 1839, 398). Auch Sprengel hatte bereits die Besonderheit der Leguminosen (Familie der Hülsenfrüchtler, zu der u. a. Klee, Erbse, Bohne und Lupine gehören) festgestellt: Kalisalpeter nütze diesen bei weitem weniger als den Gramineen (Familie der Süßgräser, dazu

Abb. 1: Modifikation des Boussingaultschen Fundamentalversuchs: Entwicklungszustand von Erbse, Hafer und Buchweizen bei Gabe von Bodenmaterial. Quarzsand mit etwas Bodenaufguß und stickstofflose Nährlösung. Im Gegensatz zu Hafer und Buchweizen wächst die Erbse auch in stickstoffloser Umgebung, wie die Auswertung zeigt, enthält sie sogar mehr Stickstoff als zu Beginn. Nach Hellriegel/Wilfarth 1888.

zählen u. a. Weizen, Hafer und Reis) und Cruciferen (Familie der Kreuzblütengewächse, u. a. Kohl, Senf und Raps), was verdeutliche, daß die Leguminosen »das Vermögen haben müssen, viel Stickstoff aus der Atmosphäre anzuziehen« (Sprengel 1839, 399).

Die Beschaffenheit des Düngers hatte nicht nur hinsichtlich der Steigerung der Erträge ökonomisch enorme Bedeutung, sondern vom Dünger sollte letztlich die Existenz der Menschheit selbst abhängen: Das 19. Jahrhundert stand im Schatten von Thomas Robert Malthus' (1766-1834) 1798 erstmals veröffentlichtem Werk *Versuch über das Bevölkerungsgesetz*, das einen kaum zu überschätzenden Einfluß auf Charles Darwins Evolutionstheorie hatte. Malthus entwarf darin die Vision einer enormen Hungersnot. Sein Ausgangspunkt war die Feststellung, daß in »allem« animalischen Leben die Neigung sei, »sich über die dafür vorhandenen Nahrungsmittel zu vermehren« (Malthus 1900, 2). Pflanzen und Tiere vermehrten sich instinktiv, bis Mangel an Raum und Nahrung dieses Wachstum wieder einschränkten. Entsprechendes gelte auch für Menschen, was Malthus mit einem Gedankenexperiment veranschaulicht: Er unterstellte, daß sich die Bevölkerung alle 25 Jahre verdoppele, wenn keine einschneidenden Ereignisse dies verhinderten, sie nehme also in einem »geometrischen Verhältnis« zu (Malthus 1900, 6). Malthus ging jedoch davon aus, daß die Erträge der Äcker und Felder sich nicht im gleichen Maßstab würden steigern lassen, schließlich gelte: »Tausend Millionen sind just ebenso leicht alle 25 Jahre zu verdoppeln, wie ein Tausend; aber die Nahrung für die größere Zahl ist keineswegs ebenso leicht zu gewinnen.« (Malthus 1900, 6) Irgendwann werde das gesamte fruchtbare Land mit Äckern gefüllt sein, eine Steigerung der Nahrungsproduktion sei dann nur möglich, indem man die Produktivität der vorhandenen Äcker erhöhe. Malthus schildert plastisch die Folgen dieser Problematik: In Amerika werde die Bevölkerung fortdauernd zunehmen, was dazu führe, daß neues Land gewonnen werden müsse, und »so werden die Indianer weiter und weiter in das Land zurückgedrängt werden, bis zuletzt die ganze Race vertilgt und das Gebiet einer weiteren Ausdehnung unfähig ist« (Malthus 1900, 7; → Apfel).

Wenn aber keine Urbevölkerung mehr vertrieben und ermordet werden kann, bleibt nur noch die Steigerung der Erträge vorhandener Äcker, doch hier sind die Möglichkeiten um 1800 eingeschränkt. Denn noch war unbekannt, wie und von welchen Stoffen sich Pflanzen ernähren. Zwar war die Pflanzenphysiologie in dieser Zeit bereits im Entstehen, Forscher wie de Saussure oder Ingenhousz hatten gezeigt, daß Pflanzen den Kohlenstoff aus der Atmosphäre aufnehmen (→ GRÜNE PFLANZEN), jedoch war weiterhin die Meinung verbreitet, der Kohlenstoff stamme aus dem Humus des Bodens. Albrecht Daniel Thaer (1752-1828) etwa, ein Vertreter dieser Humus-Theorie, behauptete, dieser sei ein »Gebilde organischer Kraft« und bestehe aus Kohlenstoff, Hydrogen, Azot und Oxygen, dem sich noch andere Stoffe wie Phosphor und Schwefel beimischten, und der allein für die Pflanzennahrung in Frage käme. Gemäß dieser Theorie würden die Mineralstoffe in der Pflanze von ihr selbst gebildet. Entsprechend sollte der Dünger keine Mineralstoffe enthalten, sondern dem Boden müsse neuer Humus zugeführt werden (vgl. dazu: Schling-Brodersen 1989, 60). Erst nachdem der Vitalismus aus der Physiologie ausgetrieben worden war (vgl. Sachs 1965, 544-577) und Forscher wie Sprengel und Justus von Liebig die Bedeutung der Mineralstoffe für die Pflanzenernährung entdeckten, sollte sich die landwirtschaftliche Praxis ändern.

Malthus aber mußte aus seinen Berechnungen und angesichts des wissenschaftlichen Kenntnisstandes schließen, daß die Nahrungsmittel sich selbst »unter den günstigsten Umständen für den menschlichen Fleiss [...] nicht schneller als im arithmetischen Verhältniss vermehren können« (Malthus 1900, 9). Ein Szenario, das noch für den Bericht an den Club of Rome grundlegend sein sollte.

Aus Malthus' Gedankenexperiment folgte also, daß man die Vermehrung der Menschen künstlich einschränken müsse, der Rest des Buches ist dann weitgehend der Frage gewidmet, wie dies geschehen könnte. Doch die Bevölkerungszunahme sollte in Anschluß an Malthus keineswegs den Einsatz eugenischer Maßnahmen nach sich ziehen, sondern die Agrikulturchemie löste das Problem von der anderen Seite her. So knüpfte Justus

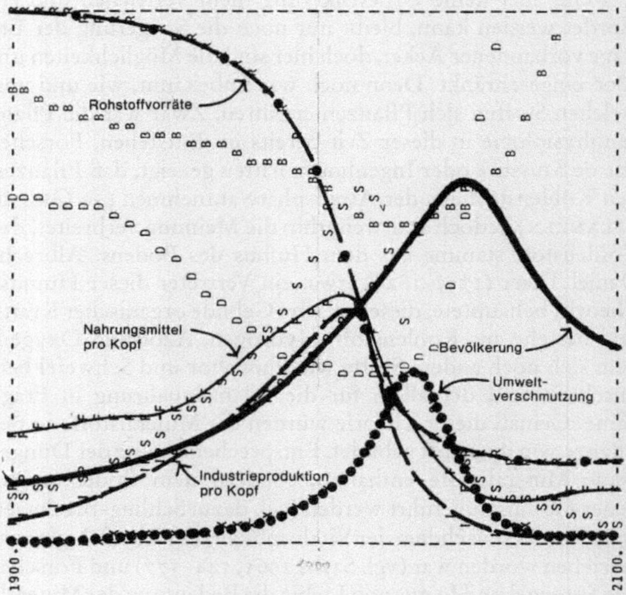

Abb. 35: Standardlauf des Weltmodells

Der Standardlauf des Weltmodells zeigt die Ergebnisse der Computer-Simulation unter der Voraussetzung, daß keine größeren Veränderungen physikalischer, wirtschaftlicher und sozialer Zustände eintreten, also die Entwicklung in gleichen Tendenzen verläuft, wie sie sich jetzt abzeichnet. Alle eingespeisten variablen Größen sind die der historischen Entwicklung von 1900 bis 1970. Nahrungsmittelerzeugung, Industrieproduktion und Bevölkerungszahl steigen weiter exponentiell, bis die rasch schwindenden Rohstoffvorräte zum Zusammenbruch des industriellen Wachstums führen. Da aber zeitliche Verzögerungsfaktoren wirken, steigen Bevölkerungszahl und Umweltverschmutzung auch danach noch einige Zeit weiter. Fallende Nahrungsmittelversorgung und der Ausfall medizinischer Fürsorge führen zu einer steigenden Sterberate und zu einem Stopp des Bevölkerungswachstums.

Abb. 2: Weltmodell Meadows 1987.

von Liebig (1803-1873), der sogenannte »Vater der organischen Chemie«, in seiner Akademie-Rede »Wissenschaft und Landwirtschaft« (1861) an Malthus' Beobachtung an: Hätte sich in den letzten 60 Jahren nichts geändert, hätte der Hunger beim Menschen eine »rücksichtslose, blutgierige Grausamkeit« geweckt (Liebig 1965, 203). Zwar sei bekannt gewesen, daß sich durch das Ausbringen von Tier- und Menschenexkrementen die Erträge steigern ließen, über die Wirkungsweise habe man jedoch nichts gewußt. Zum Beispiel sei, wie Liebig ausführt, der Glaube verbreitet gewesen, die Wirkung des Stallmistes komme von einer Beschaffenheit, »welche die Nahrung der Thiere und Menschen bei ihrem Durchgange durch den Organismus empfange« (Liebig 1965, 204). Erst als Chemiker damit begonnen hätten, Pflanzen zu analysieren, die Ernährung der Tiere und die Beschaffenheit von Böden zu untersuchen, hätten sie überhaupt erst erkannt, was die »Bodenkraft« eigentlich sei, nun erst seien sie in der Lage gewesen, die Gesetze des Feldbaus zu formulieren. Liebig geht ausführlich auf die Widerstände gegen die Einführung wissenschaftlicher Theorien in die Landwirtschaft ein, zumal die neuen Lehren häufig als persönliche Angriffe wahrgenommen worden seien. Zwar soll der erste Kunstdünger noch Hohngelächter bei den deutschen Landwirten hervorgerufen und frühe Fehlschläge mit Feldversuchen Jubel erzeugt haben, doch bekanntlich setzte sich dessen Einsatz später durch. Wie ein roter Faden zieht sich dabei die Problematik von Bevölkerungswachstum und Nahrungsproduktion durch Liebigs Rede, erweist sich daran doch die Notwendigkeit der Förderung der Wissenschaften in jeglicher Hinsicht (Schulen, Universitäten, Institute), die Liebig stets im Auge hatte und aktiv vorantrieb, wie sein berühmter Aufsatz »Ueber das Studium der Naturwissenschaften und über den Zustand der Chemie in Preußen« (1840) zeigt.

Die Leitdifferenz der Arbeiten zur Stickstoffaufnahme ist der Unterschied zwischen Leguminosen und dem Rest der Pflanzenwelt. So rekurrierte Liebig in dem Kapitel »Der Ursprung und die Assimilation des Stickstoffs« der die Agrikulturchemie zwar nicht begründenden, aber doch etablierenden Abhandlung *Die Chemie in ihrer Anwendung auf Agricultur und Physiologie* auf Boussingaults Versuche. Er führte darin aus, daß Stickstoff dem Boden stets durch die Ernte entnommen werde, gleichwohl enthalte der Ackerboden schon im nächsten Jahr wieder ausreichend Stickstoff, woraus sich die Frage ergebe: »Wo kommt [...] der jährlich ausgeführte Stickstoff her?« (Liebig 1843, 53) Da sich der Stickstoff in den Exkrementen nicht reproduzieren lasse und die Erde keinen liefern könne, könne es nur die Atmosphäre sein, aus welcher er durch Regen oder Tau in den Boden gelange, von wo ihn die Pflanzen dann aufnähmen. Liebig denkt dabei, wie in der gesamten Abhandlung, in Form von Kreisläufen: Durch Fäulnis werde der Stickstoff aus toten Körpern in Gestalt von gasförmigem Ammoniak freigesetzt, er gelange in die Atmosphäre zurück, von dort nähmen ihn die Pflanzen über das Regenwasser wieder auf usw. Was jedoch im Falle des Kohlenstoffs in einer Vielzahl von Studien bestätigt wurde, nämlich seine Aufnahme aus der Atmosphäre, löste im Falle des Stickstoffs heftige und länderübergreifende Diskussionen aus. Ihre Brisanz lag darin, daß innerhalb dieser Debatte Positionen und Theorien »der sich etablierenden ›scientific community‹ der Agrikulturchemie abgesteckt wurden« (Schling-Brodersen 1989, 69).

So zielten die Feldversuche mit Weizen, Rüben und Bohnen, die die Engländer John B. Lawes (1814-1900) und Joseph H. Gilbert (1817-1901) durchführten, auf die Widerlegung von Liebigs Mineral-Theorie, gemäß der die Erträge auf einem Feld in demselben Verhältnis zu- oder abnehmen wie die durch Dünger dem Feld zugeführten Mineralstoffe (anorganische Nährstoffe). Lawes und Gilbert wendeten sich hierbei insbesondere gegen Liebigs Behauptung, der Dünger müsse keinen Stickstoff enthalten. Denn sie stellten im Gegensatz dazu fest, daß nur bei der zusätzlichen Zufuhr dieses Elements die Erträge zunahmen: »But what we say is, that by the ordinary methods of practical agriculture, by which any soils are made to yield a fair produce of grain and meat only, for sale, their characteristic exhaustion, as grain-producers, will be that of NITROGEN; and that the mineral constituents, will, under this course, RELATIVELY TO NITROGEN, be in excess.« (Lawes/

Gilbert 1851, 23) Dabei mußten auch sie auf das Problem der Abweichungen der Leguminosen stoßen, bei denen sie eine größere Zunahme von Stickstoff feststellten als im Falle des Getreides. Dieser Befund zwang die beiden zu der These, Leguminosen besäßen eine »superior power of reliance upon the atmosphere for their nitrogen« (Lawes/Gilbert 1851, 30). Sie verwiesen auf Boussingaults Versuche, konnten aber genausowenig wie er die »power« der Hülsenfrüchtler erklären. Dies änderte aber nichts an den am Weizen gemachten Beobachtungen: Zufuhr von Stickstoff war offensichtlich notwendig für die Steigerung der Erträge, was Liebigs strikter Theorie widersprach bzw. auf den Fall der Leguminosen einschränkte.

Liebig reagierte auf Lawes und Gilberts Abhandlungen mit dem Buch *Über Theorie und Praxis in der Landwirtschaft* (1856). Auch hier bildet die Beobachtung, daß bei geernteten Hülsenfrüchten, die die Grundlage der Messungen bildeten, mehr Stickstoff enthalten sei als in den Getreidearten, den Ausgangspunkt. Während die Engländer den Leguminosen eine zusätzliche Kraft zusprachen und im Falle des Weizens annahmen, der Stickstoffgehalt des Bodens reiche nicht für eine volle Ernte aus, stellt Liebig in Rekurs auf diverse Feldversuche fest, daß der Boden durchaus ausreichend Ammoniak enthalte, welches aus der Luft stamme und durch das Regenwasser in die Erde gelange und dort von den Pflanzen absorbiert werde. Und da deshalb der dem Boden durch die Ernte entzogene Stickstoff stets durch den atmosphärischen Stickstoff ausgeglichen werden könne, könne die Unfruchtbarkeit von Feldern nicht am Mangel an Stickstoff liegen, denn dieser stamme aus einer Quelle, »welche immer und ewig fließt und welche unerschöpflich ist« (Liebig 1858, 9). Der Unterschied zwischen Getreide und Leguminosen müsse also einen anderen Grund haben, den Liebig in der Bodenbeschaffenheit findet: »Ein Morgen Kleefeld liefert drei=, viermal mehr Klehheu als ein Morgen eines anderen Kleefeldes.« (Liebig 1858, 16f.) Daß Liebig mit seinen Annahmen zum Stickstoff jedoch falsch lag, zeigten nicht nur weitere Feldversuche, sondern auch das Scheitern des von ihm entwickelten Kunstdüngers – dem sogenannten »Patentdünger«. Ausgehend von der »Erfahrung«, daß auf vielen Feldern der »Ertrag an kohlenstoff- und stickstoffreicher Substanz zu einer außerordentlichen Höhe gebracht werden kann, ohne daß man kohlenstoff- und stickstoffhaltige Düngemittel zuführte« (Liebig 1846, 23f.), kam Liebig zu dem Schluß, man brauche »vom Ammoniak nur die Hälfte oder gar nichts aufzuwenden«. So wollte er die hohen Kosten des Kunstdüngers senken, doch sein »Patentdünger« war ein Fiasko.

Die Bedeutung der Behauptung, der Stickstoff stamme aus einer unerschöpflichen Quelle, liegt aber ohnehin an anderer Stelle begründet. Wie Liebig ausführt, seien die Landwirte und Chemiker vor ihm alle davon ausgegangen, daß das pflanzliche und animalische Leben von dem »Kreislauf von organischem, ehemals belebtem Stoff« abhinge. Daraus würde jedoch folgen, daß die Produktion der Landwirtschaft über eine bestimmte Grenze hinaus nicht möglich wäre und »eine Zunahme der Population nicht mehr denkbar« (Liebig 1858, 14). Liebigs Chemie der Landwirtschaft führte dagegen zu einer anderen Ansicht, nämlich: »Die Zunahme des organischen Lebens ist unbegrenzt. Alle Nahrungsstoffe der Pflanzen sind unorganische Substanzen.« (Liebig 1858, 14) Indem er die Fragen nach der Pflanzenernährung sowie dem Zusammenhang zwischen organischer und unorganischer Natur klärte, hat Liebig nicht nur für die sich später ausbildende Ökologie zentrale Theoreme geschaffen (vereinfacht gesagt: unorganische Materie ist Nahrungsmittel der Pflanzen, diese werden von Tieren gefressen, deren Bestandteile durch Fäulnis und Verwesung wieder freigesetzt werden, um den Pflanzen als Nahrung zu dienen), sondern vor allem hat er die Vision entworfen, daß mit dem wissenschaftlichen Fortschritt der Vermehrung des Menschen keine Grenzen mehr gesetzt sind.

Die Befunde zum Stickstoffgehalt von Leguminosen und Getreidearten eröffneten somit weiten Raum für Spekulationen, Theoriebildungen und Lagerkämpfe. Dies änderte sich erst mit der Klärung der Mechanismen der Aufnahme von Stickstoff durch Hermann Hellriegels (1831-1895) und Hermann Wilfarths (1853-1904) Abhandlung *Untersuchungen über die Stickstoffnahrung der Gramineen und Leguminosen* (1888). Auch hier war die Besonderheit der Leguminosen, die im Gegensatz zu Getreidearten auf stickstoff-freiem Boden wuchsen, der Ausgangspunkt. Die beiden beobachteten jedoch auch, daß sich Erbsen bzw. Klee bei jeweils gleicher Bodenbeschaffenheit einmal prächtig entwickelten, ein andermal aber nicht. Da sich auch kein Zusammenhang zu anderen Versuchsbedingungen herstellen ließ, fragten die beiden, ob nicht Mikroben für die unterschiedlichen Ergebnisse die Ursache waren. Ausgehend von dieser Vermutung führten sie eine Reihe von Versuchen durch, bei denen die Pflanzen (u. a. Gerste, Hafer und Erbsen) in Gefäße mit feinem Quarzsand eingesetzt wurden. In diesen variierten sie die Nährstoffmischung jeweils so, daß die Ursachen der Unterschiede im Wachstum schnell feststellbar waren. Es zeigte sich, daß das Wachstum von Gerste und Hafer abhängig war von der dem Boden beigemengten Menge Nitrat, als Quellen der Stickstoffaufnahme kamen also allein Samen, Boden und zugesetzte Nitrate in Frage. Das Wachstum der Erbsen dagegen stand in keinerlei Verhältnis zu der dem Boden beigefügten Menge an Stickstoff, und, da in den Ernteprodukten häufig mehr Stickstoff zu finden war als in den gegebenen Nitraten, Samen und Boden zusammen, mußte es eine weitere, noch unbekannte Quelle geben. Endgültig widerlegt war damit jedoch Liebigs These, nach der das unterschiedliche Wachstum auf verschiedenen Ackerflächen nur von der Bodenbeschaffenheit abhängen könne, da der Stickstoff ja im Überfluß vorhanden sei.

Hellriegel und Wilfarth kamen schließlich nach Diskussion der verfügbaren theoretischen Angebote zur Spezifität der Leguminosen und weiteren Interpretationen ihrer Ergebnisse zu der Arbeitshypothese, alleine die Hülsenfrüchtler könnten eine Symbiose mit stickstoffbindenden Mikroorganismen eingehen. Aufgrund dieser Hypothese konzipierten die beiden eine Reihe weiterer Versuche, um nachzuweisen, daß zwischen der Stickstoffaufnahme der Leguminosen und der Gegenwart lebensfähiger Mikroorganismen ein ursächlicher Zusammenhang bestehe. Klärend war hier die zweite Versuchsreihe, in der sie feststellten, daß bestimmte Leguminosen durch die Zugabe sterilen Wassers nicht besser gediehen als Gramineen, bei Zugabe eines Bodenaufgusses jedoch die Fähigkeit an den Tag legten, auch ohne Zufuhr von Nitraten üppig zu wachsen: Sie vermochten also »ihren vollen Stickstoffbedarf aus einer Quelle zu decken, welche den Gramineen offenbar durchaus unzugänglich ist« (Hellriegel/Wilfarth 1888, 152).

Ohne Bakterien beobachtet zu haben oder zu wissen, wie diese atmosphärischen Stickstoff binden, meinten die beiden Forscher, einen ursächlichen Zusammenhang behaupten zu können. Deutlich wird damit, daß auch die Naturwissenschaften nicht ohne Interpretationen und Fiktionen auskommen, war doch die Idee, es könnte eine Symbiose zwischen Pflanze und Mikroben geben, zuerst einmal nichts als aus den Versuchsdaten abgeleitete Spekulation. Schließlich halfen Beobachtungen hier nicht weiter, zwar kannte man die Knöllchen an den Wurzeln der Leguminosen, doch was sich in den Knöllchen befand und welche Funktion sie hatten, blieb ungeklärt. So nahm etwa Brunchorst an, die mikroskopischen Partikel darin seien organisierte Eiweißkörper, auf keinen Fall aber Bakterien (vgl. Hellriegel/Wilfarth 1888, 82). Die Arbeit von Hellriegel und Wilfarth folgt regelrecht dem Aufbau eines Detektivromans: Gesucht ist seit Boussingaults Experimenten die Klärung der Besonderheit der Leguminosen, woraus die Formulierung einer ersten spekulativen Annahme folgt (die Rolle von Mikroben für die Fähigkeit, Stickstoff zu binden), welche experimentelle Reihen nötig macht, die (stets auch in Diskussion mit anderen Theorien) zu neuen Annahmen führen, die wieder neue Experimente erfordern. Damit wird Wissenschaft zwar nicht zur Literatur, sehr wohl aber zeigt sich, daß der wissenschaftliche Prozeß nicht ohne deren narrative Strategien auskommt, ob für das In-Gang-Bringen von Experimenten selbst oder für deren Darstellung, die auf die Überzeugung der Leser zielt, welche den Autoren in der Lösung des Rätsels nachfolgen sollen.

Mit Hellriegel/Wilfarth sowie der weiteren Aufklärung der Beziehung zwischen stickstoffbindenden Mikroben und den Wurzelknöllchen durch Martinus Beijerinck (1888) und dem von Sergej Nikolajewitsch Winogradski (1893) erbrachten Nachweis, daß die Nitrifikation der Bodenbakterien die Quelle des Nitrats sei (vgl. Höxtermann 2000, 518), war schließlich das Problem der biologischen Stickstoff-Fixierung bei Leguminosen gelöst. Außerdem hatten die Gründüngung sowie der Fruchtwechsel ein sicheres wissenschaftliches Fundament, ließ sich doch der Stickstoffgehalt im Boden durch den Anbau von Leguminosen nachweislich verbessern. Das von Malthus aufgeworfene Problem der Steigerung der Erträge war damit jedoch noch nicht gelöst, denn Stickstoffdünger blieb notwendig und mußte teuer importiert werden. So war das Folgeproblem praktischer Art, gesucht war nun die großindustriell einsetzbare chemische Synthese von Stickstoffverbindungen. Chemiker der BASF rechneten vor, Deutschland könne von einem Land, das Getreide in großem Maß importiere, zu einem Exportland werden, wenn es seine Stickstoffdüngung verdoppele. Auch würde ein künstliches Verfahren der Herstellung von Stickstoffdünger dazu führen, von der Einfuhr von Salpeter, insbesondere aus Chile unabhängig zu werden (Chile verfügte nach dem sogenannten Salpeterkrieg gegen Bolivien und Peru (1879-1884) über die Vorkommen der Atacama-Region, vgl. Szöllösi-Janze 1998, 156). Die Diagnose von Malthus erlebte damit in neuer Gestalt ihre Auferstehung, so hielt der Chemiker William Crookes (1832-1919) als Präsident der *British Association for the Advancement of Science* im Jahr 1898 eine »Presidental Address« mit dem Titel »The Wheat Problem«. Darin führte er aus, »England and all civilised nations stand in deadly peril of not having enough to eat«, Rettung aber komme von der Chemie: »It is the chemist who must come to the rescue of the threatened communities.« (Zit. nach Szöllösi-Janze 1998, 157) In Deutschland kam es in Folge solcher Prognosen zu einer groß angelegten Kooperation von Wirtschaft und Wissenschaft, mit der Aufgabe, eine Technik zur Fixierung von atmosphärischem Stickstoff zu entwickeln, was durch das sogenannte Haber-Bosch-Verfahren gelingen sollte. Damit übernahmen Technik und Industrie die von Malthus vorgegebene Aufgabe, der wachsenden Weltbevölkerung die Ernährungsgrundlage zu sichern. Während sich im Falle des Stickstoffs die chemische Industrie im Anschluß an die Agrikulturchemie entfalten konnte, steht heute, nicht zuletzt nachdem die Möglichkeiten der Steigerung von Erträgen durch die technische Herstellung des Düngers weitgehend ausgereizt sind, die Molekularbiologie im Zentrum des Interesses. Die Zukunft liegt in der gentechnischen Veränderung der Pflanzen. So führt der Biologe Hubert Markl aus:

> Es müßte einer schon überhaupt nicht sehen wollen, mit welchem ungeheuren und ökologisch gefährlichen Aufwand an Energie, an Mineraldünger, an Herbiziden und Pestiziden der augenblickliche Weltproduktionsstandard der Landwirtschaft erkauft wird, auf den eine 5-, 6-, 8- oder gar 10-Milliardenmenschheit auch künftig angewiesen ist, wenn er die Chancen zur gentechnischen Fortentwicklung von produktiven Nahrungslieferanten von vornherein und grundsätzlich ablehnen und selbst jeden Versuch, sie zu finden, unterbinden wollte, aus lauter Angst, daß dabei unerwünschte Entwicklungen auftreten könnten, die zwar gewiß nie auszuschließen sind, aber die es eben aus genauer Kenntnis der Ergebnisse begrenzter Versuche und in sorgfältiger Überwachung zu verhindern gilt. (Markl 1988, 33)

Gemäß den Vorgaben der Wissenschaft, so ist hier zu folgern, hat »die Menschheit« zwischen zwei Optionen zu wählen: Zwischen dem wissenschaftlichen Fortschritt, dessen Risiken in Kauf zu nehmen seien, oder der globalen Hungerkatastrophe. Damit erweist sich, seit Malthus die unterschiedlichen Wachstumsraten von Bevölkerung und landwirtschaftlicher Produktion festgestellt hatte, die Utopie als konstitutiver Fluchtpunkt eines Dispositivs, in dem sich politische, wissenschaftliche, ökonomische und industrielle Interessen, Theorien und Institutionen verschränken und dessen Ziel die gewinnbringende Steigerung der Nahrungsproduktion ist. Während in diesem Dispositiv der wissenschaftliche Fortschritt und dessen Finanzierung durch Voraussagen wie denen Markls legitimiert werden soll, stellt das Genre der Science-fiction, ob in Literatur oder Film, die Kehrseite dieses »Fortschritts« heraus. Wie ambivalent dieser ist, zeigt sich im düsteren Szenario von Richard Fleischers Science-fiction-Film *Soylent Green* (1973), in dem im Jahre 2022 den anders nicht mehr zu ernährenden Menschenmassen das Fleisch verstorbener und verarbeiteter Menschen (getarnt als Plankton) verabreicht wird, womit sich ein Kreislauf mit positiver Rückkopplung schließt: Je mehr die Menschheit wächst, desto größer werden ihre Nahrungsressourcen.

B. B.

Mandragora

> Es gehörte Scharfblick und Unterricht dazu, sie zu erkennen. Das rauhe Kraut mit den eiförmigen Blättern erhob sich nur wenig über den Boden, unscheinbar für das nicht belehrte Auge. An den Beerenfrüchten aber, den Dudaim eben, dunkel und von der Größe der Haselnüsse, erkannte Ruben, zog einen Kreis und grub ringsherum, bis der Wurzelstock nur noch an dünnen Fasern hing. Dann sprach er zwei schützende Worte und löste mit raschem Ruck die Rübe vom Erdreich. Er hatte erwartet, daß sie schreien würde, was aber nicht geschah. Dennoch war es ein rechtes und wohlschaffendes Zaubermännchen, das er am Schopfe hielt: fleischigweiß, mit zwei Beinen, kinderhandgroß, bärtig und überall zäsig behaart, – ein Kobold zum Wundern und Lachen. Der Knabe kannte seine Eigenschaften. Sie waren zahlreich und nützlich; besonders aber, so wußte es Ruben, kamen sie den Weibern zugute.
>
> *Mann 1964, 242f.*

Der Bezug zwischen Pflanze und Mensch ist wohl bei kaum einer Pflanze so evident wie im Falle der Mandragora, ist doch die menschenähnliche Gestalt ihrer Wurzel ein Gleichnis für den Menschen selbst: »Die Alraune ist warm und etwas wässerig, und ist von jener Erde verbreitet worden, aus der Adam geschaffen wurde, sie ähnelt etwas dem Menschen.« (Hildegard von Bingen 2005, 73) Hildegard von Bingen stellt die Alraune von vornherein in den Kontext der biblischen Schöpfungsgeschichte. Wenn sie dabei teuflische Einflüsse konstatiert, erscheint die Wurzel als ein den alten Götzenbildern gleichendes Trugbild, das die Menschen vom rechten Weg abbringt. Die anthropomorphe Beschreibung macht diese zum einen hinsichtlich ihrer Erschaffung wie ihrer Gestalt dem Menschen ähnlich, zum anderen bleibt sie aber ein nicht-menschlicher Bestandteil einer Pflanze.

In diesem durch täuschende Nachahmung hergestellten Zwischenraum spielt sich die Geschichte der Alraune ab: Ihre

Abb. 1: Männliche und weibliche Alraune nach Ortus Sanitatis Bd. 1.

Ähnlichkeit mit dem Menschen macht sie für die Medizin zu einem Heilmittel, für den Aberglauben zu einem geldbringenden Zauberwesen. Zugleich ist die *täuschende* Nachahmung immer auch moralisch konnotiert, daher ist die Alraune in letzter Konsequenz eine Figur der Moral, die Transgressionen gültiger Normen verkörpert.

Entscheidend im Umgang mit Alraunen ist die Kenntnis ihrer Entstehung und das Einhalten gewisser Regeln, wie es etwa der Verfasser des *Simplicissimus Teutsch*, Hans Jacob Christoffel von Grimmelshausen (1622-1676), in seiner Schrift *Galgen-Maennlin* (1684) dargestellt hat: Wenn ein Dieb gehenkt werde, dem das Stehlen angeboren sei, und der das »Wasser« laufen lasse, so wachse unter dem Galgen ein Galgenmännlein, auch Alraun genannt. Dieses müsse begleitet von bestimmten Zeremonien, auch unter Aufopferung eines Hundes, der anstelle des Grabenden sterbe, ausgegraben werden. Danach müsse es in rotem Wein gewaschen und in ein seidenes Tuch gewickelt werden. Ein solches Galgenmännlein bringe, bei regelmäßiger und guter Pflege, Geld und Glück ins Haus. Beim Tod des Besitzers erbe dann der jüngste Sohn. Grimmelshausen rekurriert auf

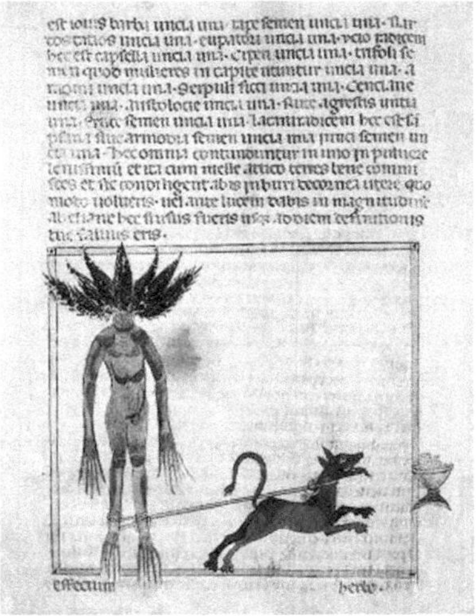

Abb. 2: Alraune mit Hund nach Pseudo-Apuleius 1250.

unterschiedliche Überlieferungen, eine der wichtigsten ist die Darstellung des jüdischen Geschichtsschreibers Flavius Josephus. In seiner *Geschichte des Jüdischen Krieges* (75-79 n. d. Z.) führt er aus, daß in dem Tal Baara eine Wurzel gleichen Namens wachse, welche eine flammrote Farbe habe und zur Abendzeit Strahlen von sich schieße. Sie zu bekommen sei schwierig, denn wenn man sich ihr nähere, bewege sie sich fort und bleibe erst stehen, wenn man sie mit Urin oder dem monatlichen Blut einer Frau begieße. Da nun jede Berührung mit ihr zum Tod führe, müsse man folgendermaßen vorgehen:

Nachdem man sie ringsum durch Graben dergestalt gelockert hat, daß nur noch ein kleiner Teil der Wurzel in der Erde steckt, bindet man einen Hund daran. Wenn nun das Tier dem, der es angebunden, schnell zu folgen strebt, wird sie leicht vollends herausgezogen. Der Hund aber stirbt auf der Stelle, gleichsam als stellvertretendes Opfer für den, der das Gewächs nehmen wollte. (Josephus 1968, VII, Kap. 6, 640f.)

Nahezu jede Geschichte über die Alraunen geht auf das Problem des Ausgrabens ein. Auch das Motiv des treuen Hundes, der sich für den Menschen aufopfert (→ HUND), ist fester Bestandteil der Überlieferung (vgl. zur Kulturgeschichte der Alraune u. a. Thompson 1934, Starck 1987, Hambel 2003).

Grimmelshausens *Galgen-Maennlin* wiederholt allerdings nicht die phantastischen Erzählungen, ihm geht es um die Analyse des zu seiner Zeit weitverbreiteten Alraunenglaubens und dessen Unvereinbarkeit mit der christlichen Lehre: Denn über die Alraune vergäßen die Leute Gott und ihrer Seelen Heil, dafür rennen sie »dem leidigen Satan in sein Rachen« (Grimmelshausen 1997, 737).

Doch nicht nur im alltäglichen Aberglauben hatte die Alraune ihren festen Ort, sondern ebenso in der Arzneikunde. Das zentrale Werk hierfür ist die Abhandlung *De materia medica* des Dioskorides, der im 1. Jahrhundert lebte. Diese Schrift ist eine der wichtigsten botanisch-pharmazeutischen Abhandlungen der Antike, von Galen hinsichtlich der Menge des Materials gelobt und über arabisch-islamische Gelehrte bis in die europäische Renaissance rezipiert (vgl. Riddle 1971). Dioskorides erläutert darin, wie aus der Wurzel durch verschiedene Verfahren Saft gewonnen werde. Dieser werde eingesetzt bei Schlaflosigkeit und starkem Schmerzgefühl, ebenso als Narkotikum bei Operationen, als Mittel gegen Entzündungen an den Augen und Geschwüre, sie treibe aber auch die Menstruation an und den Embryo aus (vgl. Dioskorides 1902, IV, Cap. 76, 408-410). Ein weiterer Aspekt der Mandragora ist ihr Einsatz als Aphrodisiakum, was Dioskorides wie auch Theophrast in *De historia plantarum* (1916, 261; ix, 9) erwähnen. Letzterer geht ebenfalls auf die Gefahren beim Ausgraben der Pflanze ein: Seiner Meinung nach müsse man nach Westen zugewandt graben, dabei um die Pflanze tanzen und möglichst viele Dinge über die Geheimnisse der Liebe sprechen (vgl. Theophrast 1916, 259; ix, 8). Allerdings meinte Theophrast wohl gar nicht die Mandragora, sondern *Solanum somniferum*, d. i. gewöhnlicher Nachtschatten. Nichtsdestotrotz finden sich seine Beschreibungen in der Rezeptionsgeschichte der Alraune wieder (vgl. Starck 1987, 13). Ob die Mandragora auch in der Bibel im

Sinne eines Liebesmittels auftritt, ist dagegen umstritten. In der Genesis (30, 14-16) wird erzählt, wie Ruben דודאים (»dudaim«, in der Vulgata: »mandragoras«) gefunden und seiner Mutter Lea gebracht habe. Lea habe diese an Rachel »verkauft«, als Gegenleistung sollte Jakob in derselben Nacht bei ihr schlafen. Lea wurde daraufhin schwanger, obgleich sie aufgehört hatte zu gebären, später wurde auch die angeblich unfruchtbare Rachel schwanger. Und auch im siebten Abschnitt des Hohenlieds ist die Rede von »dudaim« bzw. »mandragoras« (Hoh 7, 14). Interessant sind auch die unterschiedlichen Übersetzungen der entsprechenden Passagen: Martin Luther (1545) übersetzte die Genesis-Stelle nicht und schrieb »Dudaim«, beim Hohenlied dagegen übersetzte er mit »Lilien«! Die Elberfelder Bibel (1992) gibt hier »Liebesäpfel« an, in der Genesis ist ebenfalls von »Dudaim« die Rede. Leopold Zunz (1997) übersetzte dagegen beide Male mit »Alraune«.

Die botanischen Schriften des Mittelalters verdanken ihre Kenntnisse der Mandragora und ihrer Wirkung vor allem der Rezeption der antiken Quellen, vermittelt durch arabische Mediziner wie Avicenna oder Ibn al-Baithar (vgl. Starck 1987, 20 u. 29). So knüpft etwa Konrad von Megenberg in seinem *Buch der Natur* (1347-1350/1962, 406f.) an diese Überlieferung an, wenn er schreibt, die Mandragora gleiche, wie Avicenna sage, dem Menschen. Seine Bezeichnung der Wurzel als *labro* läßt sich außerdem nach Starck (1987, 31) als Abwandlung des persischen Namens *abrou* verstehen. Auch in den botanischen Schriften des Mittelalters wird die menschenähnliche Form der Alraune immer wieder hervorgehoben, so leitet Albertus Magnus (um 1200-1280) daraus deren Namen ab: »Mandragora vocatur, quod sonat hominis imago.« (Starck 1987, 31) Auch die Kräuterbuchautoren Otto Brunfels (1488-1534), Hieronymus Bock (1498-1554) und Leonhart Fuchs (1501-1566) kennen die botanischen und medizinischen Eigenschaften der Alraune. Darüber hinaus attackieren sie wie auch Grimmelshausen den Aberglauben, der sich um die Pflanze rankt. Ein besonderes Ärgernis sind ihnen die Betrüger, die etwa auf den Jahrmärkten gefälschte Alraunen verkaufen. So heißt es bei Fuchs: »Die Landstreicher, oder das ich sie recht nenne, die

Landbescheisser, tragen wurtzel hin und wider feyl, die seynd nit also von sich selbs gewachsen, sonder ausz den rhorwirtzeln vorhin also geschnitten, das sie eine menschliche gestalt überkommen, dieselbigen setzens darnach widerumb in, so werden solche wurtzeln darausz, mit har, bart und anderen dingen einem menschen ähnlich.« (Zit. nach Starck 1987, 35) Genau dies ist das Thema der Komödie *Mandragola* (um 1520) von Niccolò Machiavelli (1469-1527), in der einem dümmlichen Ehemann vorgegaukelt wird, nur durch einen Trank aus der Mandragola könne seine Frau schwanger werden. Da jedoch der erste, der bei ihr schlafe, binnen acht Tagen sterben müsse, bräuchte es statt eines Hundes einen Ersatzbeischläfer, der niemand anderer als der Betrüger selbst ist.

Der Anthropomorphismus der Alraune konstituiert sie als eine Figur der Grenze, der zwischen heilenden und schädlichen Wirkungen, guten und bösen Handlungen, wissenschaftlicher Objektivität und Aberglauben, Heilkunst und Scharlatanerie wie schließlich zwischen Pflanze und Mensch: Wie die Mandragora dem Menschen ähnelt, so ähnelt der Ur-Mensch im Hinblick auf seine Erschaffung der Pflanze. Während die Alraune im Mittelalter und in der Frühen Neuzeit noch entweder als Heilmittel *oder* Zauberwesen behandelt wurde, wird man in der Romantik genau den grenzüberschreitenden Charakter der Alraune herausarbeiten: Die Alraune wird zur poetischen Figur.

In Achim von Arnims (1781-1831) Erzählung *Isabella von Ägypten, Kaiser Karl des Fünften erste Jugendliebe* (1812) holt sich eine junge Zigeunerin, Bella, ein »unschuldiges« und »reines« Mädchen, nach der Lektüre diverser Zauberbücher einen Alraun und opfert dabei gerne den ihr verhaßten Hund ihres gehenkten Vaters. Bei Arnim sind es nun nicht Urin oder Samen eines von Natur aus bösen Verbrechers, welche die Alraune wachsen lassen, sondern im Gegenteil: Sie wächst dort, wo ein unschuldig Erhenkter, hier der Vater des Mädchens, seine Tränen hat fallen lassen. Die Belebung dieses Wesens durch das Mädchen erfolgt als Nachahmung des göttlichen Schöpfungsaktes: Sie nahm dem toten Hund ein »menschenähnliches Wesen« ab, dessen »edlen Sinne« noch nicht herausgetreten waren, »ähnlich einer Schmetterlingslarve« (Arnim 1991, 52). Sie liebt dieses Wesen nicht nur wie ihr eigenes Kind, vielmehr erzeugt sie mit Hilfe von Hirse, Wacholderkörnern und Hagebutte aus der »gegliederten und beweglichen Rübe« ein Wesen mit Gliedmaßen, Augen und Mund. Mit anderen Worten: Sie unternahm es, »ein Wesen zu schaffen, das wie der Mensch seinen Schöpfer bis an sein Ende sie betrüben sollte« (Arnim 1991, 54). Mit der Zauberei gibt sie sich nicht nur dem Weltlichen, der Geldgier und der Lust hin, sie überschreitet die Grenzen des Menschlichen, indem sie wie Gott ein neues Wesen schafft, und zwar, bezieht man den Subtext der Alraunen-Geschichte mit ein, woraus sich die Identität von Tränen und Samen ergibt, mit ihrem eigenen Vater. Von Interesse ist hier die Verschiebung innerhalb des Komplexes der Alraune. Denn nicht allein um die Verfehlungen und Versuchungen des Mädchens hinsichtlich ihrer durch die ausgegrabene Alraune gesteuerten Handlungen geht es, sondern auch um den Akt der Erschaffung des Wesens selbst, der eine Überschreitung geltender Normen darstellt (Gleichstellung mit Gott, Zauberei, Inzest). Erweitert wird diese Thematik durch den Bärenhäuter, den Arnim wiederauferstehen läßt. Diese Gestalt entstammt einer Erzählung Grimmelshausens (1670), in der ein Landsknecht einen Pakt mit einem Geist schließt, gemäß dem er sieben Jahre in einer Bärenhaut leben soll. Während dieser Zeit dürfe er weder die Nägel noch die Haare schneiden, weder die Nase schneuzen noch den Hintern wischen (vgl. Grimmelshausen 1997). Außerdem führt Arnim ein Golem-Mädchen ein, das das Ebenbild des Mädchens ist. Daraus entsteht folgende Gesellschaft: »eine alte Hexe, ein Toter, der sich lebendig stellen mußte, eine Schöne aus Tonerde und ein junger Mann aus einer Wurzel geschnitten, saßen in feierlicher Eintracht« (Arnim 1991, 103). Arnim zielt im Sinne romantischer Naturphilosophie auf das Ganze der Natur, verhandelt jedoch mit den diversen Transgressionen, die den Verlauf und die Verwicklungen der Erzählung konstituieren, die Grenzen zwischen Tod und Leben, Pflanze und Mensch wie zwischen moralisch legitimem und illegitimem Verhalten. Letztlich geht es dabei um den Grenzen überschreitenden Menschen selbst, um das Zigeunermädchen, das den Alraun schafft und das, um ihn zu nähren, eine Katze tötet, um die Instrumentalisierung eines Untoten (Bärenhäuter) sowie die Erschaffung eines weiblichen Golems. Letzterer wird dabei gemäß Arnims antisemitischer Haltung als Ergebnis der Verkommenheit eines »gelehrten Juden aus Polen« (Arnim 1991, 100) ausgewiesen.

Die unterschiedlich erzeugten Wesen sowie die Doppelgängerin bringen ein komplexes komödiantisches Verwechslungsspiel in Gang, bei dem die Originale nicht immer von den Kopien, das Wahre nicht immer vom Falschen zu unterscheiden sind. Die zahlreichen Verwirrungen dienen letztlich jedoch zwei ganz anderen Geburten, nämlich derjenigen des Königs Karl V. sowie Isabellas von Ägypten, die dessen ideales Gegenbild darstellt. Bella nämlich kann sich von dem Alraun befreien, auch verläßt sie Karl, da dessen »fürstlicher Sinn nicht heilig und ewiglich« sei (Arnim 1991, 145). Sie kehrt zu ihrem Volk zurück, vereinigt es und wird zu Isabella von Ägypten. Dagegen verbleibt Karl allein mit dem geldbringenden Alraun. Karls Unfähigkeit, die Grenzen wiederherzustellen, zwischen wahrer Liebe und Sinnlichkeit (er verbringt eine Nacht mit dem Golem-Mädchen), Recht und Unrecht, Mensch und Nicht-Mensch, gerechter Regierung und Machtpolitik zu unterscheiden, erweist sich in letzter Konsequenz als Begründung des deutschen Sonderweges, welchen Arnim damit in den Blick nimmt:

> [W]ir aber, deren Voreltern durch sein [Karls, Anm. B. B.] politisches Glaubenswesen, so viel erlitten, die vom Alraun schnöder Geldlust fort und fort gereizt und gequält worden, und endlich selbst noch an der Trennung Deutschlands untergingen, welche er aus Mangel frommer Einheit und Begeisterung, indem er sie hindern wollte, hervorbrachte, wir fühlen uns durch das erzählte Mißgeschick seiner ersten Liebe, durch diese Reue mit seiner Natur versöhnt, und sehen ein, daß nur ein Heiliger auf dem Throne jene Zeit hätte bestehen können. (Arnim 1991, 149)

Hier wird die Motivation der Erzählung genannt: Wenn Grenzen nicht gezogen und die daraus folgenden Unterscheidungen nicht eingehalten werden, kann auch keine Einheit entstehen. Umgekehrt konstituiert die Abkehr Bellas von dem Alraun, von Sinnlichkeit, Geld- und Machtgier die wahre, vollkommene Herrscherin. Indem die Figur des Alrauns, der zum Leben erweckten menschenähnlichen Rübe, die Grenzverletzungen verkörpert, wird sie zur Allegorie der Entstehung eines gespaltenen Deutschlands.

Wie der Alraun bei Arnim eine narratologische (Vermischung der Gattungen, von Historischem und Phantastischem, unterschiedlicher Traditionen usw.) *und* eine politische Figur darstellt, so auch in Guillermo del Toros Film *Pans Labyrinth* (2006), in dem phantastische und reale Welt parallel geführt werden und sich ineinander verwickeln. Protagonistin ist das Mädchen Ofelia, die zum einen mit ihrer schwangeren Mutter zu ihrem Stiefvater kommt, einem sadistischen Faschisten, zum anderen von einem Pan erfährt, daß sie die verlorengegangene Tochter eines Königs sei, die aber, um ihre Herkunft zu beweisen, Aufgaben erfüllen müsse. Als die Mutter krank ist, hilft ihr der Pan mit einem Alraun, den Ofelia mit ihrem Blut nährt. Als sie jedoch im Laufe der Erfüllung einer Aufgabe ein kinderfressendes Monster erweckt, stirbt als Folge ihres Fehlers (der Alraun wird entdeckt und von der Mutter verbrannt) die Mutter bei der Geburt des überlebenden Sohnes/Bruders. Zugleich erfolgt parallel zur Monsterszene die Folterung eines Partisans durch den spanischen Faschisten. Auch hier wird der Alraun zur Allegorie der Auflösung der Grenzen, nämlich derjenigen zwischen phantastischer und realer Welt, Menschlichkeit und Unmenschlichkeit. Anders als bei Arnim jedoch, und hier zeigt sich denn auch die Flexibilität des Grundschemas, muß der durch Ofelia verkörperte Grenzverkehr möglich bleiben, nämlich als Ausweg aus der Diktatur.

Wenn zu Beginn des 20. Jahrhunderts die naturwissenschaftlichen Momente der Alraunengeschichte in den Vordergrund rücken, wird damit eine andere Grenzüberschreitung thematisiert, nämlich die der Naturwissenschaft selbst. Deutlich wird dies in Hanns Heinz Ewers' (1871-1943) dreifach verfilmtem Roman *Alraune. Die Geschichte eines lebenden Wesens* von 1911, der das Märchen von der Alraune auf die wissenschaftliche Höhe seiner Zeit bringt. Protagonist ist der Geheimrat ten Brinken, Professor der Medizin, der mit antisemitischen Topoi dargestellt und durch seine Neigungen jungen Mädchen und

Knaben gegenüber charakterisiert wird. Gekoppelt ist diese Vorliebe mit seinem Interesse an Experimenten, bei denen er Übertragungen von Keimzellen und künstliche Befruchtungen durchführt. So erzählt er der Fürstin, die später sein Finanzier werden wird, daß er ein »Fröschlein« habe mit zwei Kopfenden und ein anderes mit vierzehn Augen auf dem Rücken, daß er aus einer Kaulquappe Keimzellen ausschneide und auf ein anderes Individuum übertrage (vgl. Ewers 1911, 46). Ewers zitiert damit die Experimente, mit denen der Entwicklungsphysiologe Hans Spemann berühmt werden sollte (→ MOLCH). Ten Brinken unternimmt aber auch mit Affen solche Versuche, er habe »zwei junge Meerkatzen, deren jungfräuliche Mutter, die sie nun säugte, nie einen männlichen Affen sah« (Ewers 1911). Als man sich nun im schönsten Gesellschaftsgespräch befindet, fällt von der Wand eine Figur herunter, die sich als Alraune herausstellt. Deren Geschichte liefert wiederum den Anlaß dafür, daß der Neffe seinen Onkel dazu überredet, ein menschliches Wesen zu schaffen:

> Das ist das, was dir fehlt. Das ist besser, wie dumme Witze machen mit Fröschen und Affen und kleinen Kindern. Greif zu, Ohm Jakob, geh den neuen Weg, den keiner vor dir ging! [...] Schaff ein Alraunwesen: eines, das lebt, eines, das Fleisch hat und Blut! – Du kannst es, Onkel, du allein und sonst kein Mensch auf der Welt! (Ewers 1911, 54)

Wenn der Mediziner die »alte Sage zur Wahrheit« macht (Ewers 1911, 64), so ist die Schaffung des Alrauns eine Überschreitung der Grenzen und Standards von Wissenschaft und Moral, letztlich wiederum eine Versuchung Gottes. Die wissenschaftliche Deutung des Märchens lautet denn: Der »Vater« muß nicht am Galgen gestorben sein, es reicht, daß sein kriminelles Schicksal von Geburt an feststand. Ten Brinken findet einen solchen in einem Bergarbeiter, der ein junges Mädchen vergewaltigt, beraubt und zerstückelt hatte und sich bereit erklärte, vor der Hinrichtung seinen Samen zur Verfügung zu stellen. Die Erde wiederum sei ja, wie der Neffe den Oheim belehrt, nichts anderes als Fruchtbarkeit, »das Weib, sie nährt den Samen, der ihrem Schoß anvertraut wurde«, läßt ihn »keimen, wachsen, blühen und Früchte tragen«. Sie sei aber auch die

»ewige Metze, sie ist allen dienstbar«, eine »feile Dirne für unendliche Milliarden«, keinem versage sie den »geilen Leib«, weshalb der Professor nur eine Dirne nehmen müsse, eine, die »schon Buhlerin war, als sie gehen lernte« (Ewers 1911, 65). Soweit die Experimentalanordnung, es folgt die künstliche Befruchtung der »Dirne«, die bei der Geburt des Kindes stirbt. »Alraune«, so der Name des Kindes, wächst heran und wird zu einem wahren Monster. Ganz in der Tradition der Mandragora-Geschichten begeht sie nicht selbst »sündhafte« Handlungen, sondern verführt andere dazu. Im Kloster, in dem sie erzogen wurde, quälen Kinder auf ihre Initiative hin Tiere, später dann Menschen, bis hin zu Selbstverstümmelungen und Selbstmord. Vor allem aber wird sie zur Inkarnation der bösen, verführenden Frau, die die Männer, die ihr verfallen, in den Tod treibt. Dies wird in den Verfilmungen noch verstärkt. Wie Georg Seeßlen (1980, 95) ausführt, ist in diesen »die Geschichte zu einer Denunziation aggressiver weiblicher Erotik geworden und hatte darüber den phantastischen Ausgangspunkt der Handlung vergessen«. Dies läßt sich auch für die Comic-Rezeption feststellen, die Themen und Motive der Filme übernahm (vgl. Rätsch 1987). Insbesondere gilt dies für die pornographische Rezeption der Geschichte, wie etwa die achtbändige Comic-Reihe *Alraune* von Toni Greis und Roby zeigt (2001-2005), in der die Protagonistin mit Namen Dinah von einer unersättlichen Gier nach Sex angetrieben wird. Die Geschichte besteht aus einer Reihe von Grenzverletzungen, das Übertreten eines Berührungsverbots führt überhaupt zur Verfluchung Dinahs, in der Folge hat sie Sex mit u. a. einem Lehrer, einem Arzt, ihrem Vater und gar Satan selbst.

In Ewers' Roman wird darüber hinaus die Tradition des Alrauns mit der des *mad scientist* verknüpft. (→ Desmodium Mucoroides, → Poison Ivy) Denn ten Brinken steht in einer langen Tradition von Wissenschaftlern, die versuchen, Leben künstlich zu erschaffen. Prominente Texte sind Mary Shelleys *Frankenstein*, H. G. Wells' *The Island of Dr. Moreau* oder Michail Bulgakows *Hundeherz*. Für die Literaturwissenschaftlerin Eva Horn ist der *mad scientist* eine Figur, die die Grenzen des Wissens, interne wie wissenschaftliche Standards und Methoden und externe wie Religion und Moral, durchbricht und damit thematisierbar macht. Und insbesondere sei es die der wissenschaftlichen Neugierde inhärente Transgression selbst, die hier ins Spiel komme und damit den Prozeß der neuzeitlichen Wissenschaften selbst zum Gegenstand literarischer Inszenierungen mache. Der *mad scientist* ist damit nicht einfach ein literarisches Motiv, vielmehr wird an ihm eine »epistemologische Reflexion« ausgetragen (Horn 2006, 154), nämlich über den Prozeß wissenschaftlicher Theoriebildung selbst, darüber, daß die Neugierde über das Bekannte hinausgehen, neue Wege erkunden muß: »Es ist dieser Exzeß, diese der wissenschaftlichen Neugierde inhärente Transgression, welche die Literatur vorzugsweise in den Blick nimmt.« (Horn 2006, 156)

Ewers' Roman gehört ebenfalls in diese Tradition, die er erweitert, indem er die Alraune als weibliches Wesen ins Zentrum rückt. So wird sie im Roman mit Melusine verglichen, sie sei eine zu einem Menschen operierte Nixe ohne Seele (vgl. Ewers 1911, 415 f.). Dabei geht es jedoch vor allem um Moral, zum einen um die Verdammung des lasterhaften Verhaltens von Männern, die sich ihrer sexuellen Gier hingeben, zum anderen von Frauen, die die Männer dazu verführen. Und schließlich geht es um die moralische Verurteilung der Überschreitung menschlicher Grenzen durch den Wissenschaftler wie auch dessen Finanziers. Folgerichtig endet der Roman auch mit einer eindeutigen Lehre: »Gut ist das Gesetz, gut alle strenge Norm. Gut ist der Gott, der sie schuf und gut der Mensch, der sie wohl achtet. Der aber ist des Satans Kind, der mit frecher Hand hineingreift in der ewigen Gesetze eherne Fugen.« (Ewers 1911, 459)

Die unterschiedlichen Geschichten von der Alraune arbeiten sich an deren Nachahmung des Menschen ab, weshalb die künstliche Erzeugung einer Alraune die Nachahmung des göttlichen Schöpfungsaktes ist und von vornherein als Verfehlung gelten muß. Die den Alraune-Variationen, ob es sich um Aberglaube, Wissenschaft oder Pornographie handelt, zugrunde liegende christliche Moral verkennt jedoch die engen Beziehungen zwischen Pflanze und Mensch. Anführen läßt sich hier eine angebliche frühchristliche Geschichte, der gemäß die Alraune eine »Vorstudie für den späteren Menschen gewesen sei,

Garten der Gesuntheit Deutsch Antwerpen 1533 und 1547

Abb. 3: Wie Volland ausführt, rufe das Bild den Sündenfall auf, die Alraune-Figuren würden Adam und Eva vor dem Sündenfall evozieren, die bekleideten Menschen den Zustand nach dem Sündenfall. Nach Volland 1997, 29-31.

die jedoch von Gott wieder verworfen wurde, nachdem er Adam aus dem roten Erdreich des Paradieses geschaffen hatte« (Hansen 1987, 29, vgl. auch: Volland 1997, 29-31, allerdings beide ohne Quellennachweis).

Vor allem aber ist die kanonische Schöpfungsgeschichte selbst in diesem Kontext zu lesen: In deren erster Fassung ließ Gott zuerst die Erde Gras, Kraut und Baum hervorbringen, dann wurde der Mensch geschaffen (vgl. Gen 1, 11 und 1, 26). In der zweiten Fassung dagegen waren die Gewächse des Feldes noch nicht auf der Erde, das Kraut des Feldes sproßte noch nicht auf, da machte er aus dem Erdboden den Menschen, erst daraufhin pflanzte er einen Garten (vgl. Gen 2, 5-9). In der ersten Fassung ist eine einfache Abfolge dargestellt, der Mensch folgt den Pflanzen nach, diese werden ihm dann zur Nahrung gegeben. Die zweite Fassung ist komplexer: Zwar sind hier die Pflanzen schon geschaffen, aber sie wachsen noch nicht aus dem Erdboden, da Gott es noch nicht hatte regnen lassen. Zuerst bildet er in dieser Fassung den Menschen aus Staub, danach läßt er die Erde das Kraut hervorbringen. Da nun mit den Alraunen-Wesen immer die Frage nach der Nachahmung im Raume steht, ist die Frage der Abfolge ihrer Erschaffung relevant. Der doppelte Schöpfungsbericht bietet nämlich zwei Möglichkeiten: Nicht nur ist die Alraune eine täuschende Nachahmung des Menschen, auch der Mensch ist eine täuschende Nachahmung der Pflanze, ein alraunenhaftes Wesen.

B. B.

Mimosa pudica I

In einem Zimmer in der Nähe von Maida Vale ist eine unglückliche Karotte auf den Tisch eines Vivisektors gebunden. Drähte gehen durch zwei Glasröhrchen, die mit einer weißen Masse gefüllt sind. Sie gleichen zwei Beinen, deren Füße in das Fleisch der Karotte eintauchen. Wenn die Rübe mit einer Zange gezwickt wird, krümmt sie sich. Sie ist so stark gefesselt, daß ihre qualvollen elektrischen Zuckungen den langen Arm eines sehr dünnen Hebels bewegen, der wieder einen winzigen Spiegel in Gang setzt. Der wirft einen Lichtstrahl auf eine Leinwand am andern Ende des Zimmers und vergrößert das Beben der Karotte in ungeheurem Maßstabe.

Geddes, zit. nach Ingensiep 2001, 571f.

Dennoch werde ich für heute einzig von mit der Mimosa pudica angestellten Versuchen sprechen, die mir für die nähere Untersuchung der Pflanzenerregbarkeit in Wahrheit dasselbe zu werden versprechen, was Galvani'n, Volta'n, und allen physiologischen Galvanisten und Elektrikern nach ihnen, für die Thiererregbarkeit die Frösche.

Ritter 1811, 256

In ihrer Anwendung scheint die Elektrizität gegenüber der Lehre von den drei Naturreichen egalitär. In der bunten Vielfalt der Experimentalanordnungen versagen die Hierarchien, durch die sonst sämtliche Lebewesen als Kette zwar miteinander verbunden, aber eben auch voneinander getrennt sein sollen (vgl. dazu Lovejoy 1993). Neben der Möglichkeit, über die Entladungselektrizität durch Kleistsche Flaschen hinaus wen oder was auch immer schlagartig zu affizieren, steht mit dem Prototypen aller Batterien, der Säule des Italieners Alessandro Volta, auch der längerfristigen Exposition von Tieren und Pflanzen im elektrostatischen Feld nichts mehr im Wege. (→ FROSCH, ZITTERAAL) Eine ganze Industrie entsteht im Umfeld dieser sonderbaren und theoretisch umstrittenen Kraft:

Die entsprechende Forschungskultur betreibt die systematische Erkundung der Lebewesen und dabei auf eigenwillige Weise diese selbst. So spüren die Wissenschaftler in ihren Anordnungen etwa der Frage nach, ob, und wenn ja, welche Einwirkungen Elektrizität auf den Organismus hat, ob sie ihm zu- oder abträglich ist, sein Wachstum beschleunigt oder dieses in bestimmte Richtungen lenkt (vgl. stellvertretend van Marum 1799 und Gruithuisen 1812). In elektrisierten Käfigen gehalten oder in elektrische Bäder getaucht, eine Vielzahl von Anstrengungen gilt dem Einfluß der geheimnisvollen Kraft auf Tiere, Pflanzen und Menschen. So wird als Anliegen erwogen, die Taubstummen der Goethezeit wieder an das Reich des Hörens oder die Nervösen der reizüberfluteten Moderne an das beruhigter Nerven anzuschließen. Um stellvertretend ein Säkulum Stromforschung einzurahmen und dieses weite Feld wenigstens im Ansatz erahnen zu lassen, sei auf zwei Titel verwiesen: Christian Hinrich Wolkes *Nachricht von den in Jever durch die Galwani=Woltaische Gehörgebe=Kunst beglükten Taubstummen und von Sprengers Methode, sie durch die Woltaische Electricität auszuüben* und Willy Hellpachs *Nervosität und Kultur* (Wolke 1802 und Hellpach 1902).

Bei aller Gleichstellung der Probanden, von denen die Schilderungen einmütig in Käfigen sitzender Lebewesen bei Jean-Antoine Nollet, einem stromforschenden Abbé des 18. Jahrhunderts, einen gewissen Eindruck verschaffen, gibt es aber auch Pflanzen, die für bestimmte Dispositive, Konstellationen und Forschungszusammenhänge nachgerade prädestiniert sind: Es ist vorrangig die *Mimosa pudica*, die ob ihres schnellen Reaktionsvermögens auf Außenreize zum Forschungsobjekt sui generis hat werden sollen und allen Tendenzen der Vergleichgültigung trotzt. Ihr wird im Vegetabilischen für die Stromforschung jene Rolle zuteil, die im Animalischen der Frosch einnimmt und über lange Zeit behaupten wird. Wegen ihrer sprichwörtlichen Erregbarkeit erregt sie nicht zuletzt die Aufmerksamkeit von Denkern wie René Descartes und irritiert als philosophische Pflanze ihrerseits das Argument von der mangelnden Irritabilität der Pflanzen als probatem Unterscheidungsmerkmal gegenüber Menschen und Tieren. (→ MIMOSA

41: Pflanzen- und Tierversuche mit Elektrizität (1753). Von der mit der Hand geriebenen Glaskugel der Elektrisiermaschine (links unten) führt eine leitende Verbindung (Metallkette) zu der an der Decke isoliert angebrachten Tragevorrichtung für Pflanzen und Tiere. Sie wurde wiederholt der ausströmenden, elektrischen Atmosphäre ausgesetzt.

Abb. 1: Experimente nach Meya/Sibum 1987.

PUDICA II; vgl. zur Forschungsgeschichte Dutrochet/Brücke 1898)

Als solche entdeckt sie auch der romantische Physiker Johann Wilhelm Ritter (1776-1810), der neben dem Schriftsteller Achim von Arnim der wohl ausgewiesenste Vertreter einer ebenso kommunikativ wie experimentell florierenden Elektroforschungsindustrie war. Seine Bemühungen stechen ins Auge, entwirft er doch unter der Hand im Umgang mit der *Mimosa* ein sehr eigenwilliges Modell des ingenialen Experimentierens. Ritter, der nicht zuletzt in zahllosen Selbstversuchen dem Affizierungspotential der Elektrizität auf die eigenen Sinnesorgane nachstellt, der seinen Geschmack, sein Sehen und Hören mit Elektrizität regelrecht betreibt, der sich halbstündig unter

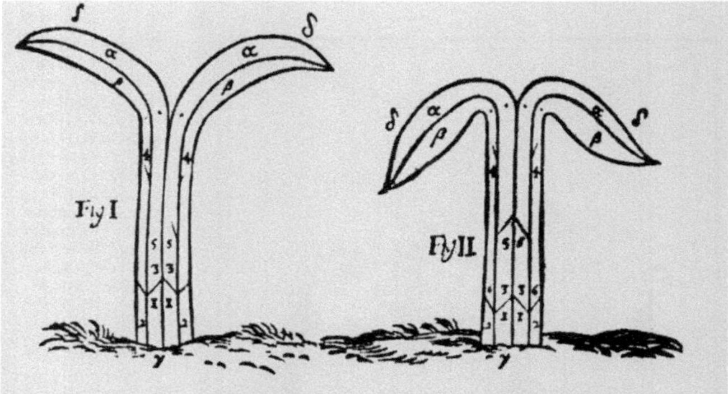

Abb. 5: Die cartesianische Erklärung der Bewegungen der Sinnpflanze (Mimosa) (Henricus Regius: Philosophia naturalis, 1661)

Abb. 2: Sinnpflanze nach Ingensiep 2001.

Strom setzt und die Folgen solcher Reizung eindrucksvoll beschreibt (vgl. dazu Ritter 1800 und 1801), widmet der Sinnpflanze eine umfängliche Denkschrift, die am 28. August 1809 in der Königlichen Akademie der Wissenschaften zu München zur Verlesung kommt. Der Parallelismus von Pflanze und Tier, von Mimose und Frosch ist allgegenwärtig und verleiht dem Experimentieren selbst eine Struktur, die von der berichtenden Publikation übernommen wird. Die vergleichende Studie über die beiden Naturreiche sollte Ritters letzte sein, bevor er 34jährig verstarb.

Einleitend resümiert er die Forschungsgeschichte an der philosophischen Pflanze, deren prominentestes Beispiel Alexander von Humboldt mit seiner Arbeit über die gereizte Nerven- und Muskelfaser beigesteuert hat. Anläßlich der Untersuchung eines gewissen Rasn hält Ritter die grobe Fahrlässigkeit gegenüber der in die Anordnung eingebauten Pflanze und gegenüber den taxonomischen Differenzierungen fest, ein Befund, den er mit der Arbeitsteilung zwischen Physik und Botanik verrechnet: »Rasn nennt zwar Mimosa *sensitiva*, hat aber, dem Zusammenhang zufolge, doch Mim. *pudica* gehabt. Ueberhaupt wird bey ähnlichen Gelegenheiten von vielen, statt M. pudica M.

sensitiva geschrieben, oder diese mit jener dem Namen nach verwechselt, wie z. B. auch von Cavallo oben; vielleicht, dass häufig gerade diejenigen, welche als Physiker mit dergleichen Pflanzen Versuche anstellen, nicht zugleich Botaniker sind.« (Ritter 1811, 249) Zwar führt Ritter sprachliche Besonderheiten entschuldigend ins Feld, so erwähnt er die Verwechslungsgefahr im Französischen, was die Anfälligkeit deutscher Zeitgenossen und Sachbearbeiter für Schludrigkeiten keineswegs besser macht (vgl. Ritter 1811, 249). Doch die bisher ausgeführten Experimente haben noch andere Schwachstellen, denen Ritter nachspürt, kranken also nicht nur an terminologischer oder realer Mimosenverwechslung.

Wie andere Forscher schaltet von Humboldt *Mimosa Pudica* oder *Sensitiva* lediglich »auf Reihe«, ein beliebtes Verfahren, das gerne zur Demonstration des elektrischen Effekts verwendet wird und in zahllosen Vorführungen geselliger Stromforschung zur Anwendung gelangt. Ob beim elektrischen Kuß oder dem Ringelreihen unter Strom gesetzter Mönche – es ist diese Anordnung einer geschlossenen Kette, auf die neben einer eindrücklichen Liste ebenfalls im Stromgeschäft tätiger Forscher auch von Humboldt zurückgreift. »Die einfache Kette wandten Schmuck, Iberti, Fowler, Cavallo, von Humbold [sic], Greve, Rasn und Giulio an, alle aber, ohne wirksame, oder wenigstens entschieden nur durch sie hervorgebrachte Reitzungen wahrzunehmen.« (Ritter 1811, 249) Entschiedenere Wahrnehmungen sollten dem Experimentieren mit der Voltaischen Säule vorbehalten sein, die seit ihrer Erfindung oder Formierung durch den Namensgeber einen regelrechten Siegeszug durch die Experimentallandschaft antritt. Das hat Konsequenzen für das Betreiben (und die Betreiber) der Pflanzen: »Erst mit der Säule kam Giulio dahin, die Blätter dieser Pflanze sich schließen und niedersinken zu machen.« (Ritter 1811, 249) Ritters Narration jedenfalls scheint damit zu hadern, daß bestimmte Erkenntnisse über die Mimose schon viel früher hätten erhoben werden können, hätten ihre Experimentatoren nicht die richtigen Anordnungen schlicht verabsäumt – ein Versagen, das er mit persönlichen Schwächen der Wissenschaftler erklärt. Vor allem das elektrische Bad, wie es vor ihm bei einem Forscher namens Comus Verwendung findet, scheint der Mimosenforschung nicht viel eingetragen zu haben. Wie es in einer Fußnote des posthumen Herausgebers Ruhland heißt, schlägt Ritter den entgegengesetzten Weg ein. Während Comus die Pflanze in ein elektrisches Bad brachte, und ihr anschließend die *mitgetheilte* Elektrizität »durch Annäherung eines mit dem Boden in Verbindung stehenden Leiters entzog« (Ritter 1811, 251), setzt Ritter auf Isolation und der Pflanze Reibungselektrizität aus einer entsprechenden Maschine zu.

Ziel seiner Untersuchungen wird der Nachweis von der absoluten Identität der Gesetze von Pflanzen- und Tiererregbarkeit sein, ein Nachweis, der in seiner Rekonstruktion sehr einfach hätte geführt werden können und dessen späte Terminierung falschem Experimentieren zuzuschreiben ist. »Hätte van Marum Mimosen und Mimosenblätter untersuchen mögen, wie Volta Frösche und Froschpräparate!«, hätte er also wie Ritter den Parallelismus zwischen Tier und Pflanze ernstgenommen, so hätte das die Stromforschung entsprechend beflügelt (Ritter 1811, 252). Ritter stellt eine eigenwillige Vermutung in den Raum, die in Verschränkung von Forschungsfatalismus und Pflanzenmetaphorik über den tieferen Sinn solcher Blindheiten und Verzögerungen, solcher Umwege und Aufschübe in der Produktion wissenschaftlicher Erkenntnis mutmaßt und darin nicht weniger als das Walten eines höheren Geschickes zu erkennen sucht.

> Aber nicht selten scheint ein höheres Geschick, fast wie aus Sorgfalt, sonst höchst nahe liegende Thatsachen, wenn sie von besonderer Fruchtbarkeit sind, erst zu derjenigen Zeit hervortreten zu lassen, welche, indem sie, auf sie vorbereitet, ihrer gleichsam wartet, alle die Früchte von ihnen zu ziehen vermag, deren sie überhaupt fähig sind; und vielleicht ist es eben deshalb mehr ein Glück als ein Unglück, wenn zuweilen an sich höchst gegründete Naturwahrheiten erst nach wiederholten Anmeldungen durchdringen, während die frühere Zeit sie so lange zurückstiess, als sie ihnen noch nicht gewachsen, also in Gefahr war, des Besten von ihnen für immer verlustig zu werden. (Ritter 1811, 252)

Damit sind der Boden und die Bühne für die Schilderung seiner eigenen Versuche bereitet. Für das Betreiben der Pflanzen, über deren Herkunft und Zustand er detailliert Auskunft gibt, verwendet er vor allem Reibungselektrizität und nicht die Säule, wofür Ritter technische und praktische Gründe, wie etwa die leichtere Handhabbarkeit der sogenannten Maschinen-Elektrizität, anführt. Zudem seien die beiden Elektrizitäten »so absolut die nämlichen, dass man schlechterdings in beyden Fällen dasselbe anwendet« (Ritter 1811, 258). Im Umgang mit der Mimose entwirft Ritter das Bild ingenialen oder ingeniösen Experimentierens – und damit das Bild seiner selbst als eines physikalischen Künstlers, der zur rechten Zeit die zögerliche Haltung des höheren Geschicks gemäß seiner selbstentwickelten Theorie virtuosen Experimentierens (vgl. Rheinberger 2008) durchbricht. Ingenium und Irritabilität begründen so ein Verhältnis, fast schon eine Art Verschwörung, oder anders gesagt: die Pflanze und ihr Erforscher sind einander wert. Doch all das bleibt weitgehend unausgesprochen. Was hingegen aus- und angesprochen wird, ist eine sorgfältige Unterscheidung zwischen der bloßen Idee zu einem Versuch und ihrer technischen Umsetzung, zwischen dem konstativen und performativen Anteil am Experiment, um im Anschluß gerade letzterem vehement das Wort zu reden. Die Erfindung der zweckmäßigen Vorrichtung, das *wahre Manoevriren*, wie Ritter es nennt, steht keineswegs, wie man vielleicht meinen könnte, der Idee nach. Umgekehrt, so argumentiert Ritter, und führt dabei gerade die Mimose als Beispiel an, fordert die Umsetzung das ganze Genie und allseitige Umsicht. Den Vorsatz, die Empfindlichkeit einzelner Blatteile sowie ihr etwaiges Reagieren auf Polarität zu untersuchen, nennt er eine *außerordentliche Kleinigkeit*, deren experimentelle Originalität zudem durch eine Vielzahl analoger und bereits erfolgter Untersuchungen am tierischen Organismus geschmälert sei.

Aber bey weiten diese Kleinigkeit ist es nicht mehr, den Versuch selbst einzurichten, weil die Gelenke an sich selbst so klein, und dabey von so großer Reizbarkeit sind, dass man eines Theils gar nicht mehr Raum hat, andern Theils, wenn dieser endlich durch gehörige Feinheit des Apparats auch wirklich erzwungen wäre, nun doch nicht einmahl gut von ihm Gebrauch machen kann, weil jede Anlegung einer Armatur, die zugleich ganz sicher wirklich anliegen soll, schon mechanisch stark genug reizt, dass das Gelenk sich krümmt, und dadurch die ganze feine Vorrichtung

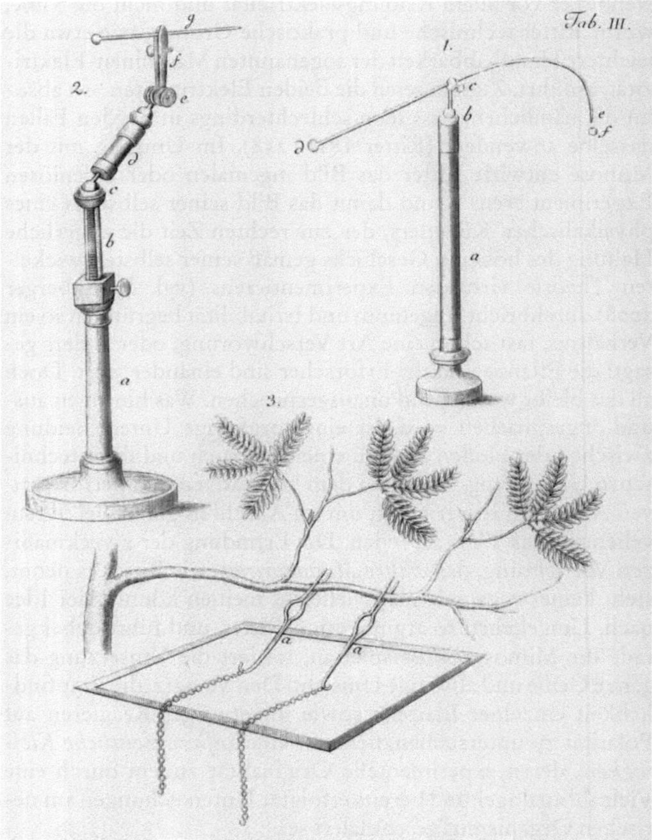

Abb. 3: Galvanisches Experiment an Pflanzen nach Ritter 1811.

wieder unnütz macht, indem nun der mechanische Reiz schon die Wirkungen des elektrischen anticipirt, und weil, wenn man wartet, bis das Gelenk sich wieder herstellt, die vorigen Umstände genau wiederkehren. (Ritter 1811, 260f.)

Kleinheit und Beengtheit sind durch den Einsatz entsprechender Vorrichtungen technisch behebbar, schwerer fallen die Strategien der Antizipation ins Gewicht. Um zu unterscheiden, ob die Pflanze auf das mechanische Anlegen der Armierung oder eben erst auf die so ermöglichte Zufuhr von Elektrizität reagiert, tun Sorgfalt und Können not, hinter die eine bloße Idee und der bloße Vorsatz zu einem Versuch zurücktreten. Ritters Zielsetzung, den vollständigen Parallelismus zwischen Pflanzen- und Tiererregbarkeit zu bestätigen, stehen Unterschiede in der Sache gegenüber, deren Bewältigung sein Argument von der Kleinigkeit und der Kleinheit eindrucksvoll untermauert. Geeint sind die beiden Naturreiche in ihrer hochgradigen Empfindlichkeit auf die Reize. Wie der Frosch, dem diese Befähigung seine Karriere als Nachweisgerät bescheren sollte, das eine Zeit lang technische Verfahren auf die Plätze verwies, schlägt auch die Pflanze auf sehr geringfügige Reize an, was Ritter mit Hinweis auf die Landschaft der entsprechenden Verfahren nicht müde wird zu betonen. Ob Goldblatt oder Strohhalmelektrometer – sie alle und die an ihnen festgemachten Zahlenverhältnisse belegen, wie nötig Akribie und Scharfsinn beim Experimentieren sind.

Das Zeitverhalten allerdings unterscheidet Pflanze und Tier. Damit erscheinen pflanzlicher und tierischer Organismus nicht kategorial, sondern lediglich quantitativ getrennt. Stimmig verweist Ritter etwa auf die Nervenlaufzeit im tierischen Organismus und – bis zu deren technischer Messung durch Hermann von Helmholtz – auf die Konditionen der Natur und die Kondition der Frösche: in diesem Fall auf die Mattigkeit der erschöpften Froschpräparate, die dem sonst als instantan geltenden Nachrichtenfluß gewisse Verzögerungen bescheren (vgl. dazu Helmholtz 1850). Während beim unerschöpften Tier *gleich im Augenblicke* eine Reaktion zu registrieren ist, herrscht bei den Pflanzen ein anderes Zeitregime (vgl. zum System der Reizleitung Haberlandt 1890; zu einzelnen Messungen Linsbauer 1908). Dort vergehen Zeitstrecken, die von mehreren Sekunden bis in den Bereich ganzer Minuten übergehen. Die unterschiedliche Reaktions- und Latenzzeit bei Pflanze und Tier kostet ihrerseits Zeit, auch die des Experimentierens selbst: »Es hält also auf« – wie Ritter angesichts der Bestimmung optimaler Elektrizitätsmengen und unter Berücksichtigung der bis zu einer Viertelstunde dauernden Rekreationsphase bei der Mimose gegenüber den Fröschen festhält (Ritter 1811, 276). Aber Ritter läuft nicht nur die Zeit davon, auch die Mimosen bleiben aus. Deren geringe Zahl und nicht eben einfache Beschaffung zwingt ihn, bei seinen Experimenten hauszuhalten. Von einer seiner am Beginn mit Schonung behandelten Versuchspflanzen heißt es: »Schon, dass ich mit ihr äußerst ökonomisieren musste, verursachte, dass ich längere Zeit nur schwächere Reitze für sie erlaubt hielt, und erst dem Herbst entgegen, als ihr Untergang sich bereits ankündigte, zu stärkeren schritt.« (Ritter 1811, 253) Und an anderer Stelle beklagt er mit Blick auf die sachdienliche Wiederholung von Experimenten den Mimosenmangel. »Aber wie reich an Mimosen hätte ich denn seyn müssen, um die erforderliche Anzahl der Wiederholungen der Versuche möglich zu haben.« (Ritter 1811, 351) Doch noch ein anderer Unterschied zwischen Mimose und Frosch macht sich bemerkbar, der deren Status und deren Anzahl als Untersuchungsobjekt betrifft: Es ist die Frage, ob man es mit einem einzelnen oder mit einer Verbundschaltung aus mehreren Exemplaren zu tun hat.

> Aber schon eine flüchtige Betrachtung des Baues einer Pflanze, die zum Versuche sich nicht präpariren lässt wie ein Frosch, sondern am besten völlig unverletzt dafür bleibt, lehrt, dass es unmöglich sey, ein Aequivalent vom Froschversuch [...] herzustellen, so lange man nur *eine* Pflanze hat. Es werden ihrer *zwey* erfordert. (Ritter 1811, 275)

Diese im Gegensatz zum gängigen Froschversuch unverletzten Exemplare werden einander gegenübergestellt, ihre Töpfe sind voneinander isoliert, mit jeweils einem Draht für die Entladung versehen und die Pflanzen so ausgerichtet, daß sich die äußeren Spitzen der Blätter berühren. Das Schaubild veranschaulicht zwar den angestrebten Parallelismus, unterschlägt dabei aber die Eigenlogik der Zeit. Weil Ritter die Zeit wegläuft, wird seine Darstellung aufschiebend, dilatorisch: Er, der die *Physik als Kunst* (Ritter 1806) und für das Experiment nicht weniger als die Qualitäten künstlerischer Ingenialitäten geltend macht, behilft sich mit Zwischenlösungen, mit Behelfsstrategien, die seiner Eile Rechnung tragen – »wer aber, der rascher vorwärts muss, hat Zeit abzuwarten, bis vom Künstler die kostspielige Vorrichtung hergestellt ist« (Ritter 1811, 261). Ein zeitkritischer Medienprozeß hat das Leben ereilt – in einer eigenwilligen Verschränkung von Arbeits- und Lebenszeit, von Jahren und Monaten, von Moment und Minute (vgl. dazu Volmar 2008).

Ritters Selbstinszenierung als Experimentator erfolgt analog zu der des Künstlers. Entsprechende Topoi sind bei dem romantischen Physiker allgegenwärtig, nimmt er für sich doch das Konzept authentischer Autorschaft mit individuellem Stilwillen in Anspruch. Alles, was seine Versuche zutage fördern, ist experimentellem Kalkül und Geschick geschuldet. Im Operationsfeld seines Manövrierens hat der Zufall keine Chance. Ritters Bestreben zielt darauf ab, seine Untersuchungsreihen gegen den vermeintlichen Vorwurf der Beliebigkeit zu schützen und statt dessen die souveräne Beherrschung sowie die ingeniale Vorwegnahme und Beherrschung sämtlicher Faktoren herauszustellen. Ritters Feind ist der Zufall, weil er ihm seine Autorschaft am oder im Experiment streitig machen könnte. Damit zeichnet er ein Bild, das zu korrigieren einer der zentralen Ansatzpunkte gegenwärtiger Wissenschaftsgeschichte ist. Deren Sorgfalt zielt auf die Rekonstruktion von Strategien ab, die an der Intention vorbei den Zufällen und Kontingenzen, den Unschärfen und Verschmutzungen, den Ungenauigkeiten und Fehlern ihr Recht einräumen. All das weist Ritter weit von sich: »Zu keinem derselben hat uns der Zufall Gelegenheit gegeben, alle habe ich analogisch vorherbestimmt, und die Prämissen, aus denen es geschah, müssen gültig gewesen seyn, denn fast nie habe ich mich in meinen Vorhersagungen geirrt gehabt.« (Ritter 1800, 367) Ritter greift vor und datiert selbstbewußt Epochen der Forschung und des Fortschrittes. Er experimentiert im Großen und mit Blick für das Große, er ist derjenige, für den die Zeit reif ist, der bestimmt ist, zu ernten, was an Teiluntersuchungen anderer Forscher oft unverstanden blieb.

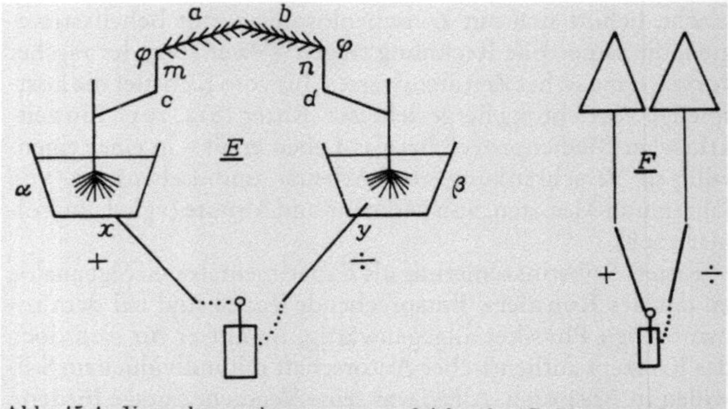

Abb. 15-1. Versuchsanordnung zur vergleichenden Reizung an der Mimose (links) und am Nerv-Muskel-Präparat (rechts)

Abb. 4: Parallelversuche nach Ritter 1997.

> Mit Galvanis Werk datiert sich eine Epoche der animalischen Physiologie, an der zwar viele sich noch abgehalten finden, den gehörigen Teil zu nehmen, die aber die Geschichte nicht verfehlen wird, zu immer höherer Fruchtbarkeit zu erheben. Möge sich von meiner gegenwärtigen Arbeit eine neue Epoche der vegetabilischen Physiologie datieren. (Ritter 1997, 116)

Ritters Vision von einer Epoche elektrophysiologischer Forschung wurde auf eigentümliche Weise Wirklichkeit. In der Verschaltung von Pflanze und Elektrizität, also in Ritters angestammtem Reich, sollte eine Konjunktur entsprechender Forschungen begründet liegen. Die Kommunikation mit und die Kultivierung von Pflanzen zogen eine Vielzahl von Forschungen nach sich, in denen das Anliegen Ritters aufgegriffen und bewahrt wure. Im Begriff der Elektrokultur sind beide Anliegen vereint und auch terminologisch auf den Punkt gebracht. Wo zunächst das ökonomische Betreiben im Vordergrund stand – etwa Verfahren, die durch Einsatz von Elektrizität die Erträge zu steigern versuchten wie in Selim Lemströms *Elektrokultur. Erhöhung der Ernte-Erträge aller Kultur-Pflanzen durch elektrische Behandlung* (Lemström 1902) –, machte die Kommunikation zunehmend von sich reden. Zeitschriften wie *electronics world* oder *Popular Electronics* jedenfalls umfassen ein ausdifferenziertes Spektrum von Veröffentlichungen, die das Bild einer regelrechten elektrischen Experimentalkultur zeichnen und diese auch beim Namen nennen: Neben den Belangen der Parapsychologie und der Zukunft interstellarer Kommunikation (vgl. Lawrence 1971 c) führt das Ansinnen zur Feststellung einer »Experimental Electro-Culture« und der Forderung nach verschärftem Experimentieren in ihr (vgl. Lawrence 1971 a und b). Die Kultur der Kultivierung schließt sich mit der Kultur des Experiments kurz, gelangt in der Selbstanwendung oder der Dopplung von Lemströms Titel zur Dekkung. Im Namen der Elektrizität erreicht die Kultur eine Welt der Pflanzen, deren Erforschung sie immer schon in unterschiedlicher Virtuosität und mit unterschiedlichen Nutzanwendungen betrieben hat. Die Epoche der vegetabilischen Physiologie, die Ritter bei seinen Versuchen mit der Mimose vor Augen schwebte und als deren Visionär er sich inszenierte, steht in ihrem Zeichen.

S. R.

Mimosa pudica II

> Man ist wohl versucht, zu vermuthen, daß sogenannte sensitive Pflanzen, wie Hedysarum gyrans, einige Mimosen, Berberitzen u. a., für odische Einflüsse besonders empfänglich sein sollten, und daß ihre Bewegungserscheinungen mit den odischen Einflüssen auf ihre Organe in einigem Zusammenhange seyn sollten. Ich kann dies nicht bestätigen.
>
> *Reichenbach 1858, 104*

> Nach seiner Meinung böte sich Soldaten in gefährlicher Mission die Möglichkeit, die Pflanzen der Umgebung ›anzuzapfen‹ und mit Hilfe dieser ›Gefahrenanzeiger‹ einen Hinterhalt zu entdecken.
>
> *Bird/Tompkins 1977, 45*

Die Zurückhaltung der Mimose ist sprichwörtlich. Selbst im Bengalischen, so berichtet es jedenfalls der indische Physiker und Pflanzenphysiologe Bose, bleibt ihre anthropologische Eigenart sprachlich gewahrt: »In Bengalen nennt man sie die ›sittsame Maid‹, weil sie sich so empfindlich vor jeder Berührung zurückzieht.« (Bose 1928, 28) Daher ist es auch kein Wunder, daß der ebenso charismatische wie exzentrische Inder in seinem Buch *Die Pflanzen-Schrift und ihre Offenbarungen* von 1928 der Mimosa nicht nur semantisch und mit launigen Verweisen auf deren Ähnlichkeit mit allerlei menschlichen Gepflogenheiten nachstellt. Der englische Titel *Plant Autographs and their Revelations* ist für das gesamte Vorgehen von Boses Pflanzenphysiologie präziser, bringt er doch mit dem Verweis auf die Selbstverschriftlichung den Schreib-Lese-Verkehr zwischen Pflanzen und Menschen auf den Punkt und im weiteren Verlauf den Verbund von Pflanzen und Medien ins Spiel. Wie das Vorwort vermeldet, ist es ihm gelungen, »die stummen Pflanzen zu beredten Zeugen ihres inneren Lebens und Geschehens zu machen, indem ich sie ihre eigene, innere Geschichte niederschreiben ließ. Diese selbstgeschriebenen Dokumente tun uns kund,

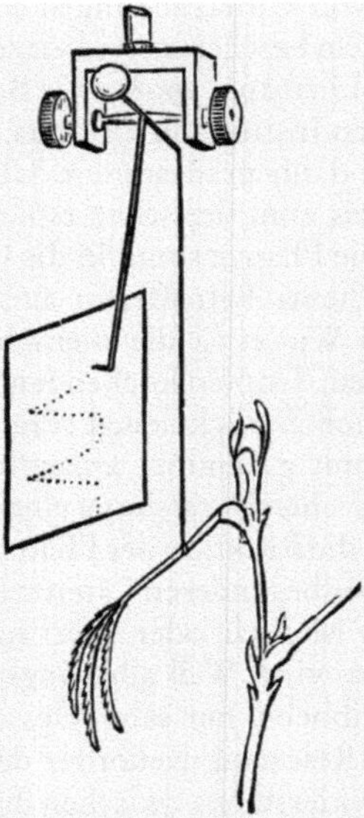

Fig. 2. Schematische Darstellung des Registrierapparates.

Abb. 1: Registrierungsapparat nach Bose 1928.

daß alle Lebensreaktionen, die wir vom höheren Tiere kennen, sich auch schon im schlichten Leben der Pflanze vorangedeutet finden« (Bose 1928, 12). Sicher sollte ihm mit derlei Offenbarungsarbeit der Eintrag in die Liste »Exzentriker der Pflanzenseele im 20. Jahrhundert« sein, zu denen Hans Werner Ingensiep in seiner monumentalen Studie über die Geschichte der Pflanzenseele auch noch den amerikanischen Polygraphiespezialisten Cleve Backster und den deutschen Pharmakognosten Alexander Tschirch hinzugesellt (vgl. Ingensiep 2001).

Entgegen ihrer alltagssemantischen Reserviertheit erweist sich die Mimose im Forschungsbetrieb als ganz besonders auskunftsfreudig und entgegenkommend, Eigenschaften, die ihr neben der Zuschreibung charakterlicher Dispositionen ein ganzes Spektrum von Untersuchungen an den empfindlichen Blättern und Stengeln bescherten (vgl. dazu stellvertretend Haberlandt 1890 und Linsbauer 1908). Wie Bose, der Direktor des nach ihm benannten Instituts in Calcutta, berichtet, ist es ihre Sensitivität, die sie dafür prädestiniert. Über dieses Vermögen gelingt es, den Kreis zum tierischen rsp. menschlichen Leben zu schließen und die Pflanze somit in die Gesellschaft der vom Reiz-Reaktions-Schema Betroffenen aufzunehmen. (→ MIMOSA PUDICA I) Wie etwa die menschliche Hand auf die Berührung mit einem Tropfen kochenden Wassers durch Muskelzucken und durch Zurückziehen reagiert, so gibt auch die Pflanze ihren Unmut gegenüber *unsanfter Berührung* kund. Wie in der schematischen Darstellung eines Registrierapparates ersichtlich, gelangt die Reaktion der Pflanze in Kurvenform zur Anschrift, wobei der besonderen Latenzzeit und damit der gegenüber einer bei Mensch oder Tier verzögerten Reaktion Rechnung getragen wird. Weil allerdings bei der Pflanze der Zug auf den Schreibhebel nur sehr schwach ausfällt, muß ein eigens ersonnener Resonanz-Rekorder den hemmenden Einfluß des Reibungswiderstands zwischen diesem und der berußten Platte umgehen. Die Verwendung eines intermittierenden an Stelle eines ständigen Kontaktes hat eine veränderte Form der Kurve zur Folge: Diese erscheint als im Wortsinn punktiert, weil pro Sekunde hundertmal unterbrochen. Analog zum Mittönen zweier gleich gestimmter Violinsaiten wird zur Umgehung eines dauerhaften Kontaktes ein Schreibstift auf eine bestimmte Frequenz eingestellt. »Wird nun ein Ton angestimmt, der hundert Luftschwingungen in der Sekunde erzeugt, so wird der Schreibstift in Schwingung versetzt. Er bleibt nun nicht mehr in dauerndem Kontakt mit der Zeichenplatte, sondern zeichnet eine Folge von Punkten, und zwar hundert in der Sekunde.« (Bose 1928, 33) Mit dieser Vorrichtung, die bis in den tausendstel Teil einer Sekunde verfeinert werden könnte, ist es Bose gelungen, die Reaktion auf Prüfreize von der Pflanze selbst aufzeichnen zu lassen – so sehr, daß im weiteren Verlauf seiner Experimentalreihe eine Anordnung von sich reden machen wird, bei der gelesen und geschrieben wird, ohne daß der Mensch als Versuchsleiter und damit als

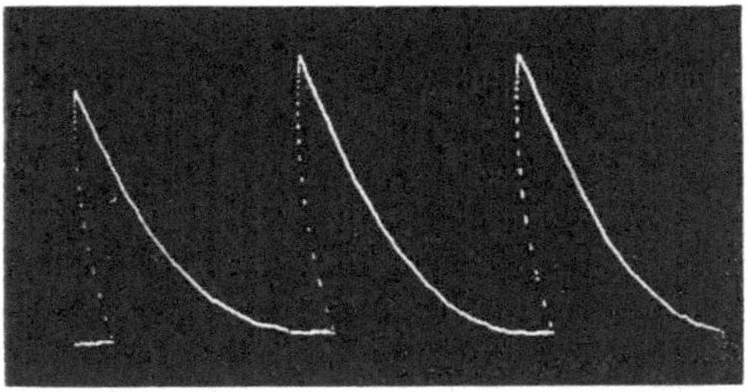

Fig. 5. Aufzeichnung aufeinanderfolgender, gleichförmiger Reaktionsbewegungen von Mimosa.

Abb. 2: Reaktionsbewegungen nach Bose 1928.

Verursacher der Prüfreize überhaupt noch vonnöten wäre. Seine vollständige Apparatur zur automatischen Registrierung der Reaktionsbewegungen erstickt möglicherweise vorhandene persönliche Animositäten der Mimose im Keim.

> Auf diesem Wege ist es mir gelungen, die Pflanze selbst ihre Antwort auf einen bestimmten, prüfenden Reiz aufschreiben zu lassen. Und um bei den Beobachtungsergebnissen jede persönliche Komponente auszuschalten, wurden Vorrichtungen getroffen, die im Registrierapparat befestigte Pflanze durch absolut konstante Reize automatisch zu erregen, sie ihre Antwort aufzeichnen und sie nachher denselben Zyklus neuerlich durchlaufen zu lassen, ohne daß der Beobachter irgendwo direkt in den Versuch einzugreifen braucht. (Bose 1928, 33ff.)

Vorgezeichnet sind damit Versuchsreihen, die den Reaktionen auf unterschiedliche Reizquellen nachspüren und diese vielfältig variieren. Weil aber diese ihre Eigenarten haben und nicht alle gleichermaßen zuträglich sind, weil manche, wie etwa das unmittelbare Zwicken, die Berührung mit einem heißen Draht oder mit Säure die Pflanze sogar beschädigen, landet Bose nach Experimenten mit Temperatur, mit Kohlendioxyd, Schwefelwasserstoff, Chloroform und nicht zuletzt mit Alkohol bei der Elektrizität. Diese ist allerdings mehr als nur eine weitere Prüfreizquelle, kommt ihr doch eine doppelte Rolle in seinen Arbeiten zu. So untersucht der Physiker im letzten Dezennium des 19. Jahrhunderts und kurz vor den einschlägigen Forschungen des Italieners Guglielmo Marconi die Fernwirkung elektromagnetischer Wellen, was ihm den Ruf eines häufig nur unzureichend gewürdigten Radiopioniers eingebracht hat. Postwendend bescheinigt der englische Physiker und Physiknobelpreisträger Sir Nevill Francis Mott Bose, mit der Verwendung bestimmter Halbleitertypen der physikalischen Forschung seiner Zeit um rund 60 Jahre voraus gewesen zu sein. Zu Demonstrationszwecken ließ Bose mit elektromagnetischen Wellen aus der Distanz Glocken läuten und Sprengladungen zünden, alles jedoch im Rahmen einer Grundlagenforschung, die im Gegensatz zu den Arbeiten Marconis an einer Kommerzialisierung ebenso wenig interessiert war wie am ausschließlichen Gebrauch für die Belange des drahtlosen Nachrichtenverkehrs.

Wenn wir noch weiter ins Gebiet der infraroten Strahlen schreiten, so gelangen wir in das weite Feld der elektromagnetischen Strahlen, deren Wellenlänge von den kürzesten Wellen, die ich erzeugen konnte, von 0,6 cm bis zu anderen, die meilenlang sein können variiert. Da erhebt sich nun die höchst interessante Frage, ob die Pflanzen die langen Ätherwellen, einschließlich der für die drahtlose Telegraphie verwendeten, wahrnehmen und auf sie reagieren. (Bose 1928, 121)

Um die Wirkungen des Elektromagnetismus auf Lebewesen und Pflanzen zu untersuchen, entwickelt Bose einen sogenannten »Crescographen«, eine Vorrichtung, mit deren Hilfe er das Pflanzenwachstum in millionenfacher Verstärkung beobachten konnte. Aber die Elektrizität gelangt auch ganz handfest und undrahtlos zur Direktanwendung: Als Reiz neben anderen und schwerer zu kontrollierenden Reizen wie dem mechanischen Zwicken, dem Verbrennen oder dem Säureschock, empfiehlt Bose die Verwendung von Induktionsströmen sowohl wegen der Konstanz der Reizgebung als auch wegen ihrer sorgsam gestuften Steigerbarkeit. Aber es ist ihm nicht nur darum zu tun, die Elektrizität direkt oder in Gestalt unsichtbarer Wellen als weitere Reizquelle den Pflanzen zuzufügen und damit eine alte, aus den Pioniertagen der Elektrizitätsforschung datierende Versuchstradition aufzunehmen, die sich den Veränderungen des Pflanzenwachstums unter elektrischen Bedingungen, unter einer schier allgegenwärtigen *condition électrique* verschrieben hat. Vielmehr ist es die elektrische Reaktion des Pflanzengewebes selbst, die zunehmend sein Interesse weckt. Damit sieht er sich in der Lage, sämtliche Pflanzen, die eine entsprechende Reaktion an den Tag legen, für Experimente heranzuziehen und seine Offenbarungen der Pflanzen-Schrift nicht bestimmten Ausnahmearten wie der *Mimosa pudica* vorbehalten zu müssen. Der Unterschied zwischen sensitiven und nicht sensitiven Pflanzen, zwischen Mimosen und beliebigen anderen Pflanzen verschwindet, genauer noch: er wird auf eine bestimmte mechanische Reaktion im Bauplan der Mimose eingeschränkt. Ein Vergleich mit dem Zusammenspiel zweier Menschen führt deren besondere Sensitivität auf die bloße Mechanik einfacher Kräfteverhältnisse zurück:

> Denken wir uns, daß zwei Leute von gleicher Größe und Kraft mit den Rücken aneinander gebunden sind und beide zu gleicher Zeit geschlagen werden. Jeder wird versuchen sich vorwärts zu bewegen und wird so der Bewegung des anderen das Gleichgewicht halten. Aber sind wir deshalb berechtigt anzunehmen, daß die beiden Personen für die Schläge unempfindlich sind? (Bose 1928, 35)

Wie Bose anhand von Details aus der Pflanzenmorphologie verdeutlicht, entpuppt sich die kategorische Unterscheidung zwischen sensitiv und gewöhnlich als ungerechtfertigt, ist sie doch lediglich eine solche des Grades. Die Bewegung ist einer Unverhältnismäßigkeit der Sensitivität in einzelnen Pflanzenteilen geschuldet, ohne die Verhältnisse herrschen würden wie im Fall antagonistischer Muskeln, die eine Bewegung verhindern. Um im Bild zu bleiben und dem Anthropozentrismus seiner Beschreibung weiter zu folgen: Es ist, wie wenn man einen starken und einen schwachen Menschen zu einem Kräfteverbund oder -paket schnürte. Analog zu dem, was die Mimose zu sehen gibt, würden auch hier lediglich die Bewegungen des ersteren ins Auge fallen. Weil bei der bloßen Gewebereizung derlei mechanische Einschränkungen keine Berücksichtigung zu finden brauchen, hat die Mimose ihre auf vielfache Weise umhegte und gepflegte Sonderstellung, geschürt durch Traditionen von der (Natur)Philosophie bis zu den anthropologischen Übernahmeangeboten in der Alltagssemantik, gegenüber anderen Pflanzen eingebüßt – gleichberechtigt machen profane Protagonisten des gemeinen Küchengemüses wie Sellerie und Karotte von sich reden und *Mimosa pudica* den Rang als Untersuchungsobjekt streitig. »Was das Empfindungsvermögen gewöhnlicher, nicht sensitiver Pflanzen betrifft, so können wir uns wohl kein stumpferes und weniger demonstratives Objekt vorstellen als eine gelbe Rübe.« (Bose 1928, 59) In ausgeklügelten Apparaturen wird die elektrische Reaktion der Pflanze auf verschiedene Reiztypen untersucht – so etwa das Verhalten einer Rübe, die in sich verdreht wird. Der skalierbare Rübendrehwinkel bei der Torsion entspricht den Werten im Galvanometer.

Der Winkel, um den der Stengel gedreht wird, der die Intensität des Reizes bestimmt, läßt sich an einem graduierten Kreisbogen genau bemessen; an demselben befindet sich ein verschiebbarer Stopper. Ein elektrischer Stromkreis wird von A nach B über EE' geführt, der das Galvanometer passiert. Die Pflanze selbst schließen wir in eine Glaskammer ein, worin sie mit Hilfe der elektrischen Heizrolle R der Wirkung hoher Temperatur ausgesetzt werden kann. Um die Wirkung der Anästhetika zu untersuchen, kann deren Dampf durch eine seitliche Röhre eingeblasen werden. (Bose 1928, 58)

Aufwendige Medienschaltungen dienen nicht nur der minutiösen Registrierung von Reaktionen auf die diversen Prüfreize. Das Leben der Pflanzen gewinnt Transparenz, in den Weisen seines Reagierens auf Umweltreize, in den vielfältigen Einflußnahmen auf sein Wachstum oder als ökonomisches System, dessen Stoffwechsel mittels einer Bläschenzählmethode sicht- und meßbar gemacht wird (vgl. dazu Bose 1925).

Nicht zuletzt mit einer Vorrichtung wie dem Auxanographen dringt Bose in Bereiche vor, die, als Science-fiction an der Grenze der Seinsarten von Mensch und Tier angesiedelt, zu Gedanken- wie auch zu realen Experimenten Anlaß geben. An deren Ende steht vor allem eines: Einblicke in die Eigenheit und Phantastik fremder Wahrnehmungswelten. Es sind Überlegungen über die Zeit, die eine ganze Reihe von Forschern zu der Frage gelangen lassen, was deren hochgradige Beschleunigung oder Verzögerung für Konsequenzen für die Relativität des menschlichen Standpunktes und für die Auffassung des Lebens

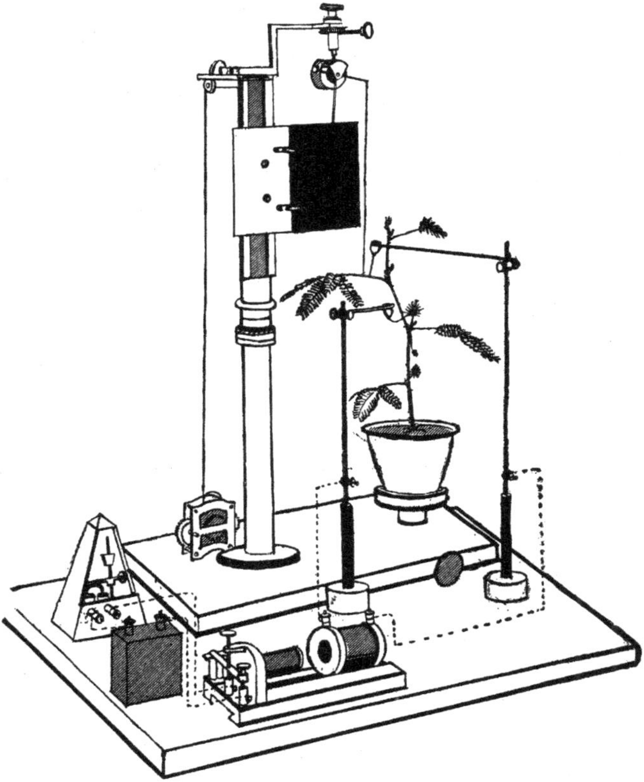

Fig. 7. Vollständige Apparatur zur automatischen Registrierung der Reaktionsbewegungen von Mimosa.

Abb. 3: Automatische Registrierung nach Bose 1928.

überhaupt haben könnte. Und wie etwa der russische Entomologe Karl Ernst von Baer (1792-1876) in einem Text mit dem Titel *Die Abhängigkeit unseres Weltbilds von der Länge des Moments* aus dem Jahr 1864 Überlegungen über die Folgen veränderter Bewußtseinspulse für die Wahrnehmung systematisch und am Beispiel unterschiedlich getakteter Tiere durchspielt, so ist es bei Bose ein Apparat, der die Zeitmanipulationen an Pflanzen sichtbar macht (vgl. dazu von Baer 1962, Rieger 2006). Die durch den Gleichgewichtsauxanographen ermöglichte 10 000fache Vergrößerung würde die Geschwindigkeit der Schnecke immerhin auf die eines Expreßzuges erhöhen. Doch Bose will mehr und konstruiert einen Superauxanographen, dessen Leistung die des Gleichgewichtsauxanographen numerisch auf die Plätze verweist. Seine Beschreibung verbleibt zunächst im apparativen Detail, das vor allem der Vermeidung anfallender Reibungen gilt, um dann wiederum im Rückgriff auf eine eigens auxanographierte Schnecke die Konsequenzen vor Augen zu stellen.

SN ist ein leichter dünner Magnetstab, der im Schwerpunkt von einer Stütze getragen wird. Der kurze Arm des Hebels ist mit dem Gipfel einer wachsenden Pflanze in W verbunden. Die Wachstumsverlängerung läßt das N-Ende sich nach abwärts bewegen, und dies bewirkt zunehmende Ablenkung der schwebenden Magnetnadel ns, an der ein kleiner Spiegel befestigt ist. Die Empfindlichkeit wird noch sehr erhöht, wenn man statt der Einzelnadel ns ein statisches Nadelpaar verwendet. Von dem Spiegel wird eine Lichtlinie nach einer entfernten Skala hin reflektiert. Das Wandern dieses reflektierten Lichtstrahls zeigt die Wachstumsbewegung in einer 10-100millionenfachen Vergrößerung. (Bose 1928, 123)

Doch die Resultate solcher Akribie bleiben auf die Anschaulichkeit punktierter Linienzüge beschränkt. Damit verfehlen sie Evidenzstrategien, wie sie von Baer mit den extremen Varianten der Zeitraffung und Zeitdehnung als gedankenexperimentelle Vorwegnahme kinematographischer Möglichkeiten unmittelbar hat ansichtig werden lassen. Weil Größenverhältnisse dieser Art dem menschlichen Vorstellungsvermögen schwer zugänglich sind, müssen Beispiele gefunden und dazu erneut die Schnecke bemüht werden. Das erschließt ein Exemplum, das den Beispielen der phantastischen Wahrnehmungswelt von Baers nicht nachsteht. »Es fällt uns schwer, uns eine so paradoxe Vergrößerung zu veranschaulichen. Eine konkrete Vorstellung davon können wir uns indes etwa machen, wenn wir uns das Tempo der sprichwörtlichen Schnecke durch den magnetischen Auxanographen zehnmillionenmal vergrößert denken.« (Bose 1928, 124) Um das Unanschauliche dennoch ins Bild zu fassen, greift Bose mit seiner Beispielwahl auf eine eigene Topik zurück, die im Pflanzenwachstum und in der Ballistik ihre Bezüge sucht. Wie Bose mit Referenz an die militärischen Leistungen der Kolonialmacht England ausführt, finden derlei Manipulationen sogar im zeitgenössischen Geschützbau keine Parallele. Die von ihm hypothetisch ins Rennen geschickte Schnecke gerät durch einen Vergleich an die Bewaffnung moderner Schiffe und deren Geschwindigkeit gegenüber der auxanographierten Schnecke hoffnungslos ins Hintertreffen: »Die 15-Zoll-Kanone der Königin Elisabeth schleudert die Geschosse mit einer Anfangsgeschwindigkeit von 2360 Fuß (720 m) pro Sekunde aus. Doch die Schnecke im Auxanographen würde sich 24mal schneller bewegen als das Geschoß.« (Bose 1928, 124; vgl. zur Überprüfung seiner Messungen Ubisch/Zachmann 1931) Was Bose für die Veranschaulichung des Paradoxen bemüht, ist inzwischen ein eingetragenes Warenzeichen – für den Spezialeffekt der Bullet Time, die dem Kino der gegenwärtigen Moderne eine Ästhetik sichtbarer Geschwindigkeit beschert hat.

Aber Bose zielt nicht nur auf die Unterschiede in den Quantitäten, sichtbar gemacht in den technischen Verfahren und Verfeinerungen entsprechender Apparate. Er will die Lebensfähigkeit der Pflanze manipulieren und ihr Leben dem Willen des Experimentators unterstellen. Dieser ist in der Lage, ihre Lebenstätigkeit nach Gutdünken zu erhöhen oder herabzusetzen. Schlußendlich findet Bose über die elektrische Reaktion ein Kriterium für den Nachweis des kontrovers diskutierten Pflanzentodes. Unabhängig von den vielfältigen Weisen des Ums-Leben-Bringens der Pflanzen, unabhängig davon, ob sie durch Chloroform, Aether, Alkohol, durch eine mit Hilfe einer elektrischen Heizspirale verursachten Wärmezufuhr oder schnödes Kochen dem Hitzetod ausgesetzt werden, hält er fest, »daß der elektrische Reaktionsausschlag den Lebenszustand eines Gewebes getreulich anzeigt, indem die elektrische Reaktion mit dem Tod des Gewebes verschwindet« (Bose 1928, 57). Möglich ist so die Implementierung eines veritablen Todmelders, den Ingensiep als Beleg für die wenig sentimentale Herangehensweise des Inders ins Feld führt und damit dessen

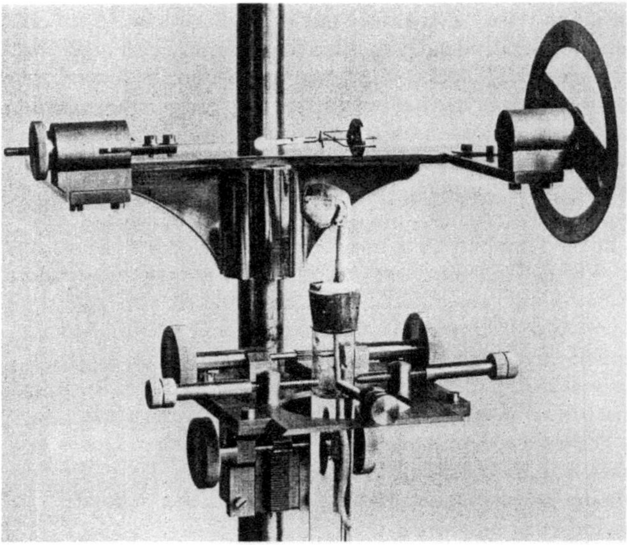

Abb. 4: Torsionsauxanometer nach Ubisch/Zachmann 1931.

Wahrnehmung als eines ganzheitsbeflissenen Pflanzengurus indischer Herkunft relativiert (vgl. dazu Ingensiep 2001, 570).

Über der technischen Oberfläche schwebt ein sonderbarer und nicht einfach zu greifender Geist der Menschentümelei. Ob die Rede von der Prüderie der Pflanze, ob ihr Eintrag in die Register menschlichen Sozialverhaltens, ob ihre Lebensrhythmen – die Anthropologie ist ebenso latent wie allgegenwärtig. So erteilt Bose launige Empfehlungen darüber, wie die Bewegung alkoholisierter Pflanzen auf sehr eigene Art im Rahmen der Mäßigungsbewegung einzusetzen sei. »Der unstete, wackelige Gang der Pflanze im Zustande der Alkoholvergiftung könnte ohne Zweifel ein gutes Anschauungsmaterial bei einer Temperenzvorlesung geben.« (Bose 1928, 54) Und selbst zur Beschreibung moderner Großstadtgepflogenheiten ist die

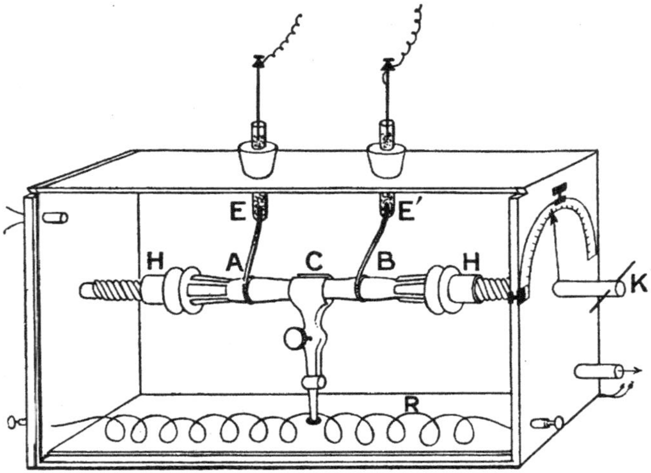

Fig. 22. Apparat zur Beobachtung der Veränderung der elektrischen Reaktion unter wechselnden Außenbedingungen.

Abb. 5: Beobachtungsapparat nach Bose 1928.

Sinnpflanze tauglich, nicht ohne in ihrer Lebensführung durch eine weitere Pflanze ein anschauliches Korrektiv an ihrer Seite zu haben.

Augenscheinlich hat Mimosa das lockere Leben des modernen Babylon, von London, von Paris und New York vorweggenommen, denn sie bleibt jede Nacht wach und geht erst nach Sonnenaufgang zu Bett. Wie zum Protest gegen den Vorwurf einer allzu flotten Lebensführung nehmen manche Pflanzen eine fromme, heilige Haltung ein. Dies war zumindest der Eindruck, den das gläubige Volk durch die wunderbare Gebetsverrichtung der »betenden Palme« empfing. (Bose 1928, 69f.)

Endgültig, weil nicht mehr nur auf der Ebene von Analogie, Beispiel oder bloßem Vergleich, erreicht Bose den Menschen mit einer Überlegung, die seinem Empfindungsvermögen gilt. Was den indischen Gerätewart der Pflanzenphysiologie interessiert, sind Aspekte und Details der Quantifizierung, die eine unmittelbare Gegenüberstellung erlauben. Im Zuge seiner Untersuchungen an einer Pflanze namens Biophytum taugt die meßbare Insuffizienz des Menschen gegenüber der Pflanze gar zum Anlaß, um von den »pflanzlichen Brüdern« zu sprechen. Die Empfindlichkeit des Differenzierungsvermögens von Biophytum straft die anthropologische Anmaßung gegenüber dem Vegetabilischen Lügen – um vom Eurozentrismus an dieser Stelle gar nicht erst zu reden.

Man könnte erwarten, daß die Zunge der Kelten stärker reizbar ist als die der minder lebhaften Angelsachsen. Jedenfalls zeigen meine Studenten, die Hindus sind, eine Empfindlichkeit, doppelt so groß wie die des Durchschnitts-Europäers. Allein die Pflanze Biophytum erweist sich als achtmal empfindlicher als der Europäer und viermal so empfindlich wie der Hindu. Diese Entdeckungen sind so unerwartet, daß sie uns in Erstaunen versetzen. Sie zeigen, daß die Anmaßung, die Menschen und Tiere besäßen schärfere Sinne als ihre verachteten »pflanzlichen Brüder«, den Ergebnissen exakter Untersuchung nicht standhalten kann. (Bose 1928, 41)

S. R.

Poison Ivy

> Als Glanzstück erzählt Odoricus de Porto Naonis, ein Franziskanermönch, der 1318 eine Missionsreise nach Asien machte, über das schon erwähnte vegetabilische Lamm (der Strunk von Polypodium Baromez): »Eines Tages sah ich ein Thier von der Größe eines Esels, weißer als Schnee, dessen Wolle, die man abschor, der Baumwolle glich. Als ich die Umstehenden fragte, was das sei, antwortete man mir: der Fürst hätte es einem der Barone geschenkt, seines Fleisches wegen, welches das beste und dem Menschen zuträglichste sei. Man fügte hinzu, es sei da ein Berg, worauf gewisse große Kürbisse wüchsen, und wenn sie reif wären, öffneten sie sich und jenes Thier käme heraus.«
>
> *Wagner 1872, 218*

> Sie wachsen
> sie lernen
> sie laufen
> sie reden und sie töten!!!
>
> *(Plakat des Horrorfilms* Blumen des Schreckens*)*

Die nordamerikanische Pflanze *Rhus toxicodendron* (Poison Ivy) macht weniger als botanische Einheit denn als Effekt einer Rede von sich reden. Nicht verwandt mit dem Efeu, gehört sie zur Familie der Sumachgewächse und dort zur artenreichen Gattung Rhus, die der Pflanze ihren botanischen Ort bietet. Je nach Bestimmung schwanken die Angaben über die Zahl ihrer Arten von 30 bis 200. Bei all dieser Vielfalt ist das semantische Potential weniger strittig und, korreliert mit dem Grad ihrer botanischen Verbreitung, in Nordamerika entsprechend geläufig. (→ APFEL) Ihre wohl populärste Variante dürfte die Pflanzenfrau Poison Ivy sein, die als wandelnder Anthropomorphismus im Jahre 1966 die Bühne der kulturellen Semantik betritt – in der Comicversion von Batman. Als ausgestellt spröde Botanikerin Pamela Lilian Isley, deren Forschungsschwerpunkt die Kreuzung tierischen und pflanzlichen Lebens ist, gerät sie in die

Machenschaften eines verrückten Wissenschaftlers, wird selbst zum Versuchsobjekt und mutiert im Verlauf der entsprechenden Experimente zu Poison Ivy, deren hervorstechendes Merkmal in der Fähigkeit besteht, körpereigene Toxine zu produzieren (vgl. zum Typus der Botanikerin auch den Film *A New Leaf* (USA 1971), dt. *Keiner killt so schlecht wie ich*). Es folgen zahlreiche Versionen, die Poison Ivys im doppelten Wortsinn fesselnde Faszination und damit das Spiel zwischen erotischer Bannkraft und tödlicher Bedrohung geschickt variieren und die Pflanzenfrau zur Projektionsfläche einer Fülle aktueller Themen werden läßt: Innerhalb der bunten Figurenhistorie reichen diese von ihrer Rolle als Femme fatale und ihrer sexuellen Ausrichtung (eine mögliche Neigung zu Batman wird um das Kürzel G(ay) L(esbian) B(isexual) T(ranssexual) entsprechend erweitert) bis hin zu ihrem sozialen Engagement für eine allerorten bedrohte Mutter Natur. So tritt sie etwa als militante Ökoaktivistin in Erscheinung, deren vorrangiges Ziel die Rache für die Ausbeutung der Pflanzenwelt ist. In der Verfilmung *Batman & Robin* von Joel Schumacher aus dem Jahr 1997 droht sie, gespielt von Uma Thurman, an der Seite des Schurken Mr. Freeze Gotham City mit dem Untergang in Form von Totalvereisung. Der kommerziell nicht besonders erfolgreiche Streifen setzt den Moment des Stillstandes und des Banns, ob durch Vereisung, durch Umschlingung oder durch den Einsatz aus der Puderdose gepusteter Ferhormone immer wieder in Szene. Gerade durch den Einsatz chemischer Betörungsstoffe, die den Betroffenen um den Verstand bringen, macht Poison Ivy ihre Anziehung so sehr geltend, daß zwischen Batman und Robin ein Konkurrenzkampf um ihre Gunst entbrennt, der die beiden Saubermänner kurzfristig vom Pfad der Tugend abkommen läßt. Es ist dieser letztere Aspekt, der das semantische Spektrum auf sogenannte »Erotik-Thriller« ausdehnt, in denen der Giftefeu – vgl. die Filme *Poison Ivy*, dt. *Tödliche Umarmung* (Regie: Katt Shea; USA 1992), *Poison Ivy 2: Lily* (Regie: Anne Goursaud; USA 1995) und *Poison Ivy 3: The New Seduction* (Regie: Kurt Voss; USA 1997) – reüssiert. Das vielfältige und schillernde Potential ist in solchen Werken auf den Aspekt der (sexuellen) Verstrickung reduziert. (→ Mandragora)

Abb. 1: Poison Ivy.

Wie wenig die erotische Bannkraft allerdings auf die uneigentliche Verwendung in Filmtiteln einzuschränken und wie weit die Interaktion zwischen den Seinsarten zumindest in der Fiktion gediehen sein mag, zeigt eine Diskussion um die Gestalt der Pflanzenfrau in der Batman-Folge *Harley & Ivy.* Dort kommt es zu einer Spielart dessen, was man in Ermangelung eingespielter Begrifflichkeiten als Pflanzensex beschreiben könnte – wenn denn nicht die wundersame Welt der fremdsprachlichen Kompositabildungen auch hierfür guten Rat wüßte. Der entsprechende Eintrag in der Internet-Enzyklopädie Wikipedia jedenfalls attestiert der vegetabilischen Protagonistin eine sexuelle Perversion namens Chlorophilie und verweist für die sexuelle Neigung zu Pflanzen auf jene Episode, in der sie »eine Art Geschlechtsakt« mit einer Pflanze unternimmt. Ihre Faszination ist einer Verschränkung unterschiedlicher semantischer Bezüge geschuldet, die auf je ihre Weise Szenarien der Bedrohung nachstellen: ob durch toxische Wirkungen pflanzeneigener Stoffe, ob durch die unheimliche Mechanik des direkten Umschlingens und Umschlungenwerdens oder durch die erotische Bannkraft bewußt oder unbewußt wahrgenommener Duftstoffe. Dabei blieb diese nicht auf die künstlichen Vorgaben gezeichneter Figuren und deren Rezipientenkreis beschränkt. Immerhin waren neben allen Comicvarianten sehr reale Protagonistinnen zu ihrer mehr als nur gezeichneten Verkörperung vorgesehen – nicht zuletzt die Königin des amerikanischen Pin-ups, das legendäre Aktmodell Bettie Page, wurde ob ihrer Körpermaße als optisches Vorbild gehandelt. Nimmt man zudem noch die Tatsache des Karikiertwerdens als Kriterium für die Verbreitung, so spricht eine Folge der Zeichentrickserie *The Simpsons* Bände, in der ein(e) Poison Lenny sein rsp. ihr Unwesen mit Homer, Marge, Bart(man) und den anderen Protagonisten treiben darf.

Unter der Hand wird an der Pflanzenfrau ein Thema virulent, das ohne jegliche Explikation den kulturgeschichtlichen Fokus und mit diesem das Verhältnis realer und semantischer Versatzstücke betrifft. Es ist dieses Feld, auf dem der legendäre Pharmakologe Alexander Tschirch (1856-1939) tätig sein sollte, ein Feld, das seine hochspezialistische Chemie der Giftstoffe mit Fragen größerer Reichweite verbindet – sowohl bezogen auf die Geographie als auch auf die Semantik. Tschirch, der sich einem entsprechenden Fragenkomplex verschrieben und diesem mit der Pharmakognosie eine eigene Disziplin zugedacht hat, widmet ihm sein Lebenswerk, das umfangreiche *Handbuch der Pharmakognosie* (vgl. dazu Tschirch 1909ff. sowie

Abb. 2: »Bartman« und Poison Ivy in »Revenge is a dish best served three times«, der 389. Folge der Fernsehserie *Die Simpsons*.

übergreifend Bork 2003). Ein biographischer Abriß bestimmt Tschirchs Leistung auf eine Weise, die seinem Forschen die Akzeptanz einer hochgradig interdisziplinären Wissenschaft verspricht: »Pharmakognosie, in richtiger Weise, nicht einseitig gelehrt, vermittelt Warenkenntnis, aber auch volks- und weltwirtschaftliche, kulturgeschichtliche und medizinisch-pharmazeutisch-chemische Kenntnisse und Erfahrungen.« (Sabalitschka 1941, 85) Daß der Diskursbegründer selbst die richtige Dosierung seiner interdisziplinären Mixtur gelegentlich aus dem Blick verlor und – wie es in einem Beitrag über berühmte Apotheker heißt – »in seither nicht wieder erreichter Vollständigkeit alles zusammengefaßt, was zur Kenntnis der Arzneidrogen beitragen kann« und dabei »Auskunft selbst über die obsoletesten und unbekanntesten Drogen gibt«, tut dem kaum etablierten Status seiner uneinseitig gelehrten Disziplin keinen Abbruch (Zekert o. J.; vgl. Ingensiep 2001).

Für den Verbund der von Tschirch projektierten Wissenschaften gab und gibt es immer wieder Beispiele, die der Konstellation von Lebensraum und kultureller Semantik nicht zuletzt eine politische Rolle zuweisen. (→ Roggen) So dekretiert Friedrich Ratzel (1844-1904), prominenter und derzeit vielfach bemühter Vertreter einer Politischen Geographie, daß »Raumbewältigung [...] ein Merkmal des Lebens« sei (zit. nach Thienemann 1956, 49). Das zentrale Anliegen seiner Anthropogeographie, die Verteilung der Menschen auf der Erde, wird unter verändertem Standpunkt auf die Pflanzen übertragen (vgl. Ratzel 1891). Damit werden diese zu einer Bedrohung, sie übernehmen den Part der Invasoren und treten in eine bisweilen letale Konkurrenz mit dem Menschen. Die aggressive Eroberung des Lebensraumes ist Gegenstand eines eigenen Genres, bei dem Pflanzen eine wie auch immer geartete Rolle bei der Kontaktaufnahme mit anderen Welten spielen, wie etwa in dem Science-fiction-Klassiker *The Thing From Another World* (Regie: Christian Nyby; USA 1951). Weil sie Wesen mit eigenen morphologischen Strukturen sind, können ihnen in diesem Krieg der Welten Waffen irdischer Provenienz nichts anhaben. Das namenlose Etwas, das von den Wissenschaftlern erklärt (und gefüttert) wird, ernährt sich vom Blut anderer Organismen. Ein abgetrenntes Partikel wird so unter Zweckentfremdung sämtlicher Blutkonserven zu einem Ding, wie es der Filmtitel benennt, aufgepäppelt, und die Möglichkeiten, es um die Ecke zu bringen, bestimmen dann den Versuchsaufbau des gesamten Films. Selbstverständlich werden dabei Schußwaffen und Feuer eingesetzt, schlußendlich bleibt es aber einer Stromfalle vorbehalten, das Wesen zu elektrokutieren. (→ Zitteraal) Das Bedürfnis einer Pflanze, sich vom Blut warmblütiger Lebewesen (und nicht zuletzt von Menschen) zu ernähren, wird auch im Film *Der kleine Horrorladen* (Regie: Frank Oz; USA 1986) in Szene gesetzt. Blut dient sowohl als Lebens- wie als Handlungselixier, womit der sichtbare und spektakuläre Teil der Geschehnisse im Kampf um Vorherrschaften und um die Annexion von Lebensräumen umrissen ist. (→ Sonnentau)

Die Fähigkeit von Pflanzen, bio-invasiv zu agieren und aggressiv andere Lebensräume zu erobern, ist inzwischen ein fester Bestandteil ihrer Verwissenschaftlichung geworden. Als Lehre von den Neophyten, von Pflanzen, die aus Zufall in an-

Abb. 3: Mörderschlinger nach Wagner 1872.

dere Kontexte gelangen oder gezielt dorthin verbracht werden, beschäftigt sich ein eigener Zweig der Botanik mit der Einpassung in vorhandene Ökosysteme und natürlich auch mit der Verdrängung dort bereits vorhandener Lebewesen (vgl. Kowarik 2003). Das Genre der Body-Snatcher-Filme bildet dieses Stück einer naturalisierten historischen Semantik auf wundersame Weise nach (vgl. dazu Don Siegels *Invasion of the Body*

Snatchers (USA 1956, dt. *Die Dämonischen*) sowie eine der Neuverfilmungen, etwa die von Philip Kaufman (USA 1978, dt. *Die Körperfresser kommen*). So wenig motiviert die Rolle der Pflanzen dabei mit Nuancen in den unterschiedlichen Versionen auch sein mag, so verhandeln die Body Snatchers auf ihre Weise sehr anschaulich die politischen Verhältnisse während des Kalten Krieges und der Zeit danach. Zwischen Konformismus und Kommunistenangst ergibt sich ein kaum differenziertes Bild der Begegnung mit dem Anderen – als aggressive Invasoren folgen sie, und das motiviert den Einsatz der Pflanzen, den bioinvasiven Mechanismen von Neophyhten. Der narrative Plot benutzt die Pflanzen dabei als Mittel zum Zweck der Verdopplung und Annexion der Menschen. Präformiert in Samenkapseln reifen die Doppelgänger heran, um im Moment des Schlafes die Herrschaft über das Ausgangswesen zu übernehmen und dieses zu vernichten. Die Logistik der mit modernen Verkehrsmitteln in die verschiedenen Landesteile verbrachten Samenkapseln liefert am Filmende dafür das Bild. Als Mittel zum Zweck der Umwandlung erschöpft sich mit dieser ihre Funktion weitestgehend. Spektakuläre Auftritte wie in *Flash Gordon's Trip to Mars* (Regie: Ford Beebe und Robert F. Hill; USA 1938) oder in *Blumen des Schreckens* (engl. *Day of the Triffids*, Regie: Steve Sekely; GB 1962), die vom unmittelbaren Kampf der Protagonisten mit den Pflanzen handeln, bleiben eher die Ausnahme. Auf der Handlungsebene wird vorrangig mit Mutanten und das heißt mit transformierten Menschen gekämpft. Handlungsfördernd ist daher die Unterscheidung zwischen Original und Doppelgänger sowie die Suche nach Indizienmustern für die Unterscheidung, ein Aspekt, der nach den Vorgaben der psychiatrischen Literatur als »Capgras-Syndrom« tituliert wird. Der französische Psychiater Jean Marie Joseph Capgras beschrieb im Jahr 1923 eine Symptomatik, bei der Betroffene einen schleichenden Persönlichkeitsverlust bei Menschen in ihrem nahen sozialen Umfeld zu beobachten glauben. Dieser Identitätsschwund, der im Film von den bereits mutierten Agenten der Fremdherrschaft als Massenhysterie psychologisiert wird, ist von der Filmkritik als Parabel auf die McCarthy-Ära und vor ihrer nachgerade hysterischen Angst vor der kommunistischen Gleichschaltung gewertet worden. Eine an das Konzept der Body-Snatchers-Reihe angelehnte Fernsehserie (*Invasion* 2005/2006) aus den Jahren nach dem Kalten Krieg zeichnet ein anderes Bild. Aus der Annexion, aus dem Verlust dessen, was vorher war, und aus der unendlichen Bedrohung werden Formen einer (mehr oder weniger) friedlichen Koexistenz. Die Seinsarten – ob (bereits) mutiert oder (noch) nicht – gehen soziale Übergangsverhältnisse ein, auf Zeit oder Probe gestellte Kooperationen, die eher den Spielwiesen und Spielweisen postmoderner Gesellschaften als den Binarismen ideologisch verbrämter Lagerkämpfe geschuldet scheinen. Alles steht im Zeichen eines Patchworks, das über die auffällige Familienkonstellation der Protagonisten hinaus auch die sozialen Gemeinschaften überhaupt zu prägen scheint.

Im Realen der Umweltpolitik hält sich die Semantik vom Schmarotzer, vom Wirt und seinen Parasiten sowie der Bedrohung eigener oder als eigen ausgewiesener Lebensräume allerdings ungleich hartnäckiger. Wie in einem aktuellen Eintrag über Giftpflanzen zu lesen ist, verdoppelt die Verfolgung ein Handlungsschema, das eher den Auswirkungen kultureller Semantik denn den Notwendigkeiten wissenschaftlicher Botanik geschuldet scheint: »Obwohl das Giftefeu in Nordamerika beheimat[et] und dort keineswegs ein Neophyt ist, wird [es] von den dortigen Behörden, insbesondere in der Nähe menschlicher Ansiedlungen, rücksichtslos verfolgt. Das Giftefeu ist sozusagen die Herkulesstaude [...] Nordamerikas.« (N. N., 2008) Nicht im Uneigentlichen des Sozusagens handelt ein Lied der Rockgruppe Genesis (*Nursery Crime*, 1971) von der Herkulesstaude (Giant Hogweed, auch Großer Bärenklau), einem echten Neophyten, im Jahr 2008 zur Giftpflanze des Jahres gekürt und umrankt von einem bunten Maßnahmenstrauß zu seiner Vernichtung. Das Lied dramatisiert die Rückkehr der Herkulesstaude als einen Eroberungsfeldzug. Es scheint die Pointe dieser Dramaturgie zu sein, daß sie neben der durchaus unfreiwilligen Rolle, die viktorianische Wissenschaftler, Gastgeschenke anläßlich diplomatischer Veranstaltungen und die Bepflanzung botanischer Gärten darin spielen, ausgerechnet in den Bergen Rußlands ihren verhängnisvollen Lauf nahm:

Turn and run!
Nothing can stop them,
Around every river and canal their power is growing.
Stamp them out!
We must destroy them,
They infiltrate each city with their thick dark warning odour.
They are invincible,
They seem immune to all our herbicidal battering.
Long ago in the Russian hills,
A Victorian explorer found the regal Hogweed by a marsh,
He captured it and brought it home.
Botanical creature stirs, seeking revenge.
Royal beast did not forget.
He came home to London,
And made a present of the Hogweed to the Royal Gardens at Kew.
Waste no time!
They are approaching.
Hurry now, we must protect ourselves and find some shelter
Strike by night!
They are defenceless.
They all need the sun to photosensitize their venom.
Still they're invincible,
Still they're immune to all our herbicidal battering.
Fashionable country gentlemen had some cultivated wild gardens,
In which they innocently planted the Giant Hogweed throughout the land.
Botanical creature stirs, seeking revenge.
Royal beast did not forget.
Soon they escaped, spreading their seed,
Preparing for an onslaught, threatening the human race.
The Dance Of The Giant Hogweed
Mighty Hogweed is avenged.
Human bodies soon will know our anger.
Kill them with your Hogweed hairs
HERACLEUM MANTEGAZZIANI
Giant Hogweed lives
(Genesis, The Return of the Giant Hogweed)

S. R.

Roggen

> Der Osten erhielt durch den Roggen seine Fruchtbarkeit und wurde zum Geburtsland einer starken Militärmacht. Der Osten verliert ohne den Roggen an geschichtsbildender Kraft.
>
> *Merkenschlager/Klinkowski 1933, 37*

Über die Herkunft des Roggens waren sich die Pflanzengeographen nicht einig. Die beiden Botaniker Friedrich Merkenschlager und Maximilian Klinkowski vermuteten in ihrer *Pflanzlichen Konstitutionslehre* aus dem Jahr 1933, daß der Roggen zur sogenannten »Pontischen Flora« gehören könne. Diese sei in Gebieten entstanden, welche sich durch heiße Sommer und kalte Winter auszeichnen, weshalb für die entsprechenden Pflanzen eine hohe Resistenz gegen Trockenheit und hohe Temperaturen charakteristisch sei. Insofern sei zu vermuten, daß auch der Roggen aus diesen Gebieten stamme.

Damit gehen die beiden über zur Frage nach der Bedeutung der Kulturpflanze Roggen: Denn die Anfänge des Roggenanbaus, die in einem »innigen Wechselverhältnis« mit dem Ende der Elchzeit, wie die »germanische Jäger- und Waldzeit« auch genannt werde, stünden, habe revolutionierend gewirkt. Der Roggenanbau habe nämlich zu jenem »Bevölkerungsdruck aus dem Osten« geführt, der sich in der »gewaltigen Völkerwanderung entlud«. Und erst durch die Völkerwanderung sei der Roggenanbau, zeitlich und ursächlich an den Hopfenanbau gekoppelt, überhaupt nach Ostfranken und Ostelbien gekommen (Merkenschlager/Klinkowski 1933, 36; Merkenschlager 1930).

Der Roggen sei dann in slawischen Burgwällen gestapelt worden und mit seinem Anbau seien die großen Kornkammern entstanden, die in den Kornspeichern von Königsberg, Danzig und Nürnberg ihr Sinnbild gefunden hätten. Im Roggen zeige sich somit die Verbindung von Natur, Ackerbau und Geschichte. Nachdem die beiden Autoren festgestellt haben, daß

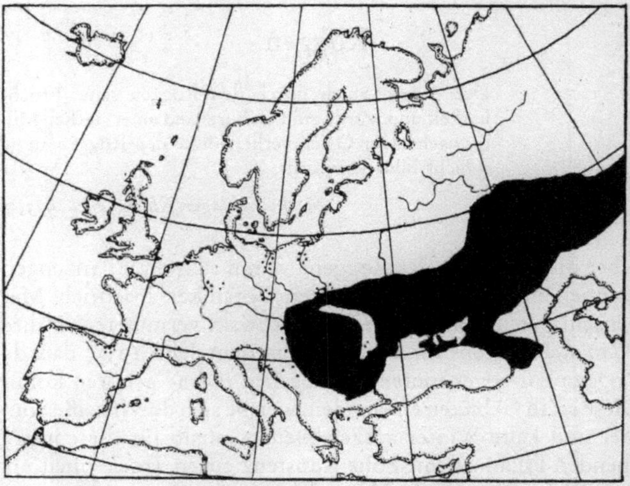

Abb. 45. Das Pontische Florenelement, dargestellt an der Verbreitung des Adonisröschens. Nach Hueck

Abb. 1: Nach Merkenschlager/Klinkowski 1933.

sich die Schwerpunkte der »Volkskraft« schließlich auf die Roggengebiete (Nürnberg, Mark Brandenburg) verlagert hätten, schreiben sie:

Der Roggen wird zum pflanzlichen Sinnbild des Preußentums, die preußische Geschichte ist ohne den Roggen gar nicht denkbar. Es ist kein Zufall, daß der Roggen seine beste Ausprägung in dem typisch brandenburgisch-preußischen Sandgebiet von Petkus fand. (Merkenschlager/Klinkowski 1933, 36)

Doch die große Geschichte des Roggens und damit diejenige Preußens scheint in Gefahr, stünden »wir« doch im »Dämmerlicht der abziehenden Roggenzeit«, schließlich habe der Roggen die Achtung des Volkes verloren: »Unsere Ostnot ist letzten Endes die Untreue zum Roggen.« (Merkenschlager/Klinkowski 1933, 36)

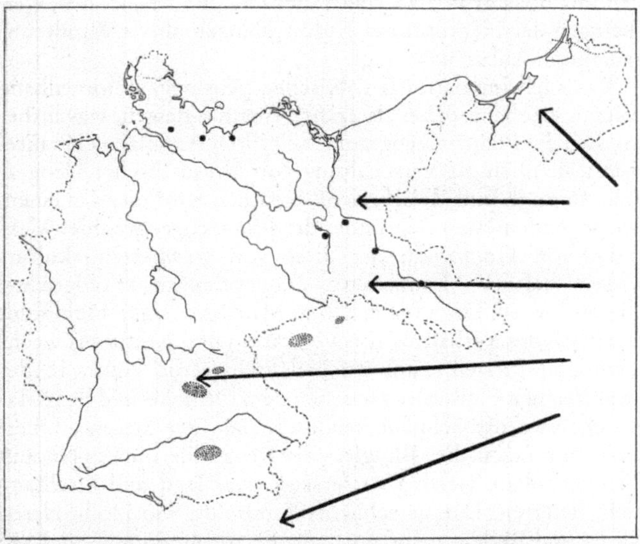

Abb. 46. Einzug der Roggenzeit. Große Punkte: Wendischer Burgwallroggen. Punktiert: Hopfengebiete

Abb. 2: Nach Merkenschlager/Klinkowski 1933.

Die Verknüpfung der Physiologie der Kulturpflanze mit historischen Gegebenheiten ist Programm dieser »dynamischen Botanik«, ein Begriff, den der Botaniker Friedrich Boas (1886-1960) prägte. Diese dynamische Botanik betrachte die Pflanze als »lebendes, d. h. wirkendes Wesen im Gesamtbereich des Lebens« und eben nicht als bloßes Objekt wissenschaftlicher Forschung (Boas 1937, 10). Dementsprechend fragen ihre Vertreter nach dem Ort und der Rolle der Pflanzen im »Gesamtbereich des Lebens«. Boas setzte damit der objektivistischen Botanik einen holistischen Ansatz entgegen. Zugleich wurde mit diesem Forschungsprogramm eine national-völkische Ideologie propagiert, so schreibt Boas: »Dynamische Botanik ist immer an einen bestimmten Lebens- und Volksraum gebunden, also immer eine irgendwie regional gebundene, völkische Botanik.« (Boas 1937, 14) Merkenschlagers und Klinkowskis Ansatz läßt sich mit Boas denn als »Volksraumbotanik« bezeichnen, welche nach der Herkunft der Kulturpflanzen, ihren Wanderungen, ihrem Anbau usw. fragt.

Was hier im national-völkischen Aussagezusammenhang auftritt, erscheint dabei als Transformation dessen, was insbesondere die Pflanzengeographie seit ihren Anfängen charakterisiert, nämlich die Verschaltung von Physikalischer Geographie, Botanik und Reisebericht. Deutlich wird dies bei einem der prominentesten Begründer der Pflanzengeographie, Alexander von Humboldt, der diese von vornherein »kulturwissenschaftlich« konzipierte. (Zur pflanzensoziologischen Dimension → Dictyostelium Mucoroides) Humboldt beschrieb das Verhältnis von Vegetation und Kultur als wechselseitigen Prozeß, zum Beispiel zwinge die Natur in der »waldreichen Flußwelt« zwischen dem Orinoko und dem Maranon, etwa die Schnelligkeit und Tiefe der Ströme, Überschwemmungen, die »Blutgier« der Krokodile, die Völker zum Pflanzenanbau, welcher das ersetze, was Jagd und Fischfang nicht lieferten. Daraus schließt Humboldt: »So modifizieren Klima und Boden, mehr noch als die Abstammung, die Lage und die Sitten der Wilden.« (Humboldt 1989, 57)

Auch in der Nachfolge Humboldts blieb der Blick auf das Verhältnis von Pflanze und Kultur in Arbeiten zur Pflanzengeographie wie auch zur Geschichte der Kulturpflanzen erhalten. Neben Charles Darwins *Das Variieren der Thiere und Pflanzen im Zustande der Domestication* ist hier vor allem Alphonse de Candolles *Der Ursprung der Culturpflanzen* zu nennen, in dem dieser auch auf Darwin verweist. Candolle zielte in seiner Abhandlung von vornherein keineswegs nur auf ein botanisches Spezialproblem, stand mit der Frage nach dem Ursprung der Kulturpflanzen doch auch die nach dem Beginn der Zivilisation im Raum. Daher erweiterte er denn auch die üblichen Methoden der Botanik um Archäologie, Paläontologie, Geschichte und Sprachforschung. Die Geschichte der Kulturpflanzen wird somit zu einem interdisziplinären Unternehmen. Relevant für die Geschichte des Roggens sollte denn auch werden, daß er in ägyptischen Dokumenten nicht erwähnt wird und die semitischen Sprachen wie das Sanskrit keinen Namen für ihn haben. Dagegen zeigen die europäischen Sprachen, daß der Roggen in germanischen, keltischen und slawischen Ländern bekannt gewesen sei – bei den Angelsachsen als *ryge* oder *rig*, in Skandinavien als *rûgr*, im Altdeutschen als *roggo*, im Altslawischen als *ruji* oder *roji*, bei den Polen als *rez* usw. (→ Rosa) Aufgrund der historischen und linguistischen Angaben kommt de Candolle zu dem Schluß, daß der Ursprung des Roggens in den Ländern nördlich der Donau liegt. Was wildwachsenden Roggen betrifft, ist er skeptisch, häufig läge hier eine Verwechslung vor. Einen Beleg jedoch läßt er gelten: In den Ländern der Donaumonarchie wachse der Roggen fast spontan, was sich kaum anderswo wahrnehmen lasse. So finde er noch »heute« in den östlichen Teilen Europas, wo die »Geschichte auf eine alte Cultur hinweist«, die günstigsten Bedingungen zu seinem »Fortkommen ohne Hülfe des Menschen« (Candolle 1884, 468-471).

Die Verknüpfung Ostpreußens mit dem Roggenanbau ergibt sich somit aus der Geschichte der Pflanze selbst. Jedoch bleiben Merkenschlagers und Klinkowskis Ausführungen nicht dabei stehen: Der Roggen müsse zurückkehren, da ohne diesen der Osten seine »geschichtsbildende Kraft« verliere. Was hier wiederkehren soll, sind aber nicht die Roggenfelder, vielmehr wird hier ein Bündnis beschworen, das 1879 den Namen »Roggen und Eisen« trug und eine Allianz von Großgrundbesitz und Großindustrie darstellte. Diese Annäherung von »Rittergut und Hochofen« erfolgte angesichts der Krise des politischen Liberalismus sowie der wirtschaftlichen Depression von 1873-79. Erfolgreich war dieses Bündnis insofern, als daß zum einen ein den Industriellen zugute kommender Flottenausbau beschlossen, zum anderen den Großagrariern ein verbessertes Schutzzollsystem für Getreide gewährt wurde. Nach dem Historiker Hans Rosenberg hat dies nichts daran geändert, daß die ostelbischen Großgrundbesitzer in ökonomischer Hinsicht vom Industriesektor überflügelt wurden, jedoch zählten sie nach wie vor zur ersten Gesellschaft: Sie blieben das »soziale Rückgrat der regierenden Machtelite« (Rosenberg 1969, 64). Rosenberg meint hier einen deutschen Sonderweg zu erkennen, denn während die säkulare Entwicklung in den Industrieländern des Westens auf den »demokratischen sozialen Wohlfahrtsstaat des 20. Jahrhunderts und auf die reale Entmachtung der Bodenaristokratie per se lossteuerte, eroberten die ostelbischen Großagrarier die Spitzenstellung in der Hierarchie der materiellen Nutznießer der öffentlichen Wohlfahrtspflege« (Rosenberg 1969, 73). Mit den Junkern erhielt eine ausgesprochen antidemokratische Gruppe eine gesellschaftliche Sonderstellung, die durch Zölle vor ausländischer Konkurrenz geschützt wurde, die Privilegien mit dem militanten Interessenverband Bund der Landwirte machtvoll verteidigte und die die konservative Partei in ihrem Sinne beeinflußte. Historiker haben hier immer wieder den Grund für den spezifischen Verlauf der deutschen Geschichte bis hin zum Nationalsozialismus gesehen. Pointiert formuliert dies der Titel eines Buches des Historikers Hans-Jürgen Puhle: *Von der Agrarkrise zum Präfaschismus* (1972). Insbesondere der einflußreiche Bund der Landwirte war geprägt durch militanten und radikalen Antisemitismus, gekoppelt mit einer völkisch-nationalistischen Ideologie (Puhle 1975, 111). Diese Thesen wurden durch verschiedene Forschungsarbeiten in mehrfacher Hinsicht relativiert, die komplexe Diskussion kann hier aber nicht rekonstruiert werden. Erwähnt sei jedoch Patrick Wagners Studie *Bauern, Junker und Beamte*, die reichliches Material zu den Strukturen und Praktiken lokaler Machtbeziehungen liefert. Wie Wagner aufzeigt, hat es eine reine »Junkerherrschaft« nie gegeben. Vielmehr bestanden die Machtbeziehungen in den ostelbischen Kreisen in komplexen Interaktionen zwischen »adligen und bürgerlichen Großgrundbesitzern, Beamten, Bauern und anderen Mitgliedern der lokalen Besitzeliten« (Wagner 2005, 569). In den siebziger Jahren des 19. Jahrhunderts setzte dann eine Transformation lokaler Machtbeziehungen ein, die zu einer »Dominanz der Bürokratie gegenüber den lokalen Machteliten« geführt habe (Wagner 2005, 584). Insofern sei auch in Ostelbien die Bürokratie zur »dominanten Akteurin« aufgestiegen, sie habe dabei aber die Partikularinteressen der Großgrundbesitzer gewahrt (Wagner 2005, 590f.).

Doch auch wenn die Junker bzw. der Verbund von Roggen und Eisen nicht das treibende Element der Geschichte gewesen sein mögen: Daß der Osten die geschichtsbildende Kraft liefere, war das zentrale Argument der Germanisierungspolitik, unter der in dieser Zeit die Polen innerhalb des Deutschen Reichs verstärkt zu leiden hatten (vgl. hierzu Wehler 1995, 961-965 und 1068-1071). Erstens wurde die deutsche Sprache zur einzigen amtlichen Unterrichts- und Geschäftssprache, so daß die Muttersprache der Polen aus dem öffentlichen Alltag verschwand. Zweitens wurden 1885 rund 48 000 Polen mit ungeklärter Staatsangehörigkeit ausgewiesen, allerdings blieben die Grenzen für polnische Saisonarbeiter, deren niedrige Löhne die Rentabilität der Rittergüter ermöglichten, offen (vgl. Wehler 1995, 963). Mit dem preußischen »Ansiedlungsgesetz« von 1886 wurde es schließlich möglich, daß die sogenannte »Ansiedlungskommission« polnischen Großgrundbesitz aufkaufte und an deutsche Neusiedler verteilte. Auch wenn diese »Germanisierung des Bodens« letztlich erfolglos war, unter anderem, weil die Junker ihren Besitz zu überhöhten Preisen verkauften, lag das »klassische Exerzierfeld der Germanisierungspolitik« eindeutig im preußischen Osten (Wehler 1995, 1068).

Die Geschichte der Kulturpflanze Roggen erweist sich damit als ein »kulturwissenschaftliches« Thema im Sinne Humboldts, allerdings steht nun die Politische Geographie im Vordergrund (→ Poison Ivy): Die zentrale These Friedrich Ratzels, des Begründers dieser Disziplin, lautet, daß »Lebensraum« nicht nur durch Krieg erobert werde, sondern eben durch die Kultivierung des Bodens:

> Wenn man sagt: Ostdeutschland hat der Pflug erobert, so meint das auch: nicht das starke Reich gewann die ostelbischen Länder den Deutschen, sondern starke Kleinherren des Grenzlandes und deren oft recht schwache Diener. Man kann die allgemeine Regel aussprechen: Im natürlichen Wachstum der Völker ist der wachsende Rand politisch schwach; denn er setzt sich aus lauter kleinen Gebilden zusammen. Je schwächer er aber heute ist, um so gesünder ist sein Wachstum und desto stärker wird er morgen sein. (Ratzel 1903, 49)

Entscheidend ist für Ratzel, daß die Beziehung eines Volkes zum Boden »politische Formen anzunehmen strebt und daß jedes politische Gebilde die Verbindung mit dem Boden sucht«

(Ratzel 1903, 24). Die spezifische Bearbeitung des Bodens gehört somit in die Geschichte der Entstehung der Staaten: »Die Kolonisation ohne Ackerbau ist provisorisch, der Ackerbau macht sie unwiderruflich.« (Ratzel 1903, 69) Ratzel zielt auf die Bedeutung der »Bewirtschaftung des Bodens für die Kultur, die ja schon in der Etymologie des Wortes Kultur sich ausspricht« (Ratzel 1903, 66). *Colere* im Sinne der Bearbeitung und Pflege des Bodens wird somit zum entscheidenden Faktor der Staatsbildung, zugleich ist der Ackerbau als Kulturaufgabe die »geheiligte« Angelegenheit des Staates.

Politische Geographie und die Geschichte der Kulturpflanzen finden hier ihre Gemeinsamkeit, nicht nur wird der Raum durch den Ackerbau erschlossen und gewonnen (→ Apfel), dieser bildet zugleich eine zentrale Instanz für die soziale und politische Form. (→ Getreide) Die Gewinnung des »Lebensraums« im Osten sollte allerdings nicht friedlich mit »Axt und Pflug« erfolgen, vielmehr fand die Germanisierung des Ostens ihre Radikalisierung in der Vernichtungspolitik der Nationalsozialisten So schrieb Heinrich Himmler in *Das schwarze Korps* am 20. August 1942: »Unsere Aufgabe im Osten ist nicht Germanisierung im früheren Sinne des Wortes, d. h. daß wir der Bevölkerung deutsche Sprache und deutsches Recht aufdrängen, sondern sicherzustellen, daß nur Menschen rein deutschen Blutes den Osten bevölkern.« (Zit. nach Dallin 1958, 291)

B. B.

Rosa

Der güldne Sonnenstrahl beschien,
Und fand von Kräutern, Gras und Klee,
In so viel tausend schönen Blättern
Aus dieses Weltbuchs A B C
So vile, so schön gemalt, so rein gezogne Lettern,
Daß ich, dadurch gerührt, den Inhalt dieser Schrift,
Begierig wünschte zu verstehen.
Ich konnt es überhaupt auch alsbald sehn
Und, daß er von des großen Schöpfers Wesen
Ganz deutlich handelte, ganz deutlich lesen.

Brockes 1982, 12

Diese Geschlechter hab' ich manchmal als die Lüderlichen zu nennen mich erkühnt und die Rose mit diesem Epithet zu belegen gewagt, wodurch ihr freilich die Anmut nicht verkümmert werden kann; besonders möchte Rosa canina sich diesen Vorwurf zuziehen.

Goethe 1982, 36

Wenn das Verhältnis der Wörter und Sachen zur Verhandlung ansteht, sind für den Schriftsteller Arno Schmidt die Fronten schnell geklärt. Zwei in seiner Wertschätzung höchst ambivalente Protagonisten dürfen nicht zuletzt im Umgang mit Pflanzen unter Beweis stellen, wie sie es mit der Ordnung der Dinge und ihren Bezeichnungen jeweils halten. Im biedermeierlichsten Ambiente und entsprechend karikierend geht Schmidt bei Adalbert Stifter (1805-1868) zur Sache. Damit in der sorgsam umhegten Welt seines Romans *Der Nachsommer* tatsächlich alles seine Ordnung hat und diese aber auch durch gar nichts gefährdet zu sein braucht, werden die Rosen im Garten der Protagonisten mit Namenszetteln versehen und in sorgsam beschriebene Glasröhrchen gesteckt, auf daß sie derart gehütet nicht nur gegenüber möglichen Unbilden der Witterung, sondern auch gegen etwaige Störungen in der Taxonomie gefeit sind. Im gläsern geschützten Namen der Rose haben die natürlichen Dinge der Welt eine Verankerung im Sein, die für Schmidts psychologisierende Hochrechnung Ausbund von Stifters Beharrungsbestreben, seiner Veränderungsunfähigkeit und damit in psychologisierender Verallgemeinerung schlußendlich für dessen politischen Konservatismus und bürgerliche Katastrophenfeindlichkeit wird. In einem Radioessay mit dem Titel »Der sanfte Unmensch. Einhundert Jahre Nachsommer« läßt Schmidt verschiedene Sprecher gegen das vermeintliche Idyll um Stifters Helden Heinrich vom Leder ziehen.

B. Da erblickt Heinrich als erstes bewundernd: wie zwischen dem Leben und dem Asperhof die riesenhohe, sorgfältig gepflegte, ja abgestaubte, Rosenwand steht. Und, damit ja nichts bei Dornröschens zu wünschen übrig bliebe:

A. (in gezierter Geschäftigkeit): »An jedem Stämmchen hing der Name der Blume, auf Papier geschrieben, und in gläserner Hülle, hernieder.« – Worauf dann diese sinnreich eingerichtete gläserne Hülle des Breiten beschrieben wird. (Schmidt 1981, 120)

Ganz anders, weil dezidiert antirestaurativ und liberal, ist es um einen Grenzgänger der Taxonomie bestellt, um den Mediziner, Naturforscher und Zeitungsherausgeber Lorenz Oken (1779-1851). Der unternimmt in seiner Naturgeschichte einen der vielleicht eigenwilligsten Angriffe gegen eingespielte Ordnungssysteme und vor allem gegen deren eingespielte Namensgebungen. Der Begeisterung eines Schriftstellers wie Arno Schmidt für die Bemühungen um eine entsprechende Terminologie konnte Oken sich mehr als sicher sein. Was Schmidt im Hinblick auf Oken betont, ist dessen Versuch, die eigene Ordnung der Dinge in der Tier- und Pflanzenwelt terminologisch abzubilden, eine Sprache zu schaffen, die den Dingen nicht nur Namen, sondern mit diesen ein System verheißt. Damit teilt er ein Anliegen, das auch der analytischen Sprache des englischen Geistlichen John Wilkins (1614-1672) eigen ist. Diese wiederum wurde Anlaß für einen Text von Jorge Luis Borges, in dem jene legendäre chinesische Enzyklopädie Erwähnung findet, die dann für Foucaults *Ordnung der Dinge* so bedeutend werden sollte. Derlei Inventarisierungen haben teil an Phantasmen des Anfangs, an Strategien der künstlichen Setzung oder

Erzeugung von Anfängen, an der Suche nach einem Anfang vor dem Anfang. Ob das aus Gründen schierer Sprachökonomie, wie bei dem von Schmidt angeführten Christian Hinrich Wolke, oder aus solchen terminologischer Stringenz (und damit schlußendlich einer verbesserten Wissensorganisation) erfolgt, ist gegenüber dem Anspruch einer Neuordnung zwischen den Dingen und den Wörtern zweitrangig. Damit untergräbt Oken die Autorität des Schweden Carl von Linné, der mit seiner binären Nomenklatur innerhalb entsprechender Bemühungen für einen Standard der Standardisierung der Natur sorgte (vgl. dazu Wuketits 2007 und Müller-Wille 1999). Schmidt, im Gegensatz zu seinem Stifter-Tadel bei Oken des Lobes übervoll, bemüht dessen Benennungsversuche und übersetzt in der Erzählung *Schwänze* den geschätzten Oken mitsamt der von ihm verwendeten Nomenklatur kurzerhand in Literatur.

Ländlicher Spaziergang

Klöder drahlen
Flappe zullen
Fäsen schleipen schlinken söllen
Schwiedeln klinnen gullen flangen
Sieve plumpen Rölsen schwieken
(Nixen mummeln?)
Zasel tufen
Kausche schlutten uchten flahnen
Schwerdel glitzen Mocke dusen
Wäppel elsen pinten lieschen
Schilfe binsen Teische tageln
(oken?)
Narfen merren.
(Schmidt 1976, 85)

In der Erzählung läßt Schmidt dazu einen fiktiven Schriftsteller namens J. B. Lindemann mit einem amerikanischen Kritiker Chr. M. Stadion in einen interkontinentalen Schlagabtausch treten: Anläßlich von Lindemanns Gedicht »Ländlicher Spaziergang«, das schlicht aus einer Aneinanderreihung Okenschen Neologismen besteht, darf von Seiten des ignoranten

Kritikers Chr. M. Stadion, dessen Name ein Anagramm Arno Schmidts ist, neben dem Vorwurf des Unsinns auch noch ein solcher des geistigen Diebstahls gegen den Schreiber erhoben werden: »J. B. Lindemann ein Plagiator!« Dem folgt dann wiederum dessen Rechtfertigung in eigener wie in Okens Sache: »Notwendige Erklärung«. Dabei wird das nackte Elend der Uninformiertheit Stadions und die Haltlosigkeit seiner Diffamierungen, die Vorwürfe von Plagiat und abgestandenem Expressionismus, ersichtlich: »Und nicht nur dieses; sondern es sei ausgesprochen, das Ungeheure: jedes einzelne der betreffenden Worte findet sich in OKEN's Naturgeschichte, wo es als (sinnlos verdeutschter) Gattungsname von Pflanzenoderwasweißich figurieren muß! Oken sei's verziehen; im Donnerton aber ruft die Volksstimme: Quousque tandem, Lindemann?!« (Schmidt 1976, 87)

Derart mit den Nützlichkeitserwägungen konfrontiert, geht Lindemann, der ländliche Spaziergänger, in die Offensive und legt die Karten seiner (und Okens) Kunst auf den Tisch. Dazu streift er auch kurz Okens Biographie; so wird etwa dessen liberale Zeitschrift *Isis* erwähnt, um deren Verbot und die unrühmliche Rolle Goethes in dieser Angelegenheit eigens herauszustreichen (vgl. dazu Schmidt 1976). Durch das Agitieren des Olympiers bei den Weimarer Offiziellen vor die Wahl gestellt, entweder die Zeitschrift oder seine Professur in Jena aufzugeben, entschied sich Oken gegen die akademische Sicherheit und für seine Zeitschrift, eine Wahl, die ganz nach Schmidts Geschmack war. Wie aber ordnet Oken seine Natur und wie gelangt er zu seinen Wörtern? Sein Bestreben stellt einen Grenzgang taxonomischer Bestimmungen dar, der sich in der aktuellen Wahrnehmung höchst absonderlich ausnimmt – von der historischen gar nicht erst zu reden, die aus folgender Einschätzung des mit ihm amtlich befaßten Großherzogs Carl August von Weimar spricht. »Der Oken ist wieder nicht recht richtig im Kopfe; die Erfindung der vielen neuen Namen scheint seinem Geiste und der Urteilskraft geschadet zu haben!« (Zit. nach Blum o. J.) Seinem System liegt ein Parallelismus zwischen Pflanze und Tier zugrunde, was ihn dazu drängt, analoge Organe in beiden Reichen aufzuspüren und anhand dieser eine entsprechende Ordnung vorzunehmen. Das Bemühte solcher Systematisierungsversuche liegt darin, was nicht paßt, passend zu machen. Ein aktueller Beitrag von Peter Haffner zeichnet die *idée fixe* der Passung nach. Ähnlich seiner Einteilung des Tierreichs nach dem Vorbild der fünf Sinnesorgane nimmt Oken für das Pflanzenreich dreizehn Organe an, Zellen, Adern, Drosseln, Wurzel, Stengel, Laub, Samen, Gröps, Blume, Nuß, Pflaume, Beere und Apfel. Alles zusammen würde die vollkommene Pflanze ergeben. Dieser Vorgabe folgt in Okens Vorstellung die Organisation sämtlicher Pflanzen.

Zwei Länder bilden nach Oken das Pflanzenreich, Stocker und Bluster, die ihrerseits in zwei Gaue gegliedert sind, Marker und Stammer beziehungsweise Blüher und Fruchter; Klassen, Stufen, Ordnungen, Zünfte, Sippschaften und Sippen verfeinern die Unterteilung. Da an den herkömmlichen und noch heute gültigen Pflanzennamen, die der große Taxonome Carl von Linné eingeführt hatte, die Systematik der Ordnung nicht ablesbar ist, ersann Oken eine kombinatorische Nomenklatur, als deren Ordnungszahl er die Dreizehn nahm. Aus 13 Klassen ergaben sich 13×13 Zünfte und 13×13×13 Sippen, und da die Zahl der Pflanzenorgane ebenfalls dreizehn war, ließen sich aus deren Namen sämtliche Namen kombinieren. Waren zweigliedrige Komposita für die 169 Zünfte durchaus angebracht, erschienen dreigliedrige für die 2197 Sippen aber zu schwerfällig – Wörter wie Zellendrossler oder Laubgröpser mochten angehen, Gröpslaubzeller oder Drosselzellengröpser indes widerstrebten Okens Sprachgefühl. Also prägte er für jede der 169 Zünfte ein nomen simplex, das er dem Kompositum zur Seite stellte. So wurden beispielsweise im Land der Stocker die Ader-Ader zu Schlinken und die Ader-Lauber zu Dusen, die Ader-Zeller zu Matzen und die Gröps-Aderer zu Stuppen, die Drossel-Stengler zu Schwaden und die Drossel-Lauber zu Schwideln; im Land der Bluster, nicht minder voller Wunder, treffen wir auf Gewächse wie Schraden, Schlutten und Schrallen, Grampen, Gulpen und Glahnen oder Ramseln, Rodeln und Pimpeln. (Haffner 1997, o. P.)

Man könnte Oken, von dem es heißt, daß er »vor aller Regellosigkeit einen Abscheu« hatte, sehr einfach auf die Eigendynamik von Ordnungswahn und Zwangssystematik reduzieren. Doch hinter psychologisierenden Ansätzen für sein Regime »ganz nach Kasernenart« (Haffner 1997) steckt noch ein anderer Aspekt, das Bemühen, die Ordnung durch die oder in der Sprache opak zu halten. Das wiederum verbindet ihn etwa mit

B. Ordnungen und Zünfte.

Erstes Land, S. 31
Markpflanzen.
Acotyledonen, S. 31.

Erste Classe, S. 32.
Zellenpflanzen — Pilze.

I. O. Mark-Zeller.
Coniomyceten.

1. Z. Brande: Entophyten.
2. Z. Matzen: Epiphyten.
3. Z. Pöhle: Tubercularien.

II. O. Schaft-Zeller 59
Hyphomyceten.

4. Z. Muche: Mucorinen.
5. Z. Moder: Mucedineen.
6. Z. Bolze: Byssinen.

III. O. Stamm-Zeller 75
Gastromyceten.

7. Z. Kille: Trichodermaceen.
8. Z. Fiste: Trichiaceen.
9. Z. Buffe: Lycoperdinen.

IV. O. Blüthen-Zeller 90
Pyrenomyceten.

10. Z. Nippeln: Cytisporeen.
11. Z. Nimpeln: Phacidiaceen.
12. Z. Nollen: Sphäriaceen.

V. O. Frucht-Zeller 102
Hymenomyceten.

13. Z. Trüffel: Tuberaceen.
14. Z. Kunze: Tremellarien, Pezizen.
15. Z. Morcheln: Clavarien.
16. Z. Reische: Hutpilze.

Zweyte Classe 177
Aderpflanzen — Moosartige.

I. O. Mark-Aderer 182
Schleim-Algen.

1. Z. Fäsen: Diatomeen.
2. Z. Schleipen: Nostochinen.
3. Z. Zaseln: Batrachospermen.

II. O. Schaft-Aderer 198
Wasserfäden.

4. Z. Schlinken: Confervaceen.
5. Z. Flappe: Ulvaceen.
6. Z. Schwämme: Spongien.

III. O. Stamm-Aderer 213
Tange.

7. Z. Drahlen: Ceramien.
8. Z. Söllen: Floridien.
9. Z. Klöder: Fucoiden.

IV. O. Blüthen-Aderer 239
Flechten.

10. Z. Rahlen: Staub- u. Crustenflechten.
11. Z. Stuppen; Knopfflechten.
12. Z. Raspen: Schildflechten.

V. O. Frucht-Aderer 260
Moose.

13. Z. Laschen: Lebermoose.
14. Z. Teische: Astomen, Hymeno- und Gymnostomen.
15. Z. Zullen: Aploperistomen.
16. Z. Tagel: Diploperistomen.

Dritte Classe 304
Drosselpflanzen — Farren.

I. O. Mark-Drossler 309
Hydropteriden.

1. Z. Lappenfarren: Marsileen.
2. Z. Grasfarren: Pilularien.
3. Z. Wirtelfarren: Equisetaceen.

II. O. Schaft-Drossler 315
Kugelfarren.

4. Z. Sprehnen: Stachyopteriden.
5. Z. Osen: Schismatopteriden.
6. Z. Fecherfarren: Poropteriden.

III. O. Stamm-Drossler 322
Gyropteriden.

7. Z. Flatten: Polypodiaceen.
8. Z. Bregen: Streifenfarren.
9. Z. Spaunen: Düpfelfarren.

IV. O. Blüthen-Drossler 337
Fluvialen.

10. Z. Narfen: Najaden.
11. Z. Zaserfarren: Podostemonen.
12. Z. Merren: Callitrichinen, Ceratophylleen.

V. O. Frucht-Drossler 345
Coniferen.

13. Z. Tannen: Abietinen.
14. Z. Eiben: Casuarinen, Myricinen, Taxinen.
15. Z. Cypressen: Cupressinen.
16. Z. Bralen: Cycadeen.

Abb. 1: Einteilung des Pflanzenreichs nach Oken 1843.

Überlegungen zur Universalsprache, ein Aspekt, auf den auch Arno Schmidt unter Nennung einiger Protagonisten hinweist. Oken selbst beschreibt den ganzen Vorgang nach Maßgabe eines Sprachsystems, bestehend aus Wörterbuch und Grammatik und läßt die Wahl der Kriterien fast dahinter zurücktreten. Bevor er sich in die schier aberwitzige Logik seines Systemzwangs begibt und sich in ihr verliert (und bändefüllend eben nicht nur über die Ordnung der Pilze, sondern eben auch seitenlang über deren Zubereitung doziert), umreißt er sein Projekt einer Pflanzensystematik und positioniert sie gegen andere Vorschläge (vgl. zu solchen Systemzwängen Barthes 1986). Ziel eines Pflanzensystems, so Oken, sei eine gewachsene Kenntnis der Pflanzen. Diese werde auf dieselbe Art erreicht, wie man eine Sprache erlerne, nach Maßgabe einzelner Wörter und nach Maßgabe eines geistigen Zusammenhangs.

> Das Verzeichnis der Wörter findet man in einem Wörterbuch, ihren Zusammenhang in der Grammatik. Ebenso verhält es sich mit der Pflanzenkunde. Zuerst muss man die einzelnen Pflanzen namentlich kennen lernen, und dieses geschieht durch das sogenannte künstliche System, welches nach irgend einem willkührlich gewählten Organ geordnet ist und daher dem Wörterbuch entspricht, dessen Alphabet ebenfalls willkührlich und daher nicht selten in den verschiedenen Sprachen verschieden ist. [...] Solche Verzeichnisse der Pflanzen hat es viele gegeben, indem man bald auf den Bau der Blume, bald auf den der Staubfäden oder der Frucht Rücksicht genommen hat. (Oken 1841, 3)

Neben den vielen Vorschlägen, die Pflanzen nach ihrer Verteilung in Lebensräume oder nach der Beschaffenheit ihrer Blattform zu unterteilen, hat Linné glücklicherweise, wie Oken festhält, mit den Fortpflanzungsorganen, also mit Staubfäden und Griffel, die wichtigsten Organe zugrunde gelegt (vgl. zur Organisation der Wesen Foucault 1997, 279ff.) Für die Bestimmung in der Natur oder im Herbarium sei das unverzichtbar und stehe als solches nicht in Frage. Was Oken fehlt, ist der geistige Zusammenhang oder das Verhältnis der Pflanzen zueinander. Weil man davon ebenso wenig einen Begriff bekomme wie von der Kenntnis einzelner Wörter ein Verständnis der Sprache, sei Linnés System kein wirkliches Gebäude oder eine sinnvolle Pflanzensprache, »sondern nur ein Verzeichnis der Materialien, welche man freylich kennen und beysammen haben muß, wenn man ein Gebäude aufführen oder eine Sprache reden will« (Oken 1841, 4).

Der Zusammenhang der Dinge, der Oken interessiert, erschöpft sich nicht in dem, was die Wörterbücher verzeichnen. Statt dessen zielt er auf geistigen Zusammenhang und die Sinnhaftigkeit einer Pflanzensprache, wie er sie in seiner Zahlen- und Einteilungslogik umgesetzt sieht, die ihrerseits seinen Vorstellungen über eine Naturästhetik ihren Ort weist (vgl. dazu Heinstein 2004). Das wiederum führt zu jenen Extravaganzen der Sprache, die ihn für Arno Schmidt als Vorbild brauchbar machen und die es diesem erlauben, am Beispiel Okens (und in pflanzlicher Metaphorik) ein Bild des Schriftstellers und seines Arbeitsmaterials, der Sprache, zu entwerfen. Schmidt, dessen häufig angeführtes Credo darin liegt, Literatur solle die Nessel Wirklichkeit in allen morphologischen Bauteilen zeigen, also die Wurzel, den Stengel und die Blüte, verweist im Namen der Pflanze auf die Notwendigkeit, die Vollbiegsamkeit der Wörter zu gewährleisten – durch Einbezug von Orthographie und Phonetik sowie durch das Spiel mit Wortwurzeln. Um diesem Ansinnen Nachdruck zu verleihen, hat er sich mit dem verehrt-unwissenden Leser diesen Nicht-Spaß erlaubt und Oken ins Spiel gebracht. Der kurze Abriß der Biographie Okens (und seiner eher abstrus anmutenden Spekulationen in den Gefilden der Naturphilosophie) endet mit dessen Schriften zur Naturgeschichte, namentlich der *Allgemeinen Naturgeschichte für alle Stände* (Stuttgart 1841) sowie seinem Beitrag über die Sprache, die *Deutsche Terminologie*.

Hier nun, wie auch in früheren Veröffentlichungen schon, gab Oken eine umfangreiche neue ›Deutsche Terminologie‹ der Pflanzen- und Tierwelt, die so vorzüglich war, daß sie sich schon allein deshalb nie bei uns eingebürgert hat; obwohl die Namen, zum weitaus größten Teil, in ihrer Bildlichkeit schlechthin entzückend sind! (Angelehnt an Vorgänger wie Nemnich/Illigen/Wolcke; die ich deshalb in mein Gedicht prompt eingearbeitet habe.)

Da es sich bei solchem Versuch um eine Anregung handelt, dem denkenden – nicht nur »Leser«, sondern auch präsumptiven »Fachmann« – unentbehrlich & anregend, habe ich mir die schalkische Freiheit genommen, die im Bande 3b, auf den Seiten römisch III-VII vorkommenden »Ordnungen und Zünfte« am Leitfaden eines ländlichen Spaziergangs vorzuführen. (Schmidt 1976, 91)

Wie einschlägig oder unbekannt der Text auch jeweils empfunden worden sein mag, es wird in Okens Ordnungs- und Ordnungsversprachlichungsbemühen das Problem aller Taxonomie deutlich, ein Problem, das Goethe angelegentlich eigener Beschäftigungen auf das Paradoxon vom natürlichen System zuspitzt und dessen Möglichkeit er vehement in Abrede stellt. (→ EINLEITUNG) Taxonomien, wollte man überhaupt über die Ordnung von Ordnung etwas Allgemeines aussagen und sich nicht auf das reizvolle Referieren der vielfältigen Ansätze und Vorschläge zurückziehen, sind vor allem eines: Randgänger der Plausibilitätserzeugung und als solche nicht nur für die Wissenschaften von den fraglichen Gegenständen, sondern auch von einem übergeordneten Interesse (wie es Foucault in seiner *Ordnung der Dinge* eindrücklich zum Thema machte). Ihr Vorgehen muß zwangsläufig darin liegen, Kriterien anzugeben, mittels deren Ordnungen begründet oder plausibilisiert werden – so weit, so naheliegend. Schwierig wird die Frage, wie man zu entsprechenden Kriterien gelangt und wer diese zu verantworten hat. Sind sie einer womöglich göttlichen Natur geschuldet und brauchen als solche nur entdeckt oder gefunden zu werden? Oder sind sie Konstruktionen und damit einfach nur Behauptungen – geschaffen von Menschenhand (oder -kopf)? Sind sie so unveränderlich, wie es Linné annimmt, oder unterliegen sie einer Dynamik, deren Spuren wie beim französischen Naturforscher Georges-Louis Leclerc de Buffon in Fossilien gespeichert sind und das Feld der Paläontologie erschließen, ein Bereich, der für Linné ohne größere Bedeutung ist?

Die beiden Optionen der Natürlichkeit und Arbitrarität bereiten eine Bühne, auf der Spiele der Ordnung stattfinden und von sich reden machen. Und es sind beileibe nicht nur Spiele, die in der selbstgenügsamen Belanglosigkeit fachwissenschaftlicher Ausdifferenzierung lediglich ihre disziplinären Sachwalter angingen und beschäftigten. Vielmehr stehen mit den Ordnungsbegründungen die Episteme, also die Ordnungen des Wissens selbst zur Disposition, wie Foucault am Beispiel der

»Ähnlichkeit« für die Renaissance und der »Repräsentation« für das klassische Zeitalter ausführt. Damit erreicht der Trieb bzw. der Hang zur Ordnung Dimensionen, die sich nicht in der Ordnungsliebe erschöpfen, sondern die weltanschaulich, ideologisch und schlußendlich auch politisch hochgradig bestimmt und besetzt sind. Ob die Natur in prästabilisierter Harmonie und Wohleingerichtetheit ihres Entzifferers harrt (wie bei Stifter) oder ob sie einem arbiträren Code gehorcht – damit einher gehen Fragen, die Konflikte wie die zwischen Darwinismus und Kreationismus eröffnen. Foucault hat im Vorwort von *Les mots et les choses* auf einen erstaunlichen Text von Borges verwiesen – jene vielzitierte chinesische Enzyklopädie, die auf ihre Weise eine Ordnung vor Augen stellt und deren Tiere sich wie folgt gruppieren: »a) Tiere, die dem Kaiser gehören, b) einbalsamierte Tiere, c) gezähmte, d) Milchschweine, e) Sirenen, f) Fabeltiere [...]« (Borges, zit. nach Foucault 1997). Dieses Ordnungsprojekt sollte seinem eigenen Vorhaben als Subtext immer eingeschrieben bleiben – nicht zuletzt in jener ironischen Brechung, mit der Borges die Frage aufwirft, warum etwa die sexuelle Organisation eines Lebewesens oder die Zahl und Form seiner Gliedmaßen, nicht aber die Wahl des Pinsels, mit dem es gezeichnet wird, für seine Bestimmung maßgeblich sein soll.

Wenn oder weil Ordnungen nicht evident sind, unterliegen sie der Dynamik des Vertrautwerdens, bedürfen sie der Zeit, um zu gänzlicher Verwerfung oder zu allgemeiner Akzeptanz zu finden. Als Linné seinen Versuch unternahm, die Zuordnungen einzelner Erscheinungsformen unter übergeordnete Einteilungen und damit unter einen Hut zu bringen, erhob er ausgerechnet die Geschlechtlichkeit der Pflanzen zum Differenzkriterium. Sein System, das die Welt in Reiche, Gattungen, Arten und Familien einteilt, während Oken von Ordnungen und Zünften redet, greift auf die Blüte zurück. Dieser Einteilung liegt die sogenannte Blütenformel als probate Bestimmungshilfe zugrunde. Ihr Schematismus sollte folgenreich sein und eine Ordnung begründen, die trotz neuer wissenschaftlicher Erkenntnisse aus Evolutionsbiologie, Genetik, Paläontologie oder aus welchen Sparten des Wissens auch immer ihren

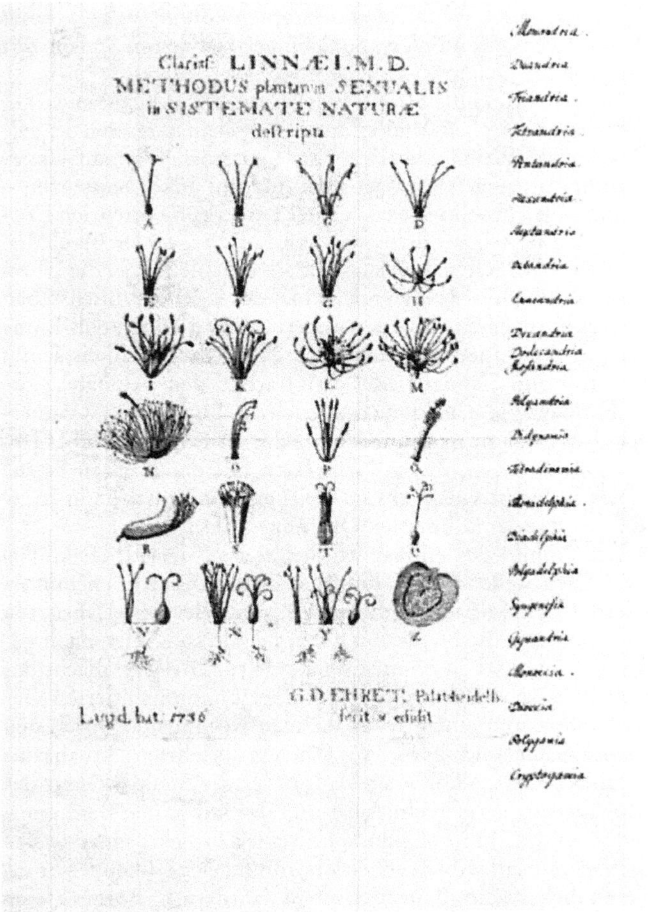

Abb. 2: Linnés 24teilige Ordnung nach Wuketits 2007.

Geltungsbereich weitgehend behaupten konnte (vgl. zu dieser Präferenz und den Folgen Schiebinger 1997; zum Stellenwert der Biologie Janich/Weingarten 1999).

Natürlich sind die Hinter- oder Vordergründigkeiten seiner zwischen Menschen- und Pflanzenwelt changierenden Sexualmoral gesehen und gewertet worden, natürlich ist auf Ungereimtheiten hingewiesen worden und auf Inkonsequenzen – deren vielleicht schönste nach einer Bemerkung Friedrich Kittlers darin bestehen dürfte, daß Foucault bei seiner Beschäftigung mit dem Schweden sich so überhaupt nicht über die Übereinstimmung des Blumenreichs mit der Zahl der Buchstaben des lateinischen Alphabets wunderte, also darüber, daß Linné bei aller behaupteten oder angestrebten Natürlichkeit seines Systems zum Standard aller Arbitrarität, dem Alphabet, zurückfindet. Wie sehr Linné das Reich der Buchstaben verinnerlicht hat, zeigt die 6×4-Anordnung der Griffel und Staubfäden. Die Pflanzenwelt, dieses Naturreich mit der größten Streubreite an Variationen, tritt im Zeichen des Alphabets in Konkurrenz mit der kulturellen Ordnung schlechthin.

Das Abbild des Alphabets, der 24 und der 24! (Fakultät) möglichen Stellbarkeiten, diesen kulturtechnisch höchst informierten Beitrag Linnés, diesen Einbruch der materialisierten Arbitrarität in die Natur, ihn hat Foucault, so Kittler, nicht gesehen – nicht sehen können oder wollen. Die Wirkmacht des Alphabets schreit förmlich nach einer unkommentierten Gegenhaltung und einem schweigenden Kommentar durch den Jesuitenpater und barocken Universalgelehrten Athanasius Kircher (1602-1680), einen Autor, der die Stellbarkeiten des Alphabets genau berechnet hat und der mit seinen Bemühungen jenen des John Wilkins und seines Projekts einer analytischen, rein auf willkürlichen Zuordnungen beruhenden Sprache nahekam, in dessen Umfeld wiederum Borges seine chinesische Enzyklopädie ansiedelt (vgl. Borges 1981). Was bei so viel Engagement bleibt, ist einmal mehr eine Wette. Der Einsatz ist allerdings nicht, wie bei Foucault, der Mensch selbst. Zur Disposition steht vielmehr ein Gedankenspiel, das auf intrikate Weise die Ökonomie der Zeichen mit der Ordnung der Dinge verschränkt: Was wäre wohl passiert, wenn bestimmten *ſive* COMBINATORIÆ, LIB. IV. 157

TABULA GENERALIS.

Ex qua omnes rerum ſimpliciter commutandarum conjugationes poſsibiles eruuntur.

1	1. A.
2	2. B.
3	6. C.
4	24. D.
5	120. E.
6	720. F.
7	5040. G.
8	40320. H.
9	362880. I.
10	3628800. K.
11	39916800. L.
12	479001600. M.
13	6227020800. N.
14	87782912000. O.
15	1307674368000. P.
16	20922789888000. Q.
17	355687428096000. R.
18	6402373705728000. S.
19	121645100408832000. T.
20	2432902008176640000. V.
21	51090942171709440000. X.
22	1124000727777607680000. Y.
23	25852016738884976640000. Z.
24	620448401733239439360000.
25	15511210043330985984000000.
26	403291461126605635584000000.
27	10888869450418352160768000000.
28	304888344611713860501504000000.
29	8841761993739701954543616000000.
30	265252859812191058636308480000000.
31	8222838654177922817725562880000000.
32	263130836933693530167218012160000000.
33	8683317618811886495518194401280000000.
34	295232799039604140847618609643520000000.
35	10333147966386144929666651337523200000000.
36	371993326789901217467999448150835200000000.
37	13763753091226345046315979581580902400000000.
38	523022617466601111760007224100074291200000000.
39	20397882081197443358740281739902897346800000000.
40	815915283247897734349611269596115893872000000000.
41	33452526613163807108334022053440751647352000000000.
42	1405006117752879898550028926244511569188784000000000.
43	60415263063373835637651243828513997475117712000000000.
44	2658271574788448768056654728454615888905179328000000000.
45	107659998778932174106294516512411943500659762784000000000.
46	4952359943830880008889547759570949401030349088064000000000.
47	232760917360051360417808744699834621848426407139008000000000.
48	11172524033282465300054819745592061848724467542672384000000000.
49	547453677630840799702686167534011030587498909590946816000000000000.
50	12737268388154203998513430837670055152937494547954734080000000000000.

V 3 Usus

Abb. 3: Tabelle der Fakultäten nach Kircher 1669.

Autoren mehr Erfolg beschieden gewesen wäre? Hätte Wolke sich mit seinem Sprachrationalisierungsprojekt und dessen Ökonomiebestrebungen zum Wohl des Deutschen Kommunikationswesens durchsetzen können und hätte er etwa, wie dort neben zahlreichen anderen Kürzungsvorschlägen propagiert, mit seinem erbitterten Feldzug gegen das elende Dehnzeichen »H« Erfolg gehabt und es kurzerhand aus dem Alphabet getilgt, so stünde eine andere Ordnung der Dinge zum Einsatz, eine Ordnung, die nicht mit 24, sondern mit lediglich 23 Elementen auszukommen hätte (vgl. zu den Details Rieger 1994). Ob unter den Bedingungen einer derart veränderten Buchstabensollstärke das natürliche System der Pflanzen immer noch 24 und nicht 23 Unterordnungen hätte, darauf darf gewettet werden.

S. R.

Sonnentau

> In the second edition of the *Règne Animal*, published in 1828, Cuvier devotes a special section to the »Division of Organized Beings into Animals and Vegetables«, in which the question is treated with that comprehensiveness of knowledge and clear critical judgment which characterize his writings, and justify us in regarding them as representative expressions of the most extensive, if not the profoundest, knowledge of his time. He tells us that living beings have been sub-divided from the earliest times into *animated beings*, which possess sense and motion, and *inanimated beings*, which are devoid of these functions, and simply vegetate.
>
> *Huxley 1876, 373*

Als 1875 die über 400 Seiten umfassende Abhandlung *Insectivorous Plants* von Charles Darwin erschien, wurde sie zum Kassenschlager: Nachdem die Erstauflage verkauft war, fanden auch die 1000 Stück der Neuauflage innerhalb von zwei Wochen ihre Käufer, womit sie sogar die Erstauflage von *Origin of Species* übertraf (vgl. Desmond/Moore 1994, 693). Der Grund für diesen Erfolg dürfte weniger der Inhalt des Buches gewesen sein (Schilderungen einer Vielzahl unterschiedlicher Experimente mit insektenfressenden Pflanzen, insbesondere dem gemeinen Sonnentau, *Drosera rotundifolia*) als vielmehr das Thema: Die Vorstellung einer Pflanze, die sich bewegt und außerdem noch Fleisch frißt. Schon der erste Aspekt widersprach der gängigen Meinung, daß sich die Pflanzen von den Tieren durch ihren Mangel an Bewegungsvermögen unterscheiden. In Platons naturphilosophischem Dialog *Timaios* etwa, dem Werk über die Erschaffung der Welt, war Bewegung das zentrale Kriterium der Unterscheidung der Pflanze zu allen anderen Lebewesen: Die Pflanzen seien zu den lebenden Wesen zu zählen und hätten an der dritten Art der Seele teil, die wohl zwischen Zwerchfell und Nabel liege, und welcher zwar nicht Meinung, Erwägung und Vernunft zustehe, »aber wohl mit Begierden verbundene schmerzliche und angenehme Empfindungen« (Platon 1994, 84; 77b). Jedoch lebe die Pflanze »unbeweglich und steht, der von ih[r] selbst ausgehenden Bewegung entbehrend, eingewurzelt fest« (Platon 1994, 84; 77c). Gekippt wurde dieses Kriterium mit dem Paradigma der Mimose sowie der im Anschluß daran entstandenen Arbeiten von Jacques Loeb zum Tropismus bei Pflanzen. (→ MIMOSA PUDICA I/II, → SONNENWENDE)

Auch Charles Darwin setzte sich mit dieser Frage auseinander (vgl. generell zur Rolle von Pflanzen in Darwins Leben und Werk Allan 1977): In dem 1865 erschienenen Buch *The Movements and Habits of Climbing Plants* stellte er fest: »Es ist oft in unbestimmter Allgemeinheit behauptet worden, dasz Pflanzen dadurch von den Thieren unterschieden werden, dasz sie das Bewegungsvermögen nicht besitzen. Man sollte vielmehr sagen, dasz Pflanzen dies Vermögen nur dann erlangen und ausüben, wenn es für sie von irgend welchem Vortheil ist.« (Darwin IX, 1 1899, 157) Wie deutlich wird, stellt die Theorie der natürlichen Zuchtwahl nicht nur die Grenze zwischen Tier und Mensch, sondern ebenso die zwischen Pflanze und Tier in Frage. Die größte Evidenz erhielt diese Infragestellung aber durch die insektenfressenden Pflanzen, denn diese bewegen sich nicht nur, sondern offensichtlich fressen und verdauen sie ihrerseits Tiere. Über den gemeinen Sonnentau schrieb Darwin in einem Brief an Asa Gray: »It is a wonderful plant, or rather a most sagacious animal.« (Zit. nach Allan 1977, 235)

Der gemeine Sonnentau weist, wie Darwin schreibt, zwischen zwei bis sechs Blätter auf, deren obere Flächen mit drüsentragenden Tentakeln bedeckt sind. Jede Drüse ist von einem Tropfen klebriger Absonderung umgeben, welcher in der Sonne glänzt und den Anlaß für die Bezeichnung Sonnentau bildet. Mit ebendiesem Tropfen fängt die Pflanze Fliegen und andere kleine Insekten:

Wenn ein Insect sich auf der mittleren Scheibe niederläszt, so wird es augenblicklich von der klebrigen Absonderung verwickelt und die umgebenden Tentakeln fangen nach einiger Zeit an, sich zu biegen und umschlingen es endlich von allen Seiten. Gewöhnlich werden Insecten, wie Dr. Nitschke angibt, in einer Viertelstunde getödtet und zwar in Folge

Fig. 4. *(Drosera rotundifolia)* Blatt (vergröszert) mit allen Tentakeln dicht eingebogen nach Eintauchung in eine Lösung von phosphorsaurem [illegible]

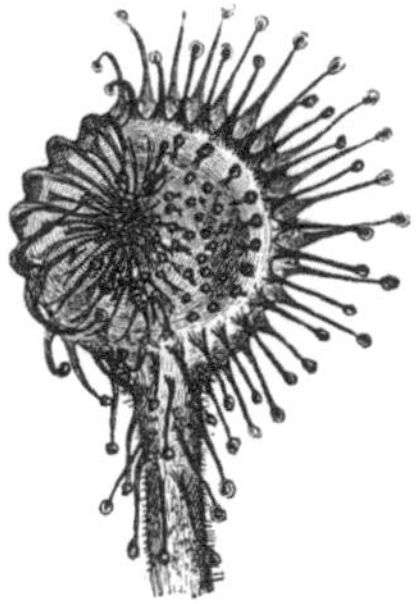

Fig. 5. *(Drosera rotundifolia)* Blatt (vergröszert) mit den Tentakeln der einen Seite über ein Stückchen auf die Scheibe gebrach- [illegible]

Abb. 1: Sonnentau nach Darwin VIII 1899.

davon, dasz ihre Tracheen durch die Absonderung verschlossen werden. (Darwin VIII 1899, 14)

Aus physiologischer Perspektive ist von Interesse, daß das Insekt, das kleben bleibt, die Drüse reizt und das Einbiegen des betroffenen und der umgebenden Tentakel auslöst: Nach der Reizung der Drüse braucht die Pflanze zehn Sekunden, dann beginnen die Tentakel sich zu biegen, nach etwa fünf Minuten sind sie stark eingebogen, nach einer halben Stunde ist die Mitte des Blattes erreicht. Neben der Weiterleitung des Reizes und der Auslösung der Bewegung (s. u.) ist von Bedeutung, daß die Pflanze Insekten verdauen kann. Ihre Absonderungen wirken auf eiweißhaltige Substanzen so ein, »wie es der Magensaft der Säugethiere tut« (Darwin VIII 1899, 76). Darwin stellte denn auch fest, daß, wenn er ein Stückchen Eiweiß oder ein Stückchen Fleisch auf die Scheibe legte, die Absonderungen der Drüse stark sauer waren. Er fütterte nun die Pflanze mit unterschiedlichen Substanzen, um zu sehen, welche sie verdauen kann (hart gekochtes Ei, geröstetes Fleisch, Knorpel eines Schafes, Hühnerknochen, Eckzahn eines Hundes) und welche nicht (menschlicher Nagel, Haarkügelchen, Federkiel, Chitin,

Chlorophyll, Cellulose, Fett, Öl, Stärke). Die Ergebnisse zeigten Ähnlichkeiten zum Verdauungsvermögen der Tiere, so daß der Schluß nahelag, in dem verdauenden Sekret der Pflanze sei eine dem Pepsin ähnliche Substanz enthalten: Es bestehe eine »merkwürdige Übereinstimmung« zwischen dem »Verdauungsvermögen des Magensaftes von Thieren mit seinem Pepsin und seiner Salzsäure und dem des Secrets der *Drosera* mit seinem Ferment und seiner zur Essigreihe gehörenden Säure« (Darwin VIII 1899, 119). Die Ähnlichkeit der Zusammensetzung des Sekrets wie dessen Zweck, die Verdauung, sei eine »neue und wunderbare Tatsache in der Physiologie« (Darwin VIII 1899, 119).

Wie die Verdauungsvorgänge die Grenze zwischen Pflanze und Tier in Frage zu stellen schienen, so auch die Bewegungen der Tentakel. Um herauszufinden, warum sie sich bewegen, führte Darwin drei experimentelle Reihen durch: Bei der ersten ließ er unterschiedliche Lösungen auf die Scheibe träufeln, bei der zweiten direkt auf die Drüsen der äußeren Tentakel, bei der dritten wurden die ganzen Blätter in die Flüssigkeit eingetaucht. Während destilliertes Wasser auf den Scheiben der Blätter wirkungslos war, bewirkten Lösungen mit Ammoniaksalzen das Einbiegen der Tentakel. Dabei zeigte sich, daß kohlensaures Salz weniger wirksam war als salpetersaures (dieses enthält mehr Stickstoff), am wirksamsten jedoch war Stickstoff enthaltendes phosphorsaures Salz. Auffallend waren die kleinen Dosen, die für das Einbiegen der Tentakel ausreichend waren, so veranlaßte bereits ein dreißigmillionstel Gran phosphorsauren Salzes das Einbiegen der Tentakel (das entspricht: 0,00000216 Milligramm) (vgl. Darwin VIII 1899, 152). Sensationell ist hierbei, daß diese winzige Dosis nicht nur von der Drüse absorbiert wird, sondern eine Veränderung hervorruft, durch die »ein motorischer Impuls die ganze Länge des Tentakels hinab geleitet wird und den basalen Theil zu biegen verursacht, häufig durch einen Winkel von über 180 Grad« (Darwin VIII 1899, 154f.).

Was dem Experimentator als Nicht-Fachmann geradezu unglaublich erschien (Darwin zog einen Chemiker hinzu, und auch seine beiden Söhne führten Kontrollversuche durch), ist für den Experimentator als wissenschaftlichen Physiologen keineswegs überraschend, nicht nur weil bekannt ist, daß Pflanzen geringste Mengen an Ammoniak über die Wurzeln aufnehmen, sondern weil er das Tier als Vergleichsfolie hat: Brächte man den einmillionsten Teil eines Grans schwefelsauren Atropins auf die Iris eines Hundes, so würden die Muskeln dieses Organs paralysiert. Die Wirkung kleinster Dosen auf die Nerven und damit die Muskeln von Tieren erweist sich als biologisch äußerst nützlich. Darwin führt als Beispiel an:

> Wenn ein Hund eine Viertelmeile unter dem Winde von einem Hirsche oder einem anderen Thiere steht und er nimmt dessen Gegenwart wahr, so bewirken die riechbaren Theilchen irgend eine Veränderung in seinen Geruchsnerven; und doch müssen diese Theilchen unendlich kleiner als die von phosphorsaurem Ammoniak sein, welche den einzwanzigmilliontel Theil eines Grans wiegen. Diese Nerven übermitteln dann einen gewissen Einflusz dem Gehirne des Hundes, welches zu Thätigkeit seinerseits führt. (Darwin VIII 1899, 155)

Die physiologische Erklärung der Faszination verläuft über die Analogie mit dem Hund. Auch hier wirken kleine Dosen, auch hier geht es um das Fangen der Beute. Erklärungsbedürftig ist nun allerdings, wie die Pflanze, die ja nicht über ein »specialisirtes Nervensystem« verfügt, dies fertigbringt. Hier aber hilft physiologischer Sachverstand: »[W]ir haben keine Gründe zur Annahme, dasz nicht auch andre Gewebe so exquisit empfänglich für Eindrücke von auszen her gemacht werden könnten, wenn dies für den Organismus wohltätig wäre, wie es das Nervensystem der höheren Tiere ist.« (Darwin VIII 1899, 155)

Insgesamt setzte Darwin 51 Salze und metallische Säuren ein, um zu untersuchen, welche von ihnen in welchen Dosen das Einbiegen der Tentakel verursachten. (→ Mimosa Pudica II) Weiterhin setzte er ein: alkaloide Gifte wie Strychnin, Chinin, Digitalin, Nikotin, Atropin, Curare und Morphium, das Gift einer Otter und einer Cobra, verschiedene Öle wie Kümmelöl oder Terpentinöl, Chloroformdämpfe, Ätherdämpfe, Kohlensäure u. a. Auch in der Deutung dieser Experimente spielte der Vergleich mit dem Tier eine zentrale Rolle: So war zu beobachten, daß Substanzen, von denen bekannt war, daß sie auf das Nervensystem der Tiere wirken (Strychnin,

Nikotin u. a.), auch für den Sonnentau giftig waren, ebenso verursachte das für Tiere tödliche Gift Blausäure schnelle Bewegungen der Tentakel. Die weiteren Versuche jedoch brachten die Analogie zwischen dem Nervensystem der Tiere und der Pflanze, in der möglicherweise ein ähnliches Element enthalten sein sollte, zum Einsturz: Denn mehrere unschädliche Säuren und ätherische Öle waren für den Sonnentau äußerst giftig, während Morphium, Curare oder Atropin keine signifikanten Wirkungen auf die Tentakel hatten, so daß es wahrscheinlich schien, daß Nikotin oder Blausäure Einbiegungen verursachten durch die Einwirkung auf Elemente, die nichts mit dem Nervensystem der Tiere zu tun hatten (vgl. Darwin VIII 1899, 202f.). Die Untersuchungen zum Ort der Reizbarkeit (den Drüsen), zur Übermittlung des motorischen Impulses von einem Punkt auf einen anderen (durch das Zellgewebe, 228), zum Mechanismus der Bewegungen der Tentakel (Zusammenziehen bestimmter Zellen, 230) sowie zu ihrem Wiederausstrecken (Folge der Elastizität der äußeren Zellen) zeigten ebenso, daß die Pflanze kein den Tieren analoges Nervensystem besitzt. Dennoch sei es unmöglich, wie Darwin in der 1880 erstmals erschienenen Abhandlung *Das Bewegungsvermögen der Pflanzen* schrieb, von der »Ähnlichkeit zwischen den vorstehend erwähnten Bewegungen von Pflanzen und vielen unbewuszt von den niederen Thieren ausgeführten Handlungen nicht überrascht zu sein« (Darwin XIII 1899, 491). Ob ein geringer Reiz zur Auslösung von Bewegungen ausreicht oder Pflanzen sich wie Tiere zu gewissen Perioden bewegen, ob hinsichtlich der Lokalisation der Empfindung oder der Fortleitung eines Reizes von einem Teil auf einen anderen, der sich dann bewege, Pflanzen unterscheiden sich vom Tier jedenfalls nicht durch Bewegungslosigkeit. Daß die Pflanzen nicht über Nerven oder ein Nervensystem verfügen, ist in dieser Sicht kein Mangel, im Gegenteil erweist es sich geradezu als Beleg für die evolutionäre Fortentwicklung. Denn dies deute darauf hin, daß bei Tieren derartige Organe »nur zur *vollkommeneren* Fortleitung der Eindrücke und zur vollständigeren Mitteilung zwischen den verschiedenen Theilen dienen« (Darwin XIII 1899, 491; Kursivierungen B. B.). Damit besteht zwischen Pflanze und Tier in qualitativer Hinsicht kein Unterschied mehr.

Die Differenz zwischen Pflanze und Tier löst sich aber auch durch narrative Elemente auf: Deutlich wird dies in der »Beschreibung« des Sonnentaus, die mit der Verwendung des Ausdrucks »Tentakel« alles andere als neutral und objektiv ist, vielmehr setzt der aus der Zoologie in die Botanik übertragene Begriff bereits die Tierähnlichkeit voraus, deren Annahme sich so durch die gesamte Abhandlung zieht. Überhaupt ergibt sich die Dynamik des Textes aus der narrativ in Szene gesetzten *curiositas* eines Forschers, dessen erster Satz mit einer Verwunderung anhebt: »Ich war während des Sommers 1860 erstaunt zu finden, was für eine grosze Anzahl Insecten von den Blättern des gewöhnlichen Sonnentaus (*Drosera rotundifolia*) auf einer Haide in Sussex gefangen wurden.« (Darwin VIII 1899, 1) Die subjektive Perspektive des »Ich«, die Angabe der Zeit (»Sommer 1860«) und des Ortes (»eine Haide in Sussex«) scheint nicht auf eine wissenschaftliche Abhandlung, sondern eher eine Reisebeschreibung zu verweisen. Im weiteren erscheinen Resultate als merkwürdig (2) und Daten als unglaublich (152), Darwin ist begierig zu wissen (78), und immer wieder wird auch der Leser angesprochen. Darwin informiert Leser ohne Vorkenntnisse (77), erinnert sie (78) oder bittet sie, auf bestimmte Phänomene besonders zu achten (153). Mit dem Einsatz der subjektiven Perspektive in der wissenschaftlich-objektiven Abhandlung führt der Autor einen Dialog mit seinen Lesern. Diese werden damit nicht nur Zeugen einer ungewöhnlichen Naturerscheinung, sie werden Zeugen ihrer Erforschung und damit nicht zuletzt selbst zu Forschenden (vgl. zu literarischen Techniken der Erzeugung wissenschaftlicher Tatsachen durch die Herstellung von Zeugenschaft Shapin/Schaffer 1985, sowie → SEEIGEL).

Als Darwin dem ungewöhnlichen Phänomen fleischfressender Pflanzen mit wissenschaftlichen und narrativen Mitteln beizukommen suchte, war der Sonnentau in England schon längst eine kulturelle Sensation, die Begeisterung setzte in den sechziger Jahren des 19. Jahrhunderts ein und dauerte bis in die neunziger Jahre an, wie Jonathan Smith ausführt (vgl. Smith

2003, 131). Smith richtet sein Augenmerk vor allem auf das 1862 in *The Spectator* veröffentlichte Gedicht »The Sundew« (1862) von Algernon Charles Swinburne (1837-1909), dessen Rezeption er im Kontext von Darwins Buch untersucht. Die Verbindungen zwischen Gedicht und wissenschaftlicher Abhandlung verdeutlicht der 1884 erschienene Artikel »Queer Flowers« von Grant Allen, einem Verfasser populärwissenschaftlicher Schriften:

> Mr. Swinburne has addressed an ode to it [the sundew], and Mr. Darwin has written a learned book about it. Its portrait has been sketched by innumerable artists, and its biography narrated by numerous authors. And all this attention has been showered upon it, not because it is beautiful, or good, or modest, or retiring, but simply and solely because it is atrociously and deliberately wicked... It owes its vogue entirely to its murderous propensities. Sundew, in fact, is the best known and most easily accessible of the carnivorous and insectivorous plants. (Zit. nach Smith 2003, 131)

Wie Smith anhand der Reaktionen auf die beiden so unterschiedlichen Texte zeigt, wurde der Sonnentau Bildgeber für Gewalt und Verbrechen, an ihm wurden die ethischen und philosophischen Implikationen von Darwins Arbeiten diskutiert, und immer wieder stellte sich die Frage nach dem Unterschied von Pflanze und Tier. Letzteres betonte auch Swinburne in seinem Gedicht, so lauten die ersten beiden Verse: »A little marsh plant, yellow green, / and pricked at lip with tender red.« (Swinburne 1925, 316) Während der erste die äußere Erscheinung der Pflanze beschreibt, erzeugt die Metaphorik im zweiten Vers eine Anthropomorphisierung: »Lip« kann die Lippe aber auch den Rand bezeichnen, der/die mit zartem Rot durchstochen/punktiert ist, wobei der Ausdruck »prick« zusätzlich auf den Stich eines Insekts anspielt, die Pflanze also in die Nähe des Tieres rückt, zugleich aber auch das Opfer der fleischfressenden Pflanze benennt. Das Gedicht ließe sich weiter in Hinsicht auf die Anthropomorphisierung der Pflanze und der Natur überhaupt lesen; etwa kommt Smith zu der Deutung, es handele sich um eine subversive Erforschung von Sexualität, zumal die Pflanze, »as a mouth with lips surrounded by ›cool moss‹ [...] resembles a vagina« (Smith 2003, 134). Anschau-

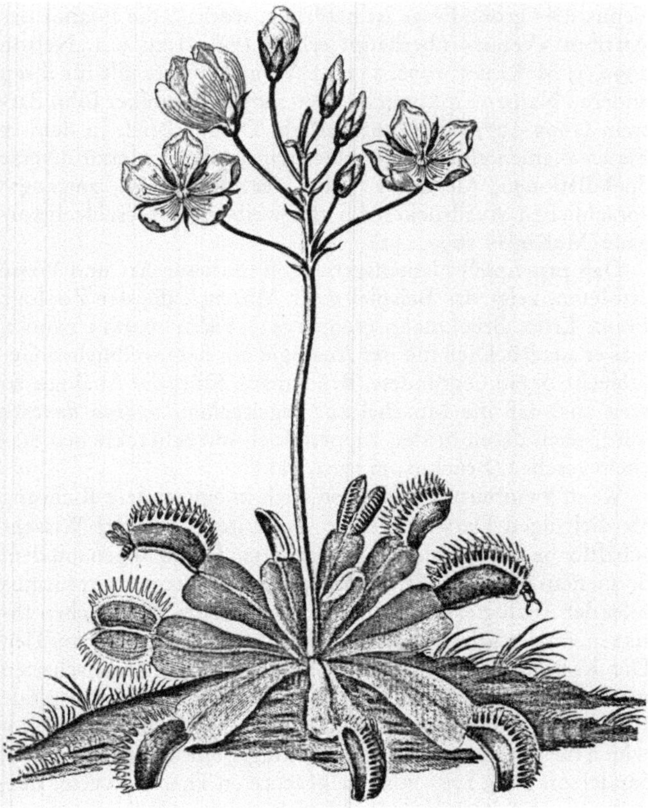

Abb. 2: Darstellung der Venusfliegenfalle nach Ellis 1780.

licher dürfte diese Beziehung im Falle der nordamerikanischen Venusfliegenfalle sein, einmal hinsichtlich ihres lateinischen Namens *Dionaea muscipula*. Der Ausdruck *muscipula* bedeutet Mausefalle, er ist gebildet aus *mus* = Maus und *capio* = ich fange; *Dionaea* verweist auf die Göttin Dione, die Mutter Aphrodites, allerdings verschmolz Dione mit Aphrodite bzw.

Venus. Die große Frage ist natürlich, weshalb die Pflanze das Attribut »Venus« überhaupt erhielt (vgl. dazu u. a. Nelson 1990, 5; McKinley 1990, 132ff.). Vergleichbares gilt für ihren anderen Namen Tipitiwitchet, den ihr der Botaniker John Bartram (1669-1777) um 1762 verlieh. Da der Brief, in dem er diesen Namen einführte, verlorenging, gibt es hierzu diverse Spekulationen, McKinley sieht hier Bezüge zu umgangssprachlichen Ausdrücken für die weiblichen Geschlechtsorgane (McKinley 1990, 131).

Daß prinzipiell Namensgebungen in dieser Art und Weise erfolgten, zeigt das Beispiel einer Muschel, die der Zoologe Franz Ernst Brückmann (1697-1753) *Vulva marina* nannte, was er ausdrücklich mit der Analogie mit dem weiblichen Geschlechtsorgan begründete. Brückmann führt die Analogie so weit aus, daß die Muschel zur regelrechten *vagina dentata* wird, seien deren beiden Lippen doch mit schrecklichen Stacheln vesehen (Brückmann 1722, 11f.).

Wenn Swinburnes Interessen auch in eine andere Richtung als diejenigen Darwins gehen: Der Literat wie der Wissenschaftler bedienen sich in ihren Auseinandersetzungen mit dem Sonnentau narrativer Strategien, ob des Anthropomorphismus oder der Analogie, welche an den Grenzen des Pflanzlichen ansetzen, an der Schnittstelle Pflanze/Mensch bzw. Pflanze/Tier. Die Kombination pflanzlicher und tierischer Eigenschaften machte den Sonnentau, aber auch andere insektenfressende Pflanzen wie die Venusfliegenfalle (deren Mechanismus, »by which the leaf catches insects is strikingly like that of a rat trap«, Sanderson 1874, 106), zum vielbeachteten Thema diverser Zeitungen und Zeitschriften (vgl. Smith 2003, 140ff.) sowie populärwissenschaftlicher Darstellungen wird. So versammelte etwa der Botaniker Mordecai Cubitt Cooke unter dem Titel *Freaks and Marvels of Plant Life* (1881) Erscheinungen wie fleischfressende, sich bewegende, kletternde, empfindende, schlafende, Mimikry betreibende, auf atmosphärische Änderungen reagierende sowie elektrische Lichtblitze aussendende Pflanzen. Der Sonnentau besetzte somit gegen Ende des 19. Jahrhunderts die Systemstelle in der kulturellen Semantik, die in der Frühen Neuzeit das sogenannte Borametz (oder Barometz) einnahm.

Abb. 3: Borametz nach Johannes Zahn 1696.

Schon das Borametz trieb die Naturforscher und Sammler um, und zwar nicht nur, weil man nicht wußte, ob es überhaupt existiert, sondern auch mit der Frage, ob es sich dabei um eine Pflanze oder ein Tier handele. In Reisebeschreibungen tritt es auf als Wesen, das Pflanze und Tier zugleich sei, ein Pflanzenschaf (vgl. dazu Brandtner 1994, Stadler 2007). Das jeweils unterschiedlich variierte Schema lautet: Nach dem Keimen entsprieße aus einem Kranz von Blättern ein beweglicher Stengel, an dessen Spitze sich als »Frucht« ein kleines Lamm befände, mit hängenden Beinen und einem normalen Schaf gleichend. Das Lamm ernähre sich, indem es das umgebende Gras fresse, und wenn dieses abgeweidet sei, sterbe die Pflanze, das Tier sei dann schlachtreif. Sein Fleisch schmecke süß wie das von Krebsen, seine Wolle sei feiner als die gewöhnlicher Schafe (vgl. Stadler 2007, 253). Wie nun das Borametz spätestens gegen Ende des 18. Jahrhunderts aus dem wissenschaftlichen Terrain verschwand, dafür aber in der Literatur fortexistierte (vgl. Stadler 2007), so finden sich die insektenfressenden Pflanzen im 20. Jahrhundert im Horrorfilm wieder (allerdings bleiben sie im Gegensatz zum Borametz Gegenstände wissenschaftlicher Forschung). In dem Film *The Little Shop of Horrors* (USA 1960) von Roger Corman, der bekanntlich viele Nachfolger fand (u. a. das bereits erwähnte Remake aus dem Jahr 1986, → POISON IVY), wird z. B. eine Pflanze vor dem Verwelken bewahrt, indem sie mit menschlichem Blut gefüttert wird. Daraufhin beginnt sie, eine Venusfliegenfalle, zu wachsen, und mit ihr floriert der Blumenladen, der eigentlich geschlossen werden sollte. Schließlich fängt die Pflanze an zu sprechen und fordert für ihr weiteres Gedeihen nichts anderes als Menschen. Hier (in der Version von Frank Oz) entpuppt sich die menschenverschlingende Pflanze genauso als Wesen aus dem All wie die unheimlichen Wesen in Philip Kaufmans *Die Körperfresser kommen*. Hier werden die Pflanzen zu Doppelgängern von Menschen, die sie dann töten. Sprechen können diese Doppelgänger jedoch nicht, dafür stoßen sie ein unheimliches, unartikuliertes Kreischen aus. Der Schrecken dieser Filme leitet sich nicht zuletzt aus der Überraschung her, daß gerade die scheinbar bewegungslosen, »schlafenden« Pflanzen zu Menschenfressern werden. Wie schon im Fall der Alraune zeigt sich auch hier, wie eine Pflanze als Wissensfigur zwischen Literatur und Wissenschaft, zwischen Horrorszenarien und Sexualphantasien zirkuliert.

B. B.

Sonnenwende

Die 24stündige Periode, welche durch die regelmäßige Umdrehung unseres Erdkörpers auch allen seinen Bewohnern mitgeteilt wird, [...] ist gleichsam die Einheit unserer natürlichen Chronologie.

Hufeland nach Bünning 1977, 1

Bei gewissen Bäumen, z.B. der Fichte [*Picca*], Tanne [*Abics*], unserer Waldkiefer [*Pinus silvestris*], der Haselnuss [Corylus], der Walnuss [Juglans], der Eiche [Quercus], der Erle [Alnus] spricht sich nicht weniger deutlich eine Beziehung zwischen den Staubbeutelblüthen und den Pistillen aus. So sagt Plinius in seiner Historia naturalis [...]: »*Nicht alle Bäume blühen, einige trauern und nehmen nicht Theil an den Freuden des Jahres. Denn weder die Steineiche [Quercus Ilex], noch die Fichte [Picca] oder Lärche [Larix] oder Kiefer [Pinus] erfreuen sich einer Blüthe, sie feiern nicht die jährlich wiederkehrenden Geburtsfeste der Früchte mit Blumenschmuck.*«

Plinius nach Camerarius 1899, 7

Am Anfang der Chronobiologie standen Isolation und Dunkelhaft. Um zu klären, ob Pflanzen nur auf Außenreize reagieren oder ob sie über eigene, umweltunabhängige Zeitsteuerungsmöglichkeiten verfügen, mußten sie einer kontrollierten Reizdeprivation ausgesetzt und damit von Normalbedingungen ferngehalten werden. Damit nimmt eine Geschichte ihren Lauf, die bei Jean Jacques d'Ortous de Mairan (1678-1771), einem französischen Astronomen, beginnt und die sich ihren Weg auf sonderbare Weise in die Moderne bahnen wird. Sie führt zu Pionieren der Chronobiologie wie dem deutschen Pflanzenphysiologen Erwin Bünning und dem Amerikaner Colin Pittendrigh, zu Wissenschaftlern wie Jürgen Aschoff und Rütger Wever, die in der Mitte der sechziger Jahre mit ihrem legendären Zeitisolationsbunker im bayrischen Andechs solcher Dunkelhaft eine sachdienliche Heimstatt errichten, aber auch zu dem Umwelttheoretiker Jakob von Uexküll und dem Philosophen Giorgio Agamben, die der Zeit noch einmal eine philosophische Debatte zudenken (vgl. dazu Spork 2004). Diese ist um die Frage herum zentriert, was die Umwelt eines Organismus überhaupt ausmacht und wie man Organismen fernab ihrer jeweils angestammten, ihrer unter natürlichen Bedingungen einfach als natürliche auszuweisenden Umwelten halten kann, genauer noch, was es heißt, wenn das geschieht. Eine Zecke, von der von Uexküll berichtet und die in absoluter Isolierung 18 Jahre in einem Rostocker Laboratorium bar jeglichen Umweltverhältnisses überlebte, dient ihm als Anlaß für den Befund, »daß es ohne lebendes Subjekt [...] weder Zeit noch Raum geben könne« (Uexküll, zit. nach Agamben 2002, 56). Die zum philosophischen Tier mutierte Zecke, von der Uexküll berichtet, wird für den Philosophen Agamben zum Auslöser für Überlegungen darüber, welche Rolle der Zeit zur Bestimmung der Seinsarten zukomme. (→ ZECKE) Zeitentblößt gerät die Zecke zum Exemplum jenes nackten Lebens, das der Philosoph als Höhepunkt eines modernen Antihumanismus ausmacht: »Wie steht es aber um die Zecke und ihre Umwelt in diesem achtzehn Jahre andauernden Schwebezustand? Wie ist es möglich, daß ein Lebewesen, das gänzlich aus seiner Beziehung zur Umwelt besteht, in ausschließlicher Abkapselung von ihr überleben kann? Und wie sinnvoll ist es, von einer ›Wartezeit‹ zu reden, wenn es keine Zeit und keine Welt gibt?« (Agamben 2002, 56)

Von derlei philosophischem Überbau sind die frühen Untersuchungen über das innere Uhrwerk der Pflanzen weit entfernt. De Mairans Beschäftigung mit der Sonnenwende setzt bei einer unschwer zu erhebenden Alltagserfahrung an, die später bei Carl von Linné zur Einrichtung einer veritablen Blumenuhr führen wird. Der Astronom beobachtet tagesrhythmische Blattbewegungen natürlich gehaltener Pflanzen, also das, was anthropologisierend Pflanzenschlaf genannt wird (vgl. dazu Zinn 1759 und Meyer 1834b). Um diesen Vorgang künstlich nachzustellen, verbringt er sie in einen von Lichteinfluß abgeschirmten Schrank und findet so heraus, daß sie auch unter den Bedingungen des Dauerdunkels ihr autonomes Bewe-

Abb. 1: Sonnenuhr nach Kircher 1643.

gungsverhalten fortsetzen. Damit sind Begriff und Sache der circadianen Rhythmik als Sammelbezeichnung für Phänomene gefunden, die sich annähernd (*circa*) um den Tagesrhythmus von 24 Stunden herum einpegeln und die zu ihrer Erklärung auf endogene oder autonome Faktoren schließen lassen (vgl. zur

Begrifflichkeit Bünning 1977). Das unterscheidet sie von exogenen Faktoren wie etwa dem durch tagesperiodischen Temperaturwechsel bedingten Öffnen und Schließen bei Tulpenblüten, ein Vorgang, der entsprechend einfach nachzustellen ist.

Mit seinen Beobachtungen des tagesrhythmischen Schwingungsverhaltens an den Heliotropen gilt de Mairan als Vorläufer jener Chronobiologie, die sich ab der zweiten Hälfte des 20. Jahrhunderts disziplinär zunehmend verfestigt und in verschiedene Teilbereiche diversifiziert. Ihr vordringliches Anliegen, dem inneren Taktgeber von Lebewesen auf die Spur zu kommen, hebt zunächst mit bloßen Beobachtungen an, etwa an Zikaden, die nur alle 17 Jahre ihren Gesang ertönen lassen, was Bob Dylan in »Day of the locust« besingt, an der Bambusart *Phyllostachys bambusoides*, die in Japan nur alle 120 Jahre blüht, oder an der einzelligen Alge *Gonyaulax*, deren auffälliges Luminiszenzverhalten einem ausgeklügelten Zeitplan folgt (vgl. dazu Hastings/Sweeney 1959). Die scheinbar unscheinbaren Versuche, Eigenrhythmen der Natur identifizieren und von den Geneigtheiten irgendwelcher Tropismen unterscheiden zu können, der die Sonnenwende ja ihren Namen verdankt und die in ihrem Übertrag von der Pflanze auf das Tier für eine Weile zu einem bestimmenden Erklärungsmuster hat werden sollen (vgl. zur Universalkritik an Jacques Loeb und der von ihm ausgelösten Tropismenforschung von Uexküll 1936), führen zu einer regelrechten Konjunktur, die ihrerseits eine gezielte Variation und Selektion möglicher Umweltfaktoren zur Folge hat. Im Zuge einschlägiger Studien, deren Schilderungen sich zunehmend im experimentellen Detail ergehen, bleibt kaum etwas unversucht, um die Pflanzen aus der Fassung zu bringen. So werden sie etwa Reizbedingungen ausgesetzt, die sie aus ihrem angestammten Takt bringen und so ihres nächtlichen Schlafes berauben sollen. Es werden die Temperatur variiert, die Lichtzufuhr verändert, mit der Luftfeuchtigkeit experimentiert und unterschiedliche Giftstoffe zugeführt (vgl. dazu stellvertretend Bünning/Tazawa 1957). Mit einer Vielzahl von Anordnungen wird getestet, ob, und wenn ja, unter welchen Bedingungen bestimmte Faktoren Einfluß auf die circadiane Rhythmik haben und ob das Phänomen etwa in eine

Reihe mit Leistungen zu stellen ist, wie sie bei Tieren und natürlich auch bei Menschen zu beobachten sind. Dort macht vor allem die sogenannte »Kopfuhr« als endogener Zeitgeber von sich reden, verantwortlich für die Leistung, sich auch ohne Uhr zeitlich zu orientieren oder, wie es ein Titel beschreibt, *Das automatische Erwachen. Wunsch- oder vorsatzgemäße Terminleistungen zur ungewohnten Zeit, besonders während des Schlafes* zu gewährleisten (vgl. dazu Clauser 1954 und Bühler 1970, insbesondere 81).

Im Zuge dieser Arbeiten macht sich u. a. die Erkenntnis breit, daß die bis dato undifferenziert verwendete Reizquelle Licht eben nicht gleich Licht ist und man deswegen nicht nur auf deren bloße Vorhandenheit, sondern auch auf deren Qualität Rücksicht nehmen müsse (vgl. zum Mißverständnis des Rotlichts und seiner verkannten Rolle als Zeitgeber Bünning 1977). Mit diesem Phänomen sah sich bereits der Gründer der experimentellen Pflanzenphysiologie konfrontiert. Julius Sachs jedenfalls gelangt in seinen Untersuchungen zum Schlaf der Pflanzen an einen Punkt, an dem nicht die Abhängigkeit von der Tageszeit, sondern von der Farbe der den Lichteinfall verändernden Gläser ihr Ruheverhalten beeinflußt (vgl. dazu Reichenbach 1858, 111). Selbstredend findet auch eine sorgfältige Variation und Selektion der Versuchsobjekte statt, mit dem Effekt, daß eine Pflanze sich als ganz besonders zeiteigensinnig und fremdrhythmenrenitent erweist, nämlich die als flammendes Käthchen heimische Fensterbänke zierende *Kalanchoe blossfeldiana.* »Wie aus den Vorversuchen eindeutig hervorgeht, tritt in den Bewegungen der Kalanchoe-Blüte die endogen-tagesrhythmische Komponente der Schlafbewegungen so ungestört hervor wie bei keinem anderen bisher bekannten Objekt.« (Bünsow 1953, 237)

Was hat man nicht für einen Aufwand getrieben, um dem Rhythmus des Lebens auf die Spur zu kommen. In den Langzeituntersuchungen im Andechser Bunker wurde mit Rektalsonden den Eigenheiten des Temperaturzyklus beim Menschen nachgestellt, in Transozeanversuchen wurden zeitlich orientierte Bienen in andere Zeitzonen verbracht, um deren innere Uhren mit den Reisebedingungen der Moderne und dem Phä-

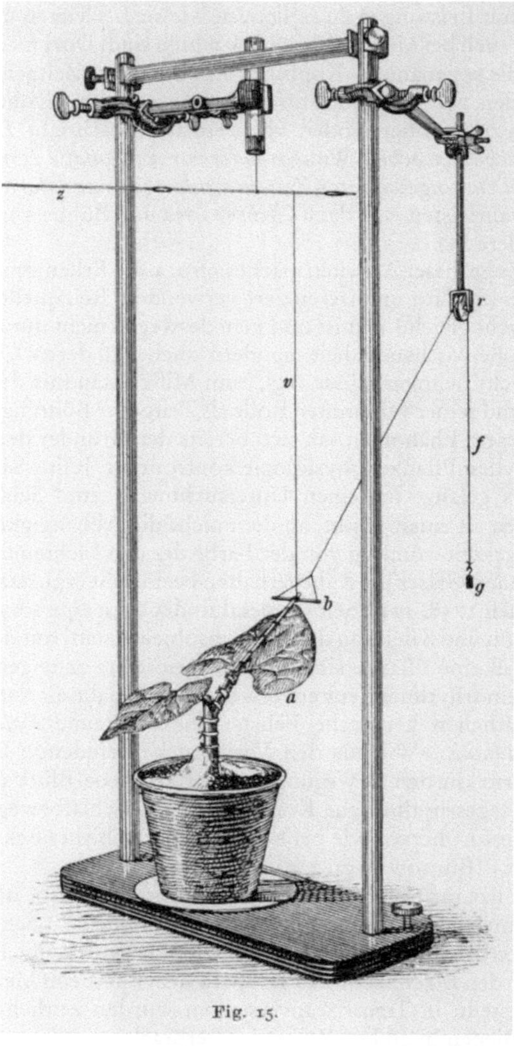

Abb. 2: Mechanische Hemmung nach Pfeffer 1913.

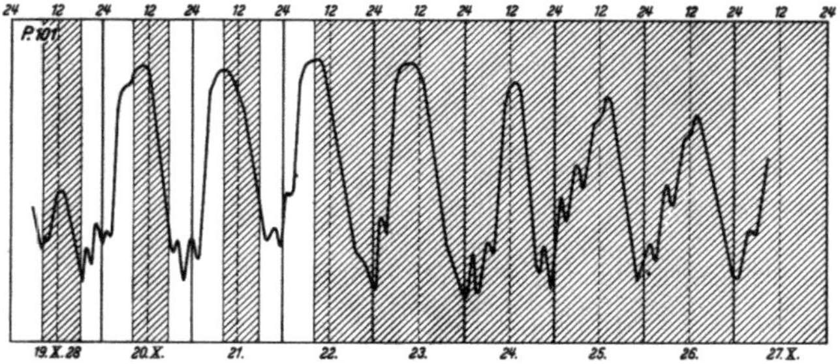

Abb. 2. Beispiel für eine tagesperiodische Laubblattbewegung, die sich im Dauerdunkel fortsetzt (Dunkelzeiten schraffiert). Es handelt sich um eine Gewächshauspflanze von *Canavalia ensiformis*, bei der am 18. Oktober ein inverser Licht-Dunkel-Wechsel (Beleuchtung in der Nacht, Verdunklung am Tage) begann. Die Abbildung zeigt daher zugleich die Umkehrbarkeit und die Fortsetzung mit diesen um etwa 12 h verschobenen Phasen im Dauerdunkel. Infolge der Hebelübertragung beim Registrieren bedeutet in dieser und in den meisten späteren Kurven von Laubblattbewegungen eine Kurvenhebung Blattsenkung und umgekehrt. (Nach Kleinhoonte [38a])

Abb. 3: Schlafbewegungen nach Pfeffer 1917.

nomen des Jetlags abzugleichen, Eskimos und Pinguine gerieten in ihrer natürlichen Umwelt ebenso ins Visier wie Globetrotter und Schichtarbeiter, im generationenübergreifenden Dauerdunkel wurde der Vergangenheit natürlicher Höhlenbewohner hinterhergeforscht, und der Schimmelpilz *Neurospora* wurde eigens in das Raumlabor Spacelab 1 verbracht, um dort die circadiane Rhythmik unter Weltraumbedingungen zu testen. Weil es gilt, den Eigensinn und die Eigenzeit dingfest zu machen, wird auch mit ihrer Hemmung oder Verhinderung gearbeitet. Unterbrechungen vielfältiger Art sollen den Rhythmus verwirren, anhalten, aus dem Takt bringen, um dann, nach ihrer Beseitigung, Aufschluß über den ursprünglichen, den natürlichen oder ungestörten Rhythmus zu erhalten (zum Eigenrhythmus bzw. zum Fremddiktat der Rhythmen → Barsch). Eine einfache Form der mechanischen Hemmung gelangt bei dem Pflanzenphysiologen und Sachs-Schüler Wilhelm Pfeffer zur Anwendung. Weil er zunächst unterstellt, die Bewegungen erfolgten analog den Vorgaben schwingender Pendel, experimentiert er entsprechend dieser Annahme und hemmt die Bewegungen durch mechanische Widerstände. (→ Vicia

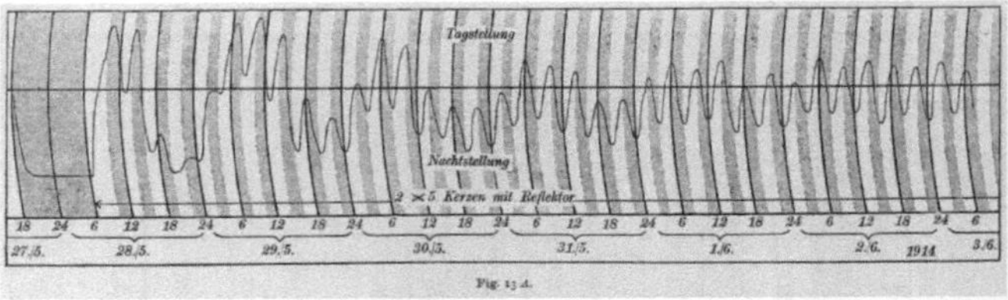

Abb. 4: Tagesperiodik bei Canavalia ensiformis nach Bünning 1977.

FABA) Nach deren Entfernung nimmt die Pflanze die Bewegungen ohne Phasenverschiebung wieder auf, was als Beleg für einen natürlichen Rhythmus gewertet wird. »Ein analoges Experiment mit Tieren wurde 1922 von Richter beschrieben. Ratten zeigten unter konstanten Bedingungen circadiane Rhythmen der Laufaktivität von 23 h und 45 min. Wurden die Tiere durch Elektroschock für 10 Tage inaktiv gemacht, so nahmen sie ihre Bewegungsaktivität nachher wieder mit der Phasenlage auf, die ohne Elektroschock zu erwarten war.« (Bünning 1977, 11) Einer gegenüber dem Pendel avancierteren technischen Vorgabe folgt Albrecht Bethe, der die Kippschwingung geltend macht und *Die biologischen Rhythmus-Phänomene als selbständige bzw. erzwungene Kippvorgänge betrachtet* (Bethe 1941).

Die Frage, was diesen Rhythmen zugrunde liegt, wird – so jedenfalls zeichnet es Peter Spork in seinem Sachbuch *Das Uhrwerk der Natur* nach – im 20. Jahrhundert zu einer regelrechten Forschungsfront. Nicht zuletzt vorangetrieben durch Erkenntnisse der modernen Biologie, die entsprechende Sequenzen im Erbmaterial lokalisieren und Zeitsinnschalter identifizieren kann, verlagert sich das Interesse für die zeitliche Organisation auf die Ebene der Gene (vgl. Valverde u. a. 2004). Selbst bei Einzellern (Prokaryoten) läßt sich Entsprechendes nachweisen, womit die These, nur höher entwickelte Organismen (Eukaryoten) verfügten über Zeit, hinfällig ist. Aber die Frage nach der Erblichkeit solcher Rhythmen sollte von Beginn an ein umstrittenes Thema sein, selbst wenn Charles Darwin ihr bis zu einem gewissen Grad das Wort redet: »The periodicity ... is to a certain extent inherited.« (Darwin, zit.

nach Bünning 1977, 15) Die Pioniere der experimentellen Pflanzenforschung, allen voran Julius Sachs, verfügen bereits früh über Hinweise auf die Erblichkeit, wie sie im Zuge universaler Erklärungsmodelle verbreitet, um nicht zu sagen popularisiert wurde. So unternimmt etwa der Monist Richard Semon (1859-1918) zu Beginn des 20. Jahrhunderts den Versuch, im Anschluß an die Theorie Ewald Herings *Über das Gedächtnis als eine allgemeine Theorie der organisierten Materie* eine organische Gedächtnistheorie zu etablieren, die als Grundlage auch für die Überlieferung von Zeit- und Rhythmusstrukturen dient (vgl. dazu Semon 1908, 1920 sowie Rieger 1998). Der Aspekt der Vererblichkeit ist in vorgenetischen Zeiten Anlaß für aufwendig betriebene Langzeitstudien: Dabei wird unter Bedingungen experimentiert, die an beliebigen Organismen eine Beobachtung des Überlieferungsgeschehens über mehrere Generationen hinweg erlauben. Bünning referiert dazu einen typischen Aufbau, der das Bestreben um die Schaffung anderer Umwelten zeigt.

Darum wurden Pflanzen und Tiere von den ersten Stadien ihrer Entwicklung an und sogar über mehrere Generationen hindurch bei konstanten Licht- und Temperaturbedingungen gehalten. In anderen Versuchen wurde geprüft, ob sich Pflanzen oder Tiere in den früheren Stadien ihrer Entwicklung ein anderer, z. B. ein 8:8stündiger Rhythmus aufzwingen läßt; die Objekte wurden dazu einem entsprechenden LD [periodischer Licht-Dunkel-Wechsel; S. R.] ausgesetzt. Alle diese Versuche liefen aber fehl, d. h. die Pflanzen bzw. Tiere zeigten späterhin unabhängig von der Vorbehandlung die ihnen eigentümliche Periodik mit Cyclenlängen zwischen 22 und 28h. Auch eine Ausdehnung der Vorbehandlung auf die vorhergehende Generation, also auf die Mutterpflanze oder das Muttertier, änderte dieses Resultat nicht. (Bünning 1977, 15)

Diesen allgemeinen Befund untermauert Bünning mit zahllosen Beispielen, die das Bestreben der Forscher zumindest erahnen lassen. Was sich nicht nachstellen läßt, muß eben unter natürlichen Bedingungen untersucht werden. So geraten unter Isolation sozialisierte Wesen in den Blick der Forschung, die seit einer Vielzahl von Generationen vom Außenreiz des Lichtes abgeschirmt leben und dennoch Rudimente circadianer Rhythmik aufweisen. Mit dem Höhlenkrebs *Orconectes pellucidus*, der immerhin seit 25 000 Generationen dem Licht den Rücken gekehrt hat, gelangt man zu den Höhlen zurück, die als der natürliche Ort der Chronobiologie in Andechs so eindrucksvoll nachgebaut wurden. Die Frage »Why is so little known about the biological clock?«, die 1974 in einem Standardwerk der jungen Disziplin noch gestellt werden darf (Brown 1974), geht mit einer anhaltenden Forschungskonjunktur einher. Aufklärung über die Zeit sollen nicht zuletzt interdisziplinäre Anstrengungen liefern. Hier wird darüber gemutmaßt, ob alle circadianen Uhren gleich getaktet sind und synchron laufen, ob es also eine Art Masterclock gibt. Die Verrechnung zeitlicher Phänomene mit denen der Biologie wildert dabei in einer angestammten Domäne der Physik. Das Denken der Zeit, ein Herzstück der Philosophie, ist zwischen die Zuständigkeiten von Physik und Biologie geraten (vgl. dazu auch Rheinberger 1990). So fordert der medizinische Anthropologe Viktor von Weizsäcker anläßlich eines im Jahre 1942 gehaltenen Vortrags über »Gestalt und Zeit«, man müsse Begriff und Sache der biologischen Zeit Aufmerksamkeit schenken und dürfe die unterschiedlichen Konzepte von Physik und Biologie nicht gegeneinander ausspielen. Norbert Wiener widmet diesem Verhältnis gar ein eigenes Kapitel seiner 1948 erstmals erschienenen Kybernetik – das über die Zeitbegriffe bei Newton und Bergson (vgl. Wiener 1968). Damit gerät die Zeit endlich auf den Sachstand, den ihr gerade die moderne Physik hat angedeihen lassen. Wie überfällig derlei Kenntnisnahme war, zeigt die Einschätzung des Neurologen Georg Schaltenbrand aus dem Jahr 1963. Unter dem Titel *Zeit in nervenärztlicher Sicht* faßt er die Vorträge des Südwestdeutschen Neurologenkongresses von 1960 zusammen und motiviert seine Entscheidung für die Zeit mit der Zeit.

Mir schien die Zeit deswegen wohl geeignet, ein zentrales Thema für die Nervenärzte aller Richtungen zu sein. Theoretische Physiker, ich nenne unter ihnen nur De Broglie, Niels Bohr, Erwin Schrödinger, von Weizsäcker, und Heisenberg, haben schon seit Jahrzehnten auf die revolutionäre Umgestaltung des physikalischen Zeitbegriffs hingewiesen und versucht, die Brücke zur Biologie und auch zur Medizin zu schlagen. Bisher fanden diese Bemühungen von Seiten der Neurologie und Psychiatrie kein Echo. (Schaltenbrand 1963, Vorwort)

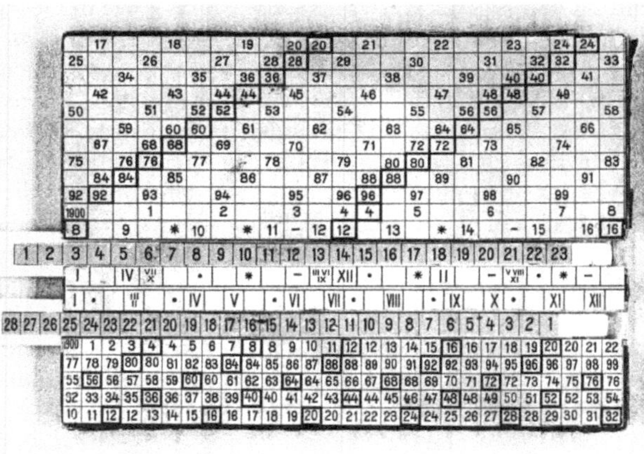

Abb. 5: Periodenschieber nach Swoboda 1909

Derlei interdisziplinäre Anstrengungen bestimmen als theoretische Gemengelage die praktischen Anliegen der Zeitforscher. Die junge Disziplin tritt dabei als reflexives Begleitprogramm auf, das die Auswirkungen künstlicher Rhythmisierung und die dadurch erzwungene Synchronisierung in der modernen Fabrik- und Lebenswelt zu beschreiben hat. Was ihr allerdings zu schaffen macht, ist ein Demarkationsproblem, die Abgrenzung zu den Phänomenen der sogenannten Biorhythmik. Die ausgesprochen populäre Lehre, mit der die Zeitforschung gerne und mit großen Imageschäden verwechselt wird, geht auf den Berliner Hals-Nasen-Ohren-Arzt Wilhelm Fließ (1858-1928) und auf den Wiener Psychologen Hermann Swoboda (1873-1963) zurück (vgl. Swoboda 1904, 1909 sowie Fließ 1906). Deren ebenso obskures wie auch breitenwirksam wahrgenommenes Interesse galt dem Versuch, Eigenrhythmen verschiedenster Provenienz nachzuweisen und biographische Besonderheiten darauf zurückzuführen. Mit Swobodas Lehre vom Siebenjahr ist dabei auch wieder die Frage nach der Vererbung virulent. Popularisierungen dieser Ansätze weisen den Weg in die persönliche Nutzanwendung. So dienen Kenntnis und Beachtung von Eigenzeit etwa als Lebenshilfe – wie in George S. Thommens *Is This Your Day? How Biorhythm Helps You Determine Your Life Cycles* (1973). Bevor die Rhythmen der Eigenzeit jedoch in den Dienst der individuellen Lebensführung (und damit gegen ein Diktat der Stechuhr) gestellt werden können, müssen sie allererst erhoben werden. Bei Swoboda geschieht das noch mit sogenannten Periodenschiebern, die wie selbstverständlich Teil seiner Publikationen sind. Später werden der Taschenrechner und vor allem dann der Heimcomputer die Herrschaft über die Berechnung von Biorhythmen und Eigenzeiten übernehmen. Nie war die Wortfügung Personalcomputer so performativ stimmig wie in diesem unfreiwilligen Verbund aus Technik und Lebensgeschichte, aus Eigensinn und Eigenzeit.

S. R.

Tropaeolum majus

Die bekannte Geschichte von Linné's Tochter, die die Blume eines Tropaeolum leuchten gesehen, mußte mir nothwendig beifallen. Ich brachte lebende Gewächse in Blumentöpfen in die Dunkelkammer und zeigte sie meinen Sensitiven.

Reichenbach 1858, 22

Dr. Guliajews Elektroauragramm-Gerät ist so empfindlich, daß es das elektrische Feld eines Nervs messen kann. Die Nerven eines Frosches haben beispielsweise ein elektrisches Feld von 24 Zentimetern.

Ostranger/Schroeder 1972, 345

Die Rede von der Aura und die von der Nutzpflanzenökonomie haben auf den ersten Blick wenig gemein. Und doch ist ihre Geschichte eng miteinander verwoben. In Wien macht um die Mitte des 19. Jahrhunderts Karl Freiherr von Reichenbach (1788-1869) mit einer eigenwilligen Theorie von sich reden. Was der Chemiker und Industrielle, der Erfinder des Paraffins und Begründer einer Geheimgesellschaft zur Errichtung einer Kolonie auf der Südseeinsel Tahiti; über die Grenzen Österreichs hinaus propagiert, ist eine Lehre vom Od, die im Umfeld des Magnetismus angesiedelt ist und eine polare Qualität unbestimmter Ausrichtung beinhaltet. Das energetische Phänomen, benannt nach dem nordischen Gott Odin und in vielfältige Komposita verbaut (Odgluth, Odrauch, Odflamme), ist besonders empfänglichen Menschen zugänglich, wobei die sogenannten »Sensitiven« in der Lage sind, das Od in unterschiedlicher Form und Intensität wahrzunehmen. Beliebt waren auf dem Schloß des umtriebigen Freiherrn seance-ähnliche Anordnungen, die bei vollkommener Dunkelheit stattfanden und in deren Verlauf aureolenartige Lichterscheinungen an Menschen sowie an beliebigen Gegenständen sichtbar wurden – nicht zuletzt an Tropaeolum majus, der Kapuzinerkresse.

Das freiherrliche Ansinnen ist nicht nur physikalisch umstritten, steht es doch hart am Wind spiritistischer Untersuchungen und war dazu angetan, wie in solchen Fällen eben üblich, einen ganzen Rattenschwanz an Spekulationen und Überprüfungen nach sich zu ziehen. Der Vorwurf ist berechenbar, kritische Stimmen verweisen vor allem darauf, daß Reichenbachs Befunde der experimentellen Wiederholung nur unzureichend standhalten, und führen als Erklärung für die vermeintliche Od-Sensitivität eine Verschränkung von Autosuggestion bei hochgradiger Beeinflussung sowohl durch den Aufbau als auch durch den Versuchsleiter selbst an. Ein munterer Reigen an fanatisch vorgetragenen Anschuldigungen und Rechtfertigungen ist die publizistische Folge, in deren Verlauf deutlich wird, daß die Lehre vom Od keineswegs nur eine unter vielen, sondern, auch das ist der Topik universaler Welterklärungsmodelle geschuldet, *das* Modell zur Erklärung der Welt schlechthin ist (vgl. zur publizistischen Gemengelage von Reichenbach 1852). Als solches verbleibt seine Relevanz nicht in den Zirkeln einer bestimmten Wiener Bevölkerungsschicht, sondern es behauptet weitreichende Bedeutung für nachgerade alles, was es an und in der Welt zu erklären gilt. Die Liste der od-relevanten Disziplinen erfolgt, wie es in einem ausführlichen Titel heißt, »mit Rücksicht auf die praktische Bedeutung, welche sie für Physik, Chemie, Mineralogie, Botanik, Physiologie, Heilkunde, gerichtliche Medizin, Rechtskunde, Kriegswesen, Erziehung, Psychologie, Theologie, Irrenwesen, Kunst, Gewerbe, häusliche Zustände, Menschenkenntnis und das gesellschaftliche Leben im weitesten Umfange« (Reichenbach 1910).

Selbstredend bleibt das Od nicht auf bestimmte Leuchterscheinungen am Menschen beschränkt. In wunderbarer Durchlässigkeit dürfen neben allen möglichen Gegenständen auch Pflanzen von ihm betroffen sein. Der Übertrag auf das Vegetabilische folgt Reichenbachs Universalismus und antwortet auf die selbst gestellte Frage, was das Od mit Physiologie und Morphologie in der Botanik zu tun hätte, entsprechend fundamental: »In der That sehr viel, es durchdringt die gesammte Natur des vegetabilen Lebens, bedingt und bestimmt seine ganze Entwicklung und jeder Grashalm ist Zeuge seiner mächtigen

Einwirkung.« (Reichenbach 1858, 22 sowie Reichenbach 1852) In der Monographie *Die Pflanzenwelt und ihr Verhältnis zum Ode. Eine physiologische Skizze* aus dem Jahr 1858 geht Reichenbach dazu ins Detail. Ausführlich geschildert werden dort Versuchsreihen mit Pflanzen, die, in die eigens eingerichtete Dunkelkammer auf Schloß Reifenberg verbracht, dortselbst Lichterscheinungen ans Licht fördern, die den Aureolen um besondere Körpergliedmaßen und namentlich um Köpfe in nichts nachstehen. Die Beschreibung der dort zutage geförderten Phänomene spricht von der Wahrnehmung eines diffusen Leuchtens, unterteilt nach bestimmten, der Lehre vom Od kompatiblen Pflanzenteilen, die bei besonders Sensitiven bis zur Kenntnisnahme der Farbe gesteigert wird. In detaillierten Listen wird Reichenbachs umstrittene Ordnung der Dinge registriert und Buch darüber gehalten, wer im Dunkeln an welcher Pflanze was zu erkennen vermag. Besonders die Lieblingssensitive Reichenbachs, ein Frl. Zinkel, tat sich dabei mit ganz besonderer Sachkunde hervor.

Die zahlreichsten Versuche machte ich auch hier mit Frl. Zinkel; sie sah eine Menge Blumen leuchten und war fast immer im Stande, im Finstern der Dunkelkammer die Farbe derselben anzugeben; so sah sie Thunbergia aurantiaca, eine gelbe Blume, goldgelb leuchten und erkannte in ihrer Mitte schwarze Flecken.

Sie erkannte

Trachelium coeeruleum,	„	blaue	„ „	blau.
Lychnis vespertilionis,	„	röthliche	„ „	rosenroth.
Humea elegans,	„	röthliche	„ „	hellroth.
Centaurea moschate,	„	lila	„ „	rosenroth.

[...]

(Reichenbach 1858, 29ff.)

Die Liste ihrer detektorischen Leistungen ist so umfänglich, daß selbst Reichenbach die Notwendigkeit ihrer Anschrift eigens bedenkt und die mehrseitige Häufung des umfangreichen Belegmaterials als probate Waffe gegen mögliche Skeptiker ins Feld führt. Weil Reichenbach das von ihm propagierte Phänomen sinnlich verschlossen bleibt, rechnet er sich selbst doch nicht zu den Sensitiven, wird die hundertfache Wiederholung zum Argument einer umstrittenen Zeugenschaft. Die Serie dient dem induktiven Nachweis und ist damit einem Standard der Wissenschaften verpflichtet. Im Modus virtueller Zeugenschaft ersetzt die Reihe den Augenschein (dazu Schaffer/Shapin 1985): »Ich habe vielleicht der Beispiele zu viele aufgezählt. Wenn ich nur ein Einziges hätte selbst sehen können und mich mit eigenen Sinnen von den Thatsachen hätte überzeugen können, würde ich nicht für nöthig erachtet haben, hundertfach die Versuche zu wiederholen.« (Reichenbach 1858, 31) Weil aber nicht nur der Augenschein in Frage steht, wird mit dem Gefühl ein weiterer Sinn zugeschaltet. Nach einem einheitlichen Schema soll dieser in der Lage sein, entsprechende Befundlagen zu verdichten. Ebenfalls mit Fräulein Zinkel, hier selbst nur als »mittelsensitiv« klassifiziert, unternimmt er einen Feldversuch im strikten Sinne des Wortes. Beim Gang durch die Natur soll sie Pflanzen mit horizontal ausgebreiteten Händen berühren und dabei auf ihre Empfindung achten. Wie sie schon nach wenigen Sekunden berichtet, stellt sich in der Rechten *eine lauwidrige Anwandlung* ein, während die Linke *eine angenehme kühle Frische* zu verspüren vermag. Ein Muster ist die Folge, das auch beim Gang über unterschiedliche Nutzpflanzenfelder stabil bleiben sollte. »Ich ließ sie dasselbe in einem Luzernefelde, dann auf einem Roggenfelde und einem Haferacker wiederholen; von allen brachte sie mir diesselbe Botschaft.« (Reichenbach 1858, 44)

Es ist eine eigenwillige Pointe, daß Reichenbachs Anordnung ohne technisches Gerät auszukommen scheint. In ebenso wunderbarer wie ungewollter Deutlichkeit setzt er den Menschen an die Stelle des technischen Mediums und veranschlagt ihn für die Detektion des Besonderen. Viel wäre dazu zu sagen, vielleicht sogar die Vermutung zu äußern, daß die von Reichenbach untersuchte Klientel in einem gewissen Verhältnis zu jener steht, die Sigmund Freud die Formulierung seiner Psychoanalyse erlauben sollte. Den nicht geringsten Reiz der freiherrlichen Selbstdarstellung macht dessen Strategie aus, nachgewiesene Kritiker und namentlich Naturwissenschaftler von der Richtigkeit seiner Annahmen zu überzeugen. Weil seine weib-

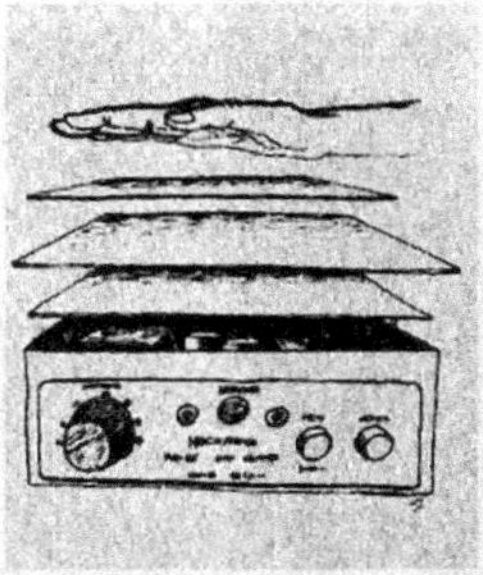

Schematisches Modell des Kirlian-Geräts. Zuoberst die Hand, darunter ein Blatt Fotopapier. Unter diesem die transparente Folie und die Metallplatte, welche die Hochspannung transportiert.

Abb. 1: Kirlian-Gerät nach Snellgrove 1998.

lichen Probanden als Sensitive dem Verfahren in der Regel aufgeschlossen sind, entfacht der Disput um das Od einen regelrechten Geschlechterkrieg um den richtigen Zugang zum Wissen:

Unter den Wiener Botanikern Anerkennung zu finden ward mir nicht schwer, da die Gemahlin und die Tochter des Professors der Botanik, Herrn Dr. Fenzl, selbst sensitiv waren und alle Pflanzen in der Dunkelkammer leuchten sahen. Aber der Professor Endlicher gefiel sich, sich darüber lustig zu machen. Schon im bloßen Gespräch mit ihm erkannte ich jedoch, daß er selbst sensitiv seyn mochte, und daß es mir nicht schwer fallen dürfte, den Sieg über ihn davon zu tragen. Er willigte ein, in die Dunkelkammer zu kommen. Er dachte daraus mit Verhöhnung meiner Lehren hervorzugehen. Es gelang, ungeachtet seines unruhigen Wesens, ihn darin einige Stunden festzuhalten. Als er 40 Minuten im Finstern war, fing er an, odisches Leuchten wahrzunehmen. Ich brachte ihm nun unter andern eine Anzahl Blumentöpfe. Zu seiner Niederlage mußte er bald eingestehen, daß er alle ihm vorgesetzten Pflanzen in entschiedener Lichtentwicklung gewahrte. (Reichenbach 1858, 23)

Im Rußland der dreißiger Jahre erweckt ein technisches Verfahren hochgradige Aufmerksamkeit, in dessen historiographischer Herleitung Reichenbach seinen festen Platz zu haben

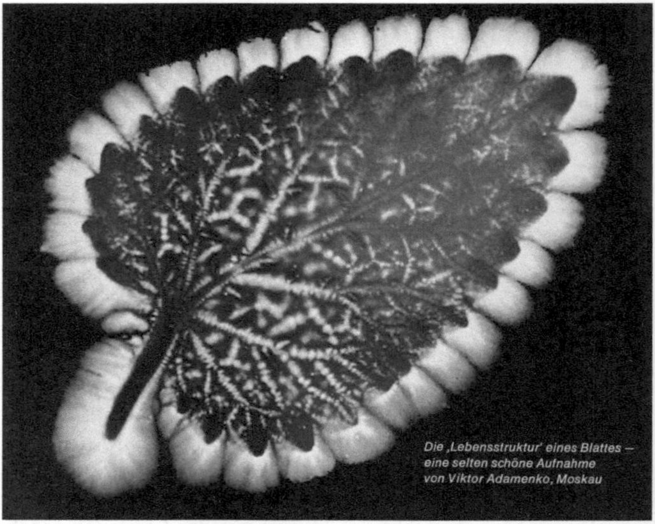

Abb. 2: Aura-Photographie nach Anonymus 1974.

scheint (vgl. dazu etwa Snellgrove 1998). Im Jahr 1937, andere Quellen nennen das Jahr 1939, beobachtet der Ukrainer Semjon Kirlian – selbstredend zufällig oder versehentlich, weil beim Reparieren eines medizinischen Gerätes – den nach ihm benannten Effekt. Zusammen mit seiner Frau Valentina baut er die Methode im fernen Krasnodar über 30 Jahre lang aus, entwickelt sie unter hohem persönlichen Einsatz weiter und scheut dabei weder Zeit noch Geld. Mehrere Patente werden im Lauf der Jahre angemeldet, die das Ehepaar, das als patriotisch gesonnnen beschrieben wird, dem Staat überläßt (vgl. zu Details und einer alternativen Gründergestalt Bischof 1993). Technisch beruht das Verfahren zur Hochfrequenzphotographie darauf, daß es unter Anlegung einer Hochspannung zu einer Corona-Entladung, zu einer kalten Elektronenemission kommt. Der Effekt selbst gelangt erst spät an die Öffentlichkeit – angeblich durch eine Publikation Sheila Ostrangers und Lynn Schroeders, die mit dem eisernen Vorhang den politischen

Abb. 3: Aura-Photographie nach Binder 1982.

Grund für eine derart verzögerte Wahrnehmung angeben. »Die Kirlians untersuchten fast jede denkbare Substanz unter ihrem Hochfrequenzmikroskop – Leder, Metall, Holz, Laub, Papier, Münzen, Gummi. Das Lumineszenzmuster war bei jedem Objekt verschieden, aber lebende Dinge hatten völlig andere Strukturdetails als nicht lebende. Eine Metallmünze wies beispielsweise nur einen völlig gleichmäßigen Glanz um den Rand herum auf. Ein lebendes Blatt bestand jedoch aus Millionen funkelnder Lichter, die wie Juwelen glitzerten.« (Ostranger/Schroeder 1972, 185) Wie in solchen Schriften üblich, darf der historiographische Verweis auf ähnlich gelagerte Bemühungen und damit auf Reichenbach, den Zauberer von Cobenzl, nicht fehlen. Zwar war Reichenbach ausgesprochen undeutsch, aber der Rest ist so stimmig, wie solche Berichte es eben sein können.

Vor etwas mehr als hundert Jahren hat der deutsche Chemiker Karl von Reichenbach von ausgedehnten Forschungen über eine Art von Lumineszenz berichtet, die von Menschen, Pflanzen und Tieren ausstrahlte. Er hatte sie nach dem nordischen Gott Odin ›odische‹ Kraft genannt, um das ›Allesdurchdringende‹ anzudeuten. Merkwürdigerweise sind die Berichte Reichenbachs mit dem identisch, was uns die Russen beschrieben und was wir mit den Kirlianschen Fotos gesehen haben. (Ostranger/Schroeder 1972, 190)

Doch die Ergebnisse bleiben auch im Fall der Kirlian-Photographie umstritten – und damit für unterschiedliche Belange anschlußfähig. Ein Blick in die Diskussionssparte von *Westermanns Monatshefte*n vom April 1974 gibt kund, wie weit der Bogen der Rezeption gespannt ist. Der Weg in esoterische Energielehren (zum Teil in Anlehnung an fernöstliche Mystik) und die Parapsychologie ist eingeschlagen und scheint heute ausgetretener denn je. Neben Botanikern, Physikern, Verfechtern alternativer Heilmethoden wie der Akupunktur und selbstredend Vertretern der Lehren Rudolf Steiners, neben Parapsychologen und Theoretikern interstellarer Kommunikation gelangt dort ein Physiker zu Wort – mit einer sehr ernüchternden Einschätzung, die den Kirlian-Effekt vom lebenden Organismus entkoppelt. Jeder Gegenstand sei demzufolge in der Lage, entsprechende Effekte hervorzurufen.

Die Kirlian-Fotografie ist die Fotografie einer Corona-Entladung, die sich zwischen einer Metallplatte und einem Teil eines elektrisch nicht isolierenden Organismus (Finger, Pflanzenblatt o. ä.) bei Anlegen einer äußeren Hochspannung mit einer gepulsten Hochfrequenz durch Ionisierung der Luft ausbildet. Die Entstehung dieser strahlenförmigen Leuchterscheinung ist nicht von einem lebenden Organismus abhängig, sondern sie ist die Folge der angelegten Spannung und entsteht auch an unbelebten Gegenständen. (Karger 1974, 80)

Unbeschadet solcher Kritik gerät neben Spekulationen über das bloße Leben die Voraussage künftiger Ereignisse in den Brennpunkt der Aufmerksamkeit. Ein solcher Blick in die Zukunft ist es denn auch, der in der Berichterstattung über das Phänomen Furore machen sollte. Ausgerechnet in einem Versuch mit Zwillings-Blättern, der Verdopplung einer klassischen Untersuchungsanordnung aus den Wissenschaften vom Menschen, tritt das zugleich wirtschaftliche Potential der Methode zutage, sollte sie doch als Diagnoseinstrument der Pflanzenzucht dienlich sein. Die Untersuchung zweier identischer Blattmuster wird zu einem Testfall für die Richtigkeit des Verfahrens – jedenfalls wird sie entsprechend aufgebauscht (vgl. dazu Andreas 1977 und Binder 1982). Obwohl die eigens nach Krasnovar verbrachten Blätter dem Auge auch unter Zuhilfenahme von Mikroskopen keine Unterschiede zu zeigen vermochten, weisen sie dennoch voneinander abweichende Luminiszenzmuster auf. Die Berichterstattung schwankt zwischen einem Fehler des Verfahrens (und damit Zweifeln an seiner Tauglichkeit) oder einer tatsächlichen Differenz der Blätter, die etwa ihrer Zugehörigkeit zu unterschiedlichen Gattungen geschuldet sein könnte. Nach einer Vielzahl von Versuchen klären die angereisten Botaniker das erschöpfte Forscherehepaar auf – mit einer Erläuterung, die das Verfahren ins rechte Licht rückt. »Beide Blätter sind tatsächlich von der gleichen Pflanzengattung. Doch eine der Pflanzen war, wie ich vermutete, bereits mit einer Krankheit infiziert. Sie haben mir das bestätigt! An der Pflanze oder an dem Blatt ist äußerlich nichts zu erkennen, was darauf hindeutet, daß sie infiziert wurde und bald eingehen wird. Kein Test mit der Pflanze selbst zeigte, daß etwas nicht in Ordnung ist. Mit der Hochfrequenzfotografie haben Sie die Krankheit der Pflanze sozusagen im voraus diagnostiziert.« (Ostranger/Schroeder 1972, 186)

Ein Transfer grüner Patienten entspann sich in der Folge, und vor allem Nutzpflanzen wie Wein, Tabak oder Obstbäume gerieten in postalische Zirkulation und zu Testzwecken unter die Apparatur der Hochfrequenzphotographen. Aber derlei Blicke in die Zukunft sind auch noch anderweitig von Belang. Prognostika jeglicher Art, ob in anthropologischer oder in technischer Bauart, sind mitnichten nur für Pflanzenzucht und Ernährungswirtschaft zentral, ein Anliegen, das im Fall der Aura einigermaßen hohe Wellen schlug und vom kaukasischen Krasnodar die Zentren von Macht und Forschung erreicht. Ähnlich wie Marie und Pierre Curie, die Pioniere der Radioaktivität, forschen die Kirlians vor sich hin. Vorschläge für die Nutzanwendung ihrer Entdeckung gibt es zwar zuhauf, so erwägt S. M. Pawlenko vom Ersten Moskauer Medizinischen Institut, die Hochfrequenzphotographie für die Frühdiagnose bei Krebserkrankungen heranzuziehen und führende Biophysiker wie L. A. Tumerman drängen bei der sowjetischen Akademie der Wissenschaften darauf, für die systematische Erforschung die benötigten Kapazitäten zur Verfügung zu stellen. Doch der Erfolg stellt sich erst spät ein – verstärkt durch ein Wettrüsten zwischen den Supermächten, das Felder wie Telepathie, Fernsuggestion und außersinnliche Wahrnehmung als forschungsrelevant besetzt. Unter Stichwörtern wie Biotelekommunikation, Biokybernetik und Bioinformation gerät die Kirlianphotographie in die Fahrwasser einschlägiger Forschungen, die – unter Absehung von Details, aber unter Anführung einer imposant ausführlichen, nach Machtblöcken sortierten Literaturliste bei Ostranger und Schroeder – doch einen gemeinsamen Nenner zu haben scheinen. Wer mit der Natur zu sprechen vermag, verfügt über Kommunikationskanäle, die den technischen als überlegen gelten: Für die Belange von Spionage und Weltraumfahrt, für Raum- und Zeitgrenzen überwindende Strategien sind solche Vorteile durchaus von Belang. Dabei dürfen selbst die Akupunktur und die Bioplasmaforschung als kriegs- und nachrichtenrelevante Technik nicht fehlen (vgl. dazu etwa Fisch 1973 und Igenbergs 1987). Wie eine neuere Patentschrift, oder besser: wie ein entsprechender Reigen an Patentierungen verdeutlicht, wird am Phänomen immer weiter gearbeitet und geforscht. Neben technischen Verfeinerungen der Apparatur überlebt dabei nicht zuletzt der Aspekt, mittels der weiter vorangetriebenen Kirlian-, Corona- oder Auraphotographie Störungen in Pflanzen dingfest zu machen wie bei William K. Toolan. Im Umfeld seines Patents und der ebenso eindrucksvollen wie weitverzweigten Geschichte werden immer weitere Nebenaspekte geschützt – wie in einer Vorrichtung von Thomas P. Ramstack aus dem Jahr 2000: »Apparatus and method for detecting and identifying organisms, especially pathogens, using the aura signature of the organism« (Patentschrift United States Patent 2002).

Zu Zeiten des Kalten Kriegs war vor allem die Prognostik, das Wissen um Ereignisse der Zukunft, ein brennendes wie bri-

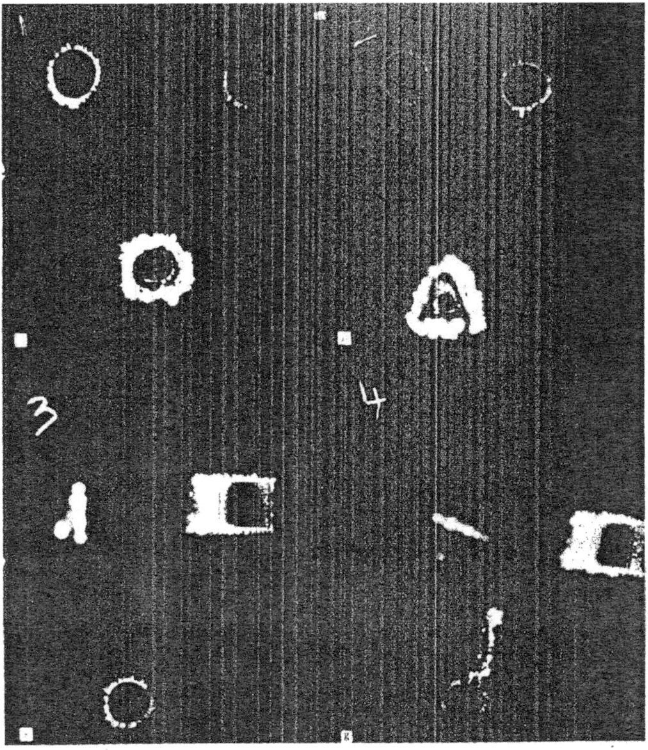

Dem als Psychokinet umstrittenen Israeli Uri Geller gelang 1975 unter strengsten Testbedingungen die Wiederholung eines bereits 1972 erzielten Effekts: Die Abbildung von „Gedankenbildern“ – Dreieck, Viereck und Buchstaben (2. Reihe v. unten) im Kirlianbild

Abb. 4: Gedankenbilder nach Andreas 1977.

santes Thema: Kein Wunder, daß der Aura-Verbund zwischen Reichenbach und Kirlian hier ganz besondere Blüten treibt. Den Ausgangspunkt bildet die Annahme, die auratischen Phänomene erlaubten den Zugriff auf einen Zweitkörper, der, wie im Fall der Zwillingsblätter, anders als sein Original in der Lage sei, ein bestimmtes Wissen über die Zukunft zu erschließen. Die Option auf derlei Prognostik rückt in den Fokus einer Aufmerksamkeit, die zwischen Forschung und Fiktion oszilliert und eine eigenwillige Sparte von *science* und *fiction* ausmacht. Unterstellt wird dabei, ähnlich wie im Wettkampf um die Eroberung des Weltraums, daß die jeweils andere Seite bereits über sehr viel bessere Kenntnisse verfügt als man selbst. Titel brauchen sich also nur noch durch die Angabe des Ortes zu unterscheiden, an denen geforscht wird, und das entsprechend paranoide Setting ist perfekt (vgl. dazu Bird 1972 und 1973).

Aber die Ausbeutung der Astralkörper taugt nicht nur zur Detektion von Weltmachtabsichten unter den sinistren Bedingungen kalter Kriege – vielmehr wird die Pflanze in den Status einer ganz eigenartigen Zeugenschaft gedrängt. In dem Film *The Kirlian Witness* (Jonathan Sarno, USA; 1978), deutsch *Nur die Pflanze war ihr Zeuge*, wird mit der Kirlian-Photographie als dramatischem Instrument nicht gegeizt. Was dort verhandelt wird, ist eine besondere Sensibilität, die eben nur Pflanzen eignet: Ein Kurzschluß zwischen biologischen Sendern und biologischen Empfängern (und nicht zuletzt eine besondere Gedächtnisleistung) machen es im Anschluß an Cleve Backster und seine Arbeiten über eine primäre Wahrnehmungsqualität bei Pflanzen möglich. (→ WACHOLDER) Am Ende von militärischem Wettrüsten und politischer Lagerbildung scheint auch der Umgang mit der Aura befriedet. Vermarktet unter dem Label Bioplasma steht auch zivilen Ausnutzungen nichts im Wege. In Gestalt handelsüblicher, wohlfeiler und transportabler Bioplasmadetektoren ist die Aura in der Häuslichkeit angekommen. Nicht mehr der Krieg, sondern die Belange der persönlichen Aura, des Wohlfühlens oder der Kenntnis von das Wohlbefinden störenden Einflüssen haben über das entsprechende Segment des Wissens die Herrschaft übernommen. Eine inzwischen ausdifferenzierte Bioplasmaforschung braucht sich nicht mehr nur mit Einzelbefunden aufzuhalten, derzufolge etwa die Bioplasmastrahlung erschreckter Kaninchen sich von denen ihrer unerschreckten Artgenossen deutlich unterscheidet.

Herr Dr. Oberbach hat dabei Nuklidkarten für Menschen, Pflanzen und Tiere sowie die Chromosomentafeln zu den Nuklidkarten entwickelt. Herr Dr. Oberbach bezeichnete seine Forschungen als Bioplasma-Wissenschaft und eine seiner Methoden als Biotensor-Methode. Herr Dr. Oberbach hat auch in unermüdlicher Forschungsarbeit die Existenz weiterer Elemente und zwar die Elemente Nr. 1 bis 146 für Menschen sowie Nr. 147 bis 183 für Pflanzen und Nr. 184 bis 279 für Tiere dokumentiert und nach seinen Methoden nachgewiesen.

Im Mittelpunkt der Bioplasma-Forschung steht das von Dr. Josef Oberbach entwickelte Test-, Meß- und Diagnosegerät, der BIOTENSOR®.

Weil es Helden der Arbeit und der Forschung eben nicht nur im Osten gibt, dürfen internetverstärkt ganz andere Karrieren von sich reden machen. Was in der Aktualität der Bioplasmaforschung überlebt, ist wie bei Reichenbach, neben der Umstrittenheit und dem Vorwurf mangelnder Reproduzierbarkeit (vgl. dazu Ernst 2005) die Unbescheidenheit und die Universalität des Anspruches.

S. R.

Urpflanze

Dich verwirret, Geliebte, die tausendfältige Mischung
Dieses Blumengewühls über den Garten umher;
Viele Namen hörest Du an, und immer verdränget
Mit barbarischem Klang einer den andern im Ohr.

Goethe 1982, 107

In Sizilien trat ihm eine solche Fülle »neuen und erneuten Gebildes« entgegen, dass er überreiche Gelegenheit hatte, seinen damaligen Begriff von der Urpflanze an zahllosen Pflanzenindividuen zu prüfen. Die Prüfung fiel zu seiner Zufriedenheit aus: In jeder Pflanze steckt die Urpflanze und noch irgend ein Plus. Er fand Pflanzen, bei denen dieses Plus gross, aber auch solche, bei denen es recht klein war. Die letzteren gaben ihm den Gedanken ein, ob nicht auch eine Pflanze zu finden wäre, die gar kein Plus mehr enthielte, die also mit seiner Urpflanze identisch sei. Er suchte und suchte in dem Pflanzenmeere Siziliens, doch er fand die Urpflanze nicht.

Bliedner 1901, 29

In Italien erschließt sich Johann Wolfgang von Goethe das Geheimnis alles Lebendigen. Es ist ein Phantasma, das in zwei Richtungen weist, zurück zu einem Ursprung, wie er für Goethe nicht ursprünglicher sein könnte, und hinein in eine Zukunft, mit der er eine Verunendlichung der pflanzlichen Formgebung phantasiert. Die Fluchtlinie für Goethes Universalismus bildet nicht eine Natur, die aktuell an einem bestimmten Ort und unter bestimmten Umständen zu ergründen wäre, sondern die Fülle der ihr möglichen Ausprägungen, also das latente Potential an Formen und damit weniger die Frage, wie die Natur tatsächlich ist, sondern vielmehr die Frage, wie sie denn sein könnte. Ein enthusiastischer Brief vom 17. Mai 1787 aus Neapel an die Adresse Johann Gottfried Herders zeugt von einem Modell, das der natürlichen Form und damit dem vorhandenen Repertoire der Natur den Rang abzulaufen droht und zwar so sehr, daß die Natur allen Grund hätte, auf dieses Modell neidisch zu sein. Mit seiner Erfindung der Urpflanze ist nicht nur die Kategorie der Herkunft nobilitiert, vielmehr wird mit ihr ein Grundzug im Dichten und Denken sichtbar: sein oft thematisierter Hang zur sehenden Begriffsbildung, zu dem, was oft psychologisierend auf die Festlegung Goethes als Augenmensch heruntergebrochen wird. Im Gegensatz zu Schiller, der sich dem Idealismus Kants verpflichtet weiß, beharrt Goethe auf der Realität eben auch des begrifflich Gesehenen. Dieses gilt ihm nicht nur als ein gedankliches Konstrukt, vielmehr ist es ihm visuell zugänglich. Der Weg zu dieser Abstraktion, von Goethe im Fall seiner botanischen Studien hinreichend selbst kommentiert, ist ein Weg, der das botanische Material und die Aufschreibe- und Archivierungszusammenhänge von Pflanzen zum Gegenstand und zum Anlaß hat, um sie dann allerdings immer wieder zu verlassen. Die Annäherung an das botanische Material (und verbunden damit ein induktives Vorgehen) und die Entfernung von ihm erfolgen in Wellenbewegungen, so daß am idealen Ende Goethes sehende Begriffsbildung ohne Referenz auszukommen scheint. Der Brief an Herder setzt ein mit einer direkten Beobachtung unter dem Himmel Italiens.

Ferner muss ich Dir vertrauen, daß ich dem Geheimnis der Pflanzenzeugung und -organisation ganz nahe bin und daß es das einfachste ist, was nur gedacht werden kann. Unter diesem Himmel kann man die schönsten Beobachtungen machen. Den Hauptpunkt, wo der Keim steckt, habe ich ganz klar und zweifellos gefunden; alles übrige seh' ich auch schon im ganzen, und nur noch einige Punkte müssen bestimmter werden. Die Urpflanze wird das wunderlichste Geschöpf von der Welt, um welches mich die Natur selbst beneiden soll. Mit diesem Modell und dem Schlüssel dazu kann man alsdann noch Pflanzen ins Unendliche erfinden, die konsequent sein müssen, das heisst, die, wenn sie auch nicht existieren, doch existieren könnten und nicht etwa malerische oder dichterische Schatten und Scheine sind, sondern eine innerliche Wahrheit und Notwendigkeit haben. Dasselbe Gesetz wird sich auf alles übrige Lebendige anwenden lassen. (Goethe 1982, 323f.)

Auf diese Stelle datiert die erstmalige Verwendung der Rede von der Urpflanze, einer Formulierung, die Goethes bekannte Schrift *Die Metamorphosen der Pflanzen* von 1790 zwar nicht erwähnt, die aber in seinen Studien *Zur Morphologie* von 1817 auf das Naturreich des Animalischen übertragen und dort zur Rede vom Urtier variiert wird (vgl. dazu Bliedner 1901, Wiesner 1910 und Müller 1943). Im Umfeld der Urpflanze wird deren Idee in der Auseinandersetzung mit Kants *Kritik der Urteilskraft* eingebettet und von Goethe selbst zunächst als »Grille« gehandelt. Der Text »Anschauende Urteilskraft« dient der Auseinandersetzung mit dem Philosophen und führt zunächst allerlei Psychologica ins Feld. Eine subtile Ironie und Schalkhaftigkeit sieht Goethe bei Kant am Werke, mit der dieser dem Denken Restriktionen diktiere und zugleich auch immer unterlaufe. Goethe jedenfalls mutmaßt darin ein pädagogisches Kalkül, mit dem Kant der naseweisen Anmaßung des Menschen vorzubeugen sucht, vorschnell und ohne großes Erfahrungsmaterial Grillen, die ihm durch den Kopf laufen, für Gegenstände auszugeben. »Deswegen beschränkt unser Meister seinen Denkenden auf eine reflektierende diskursive Urteilskraft, untersagt ihm eine bestimmende ganz und gar. Sodann aber, nachdem er uns genugsam in die Enge getrieben hat, ja zur Verzweiflung gebracht, entschließt er sich zu den liberalsten Äußerungen und überläßt uns, welchen Gebrauch wir von der Freiheit machen wollen, die er einigermaßen zugesteht.« (Goethe 1982, 30) Weil der Kampf der Urteilskräfte ein Kampf um das Bild ist, führt Goethe eine Stelle aus Kants gleichnamiger Kritik an, die ihm in diesem Zusammenhang »höchst bedeutend« war.

»Wir können uns einen Verstand denken, der, weil er nicht wie der unsrige diskursiv, sondern intuitiv ist, vom synthetisch Allgemeinen, der Anschauung eines Ganzen als eines solchen, zum Besondern geht, das ist, von dem Ganzen zu den Teilen. – Hierbei ist gar nicht nötig zu beweisen, daß ein solcher intellectus archetypus möglich sei, sondern nur, daß wir in der Dagegenhaltung unseres diskursiven, der Bilder bedürftigen Verstandes (intellectus ectypus) und der Zufälligkeit einer solchen Beschaffenheit auf jene Idee eines intellectus archetypus geführt werden, diese auch keinen Widerspruch enthalte.« (Kant, zit. nach Goethe 1982, 30)

Zwischen dem Teil und dem Ganzen, zwischen dem Besonderen und dem Allgemeinen wird ein ursprünglicher Verstand denkbar, der im Gegensatz zum abgeleiteten Verstand ohne

Bilder auskommt. Die visuelle Unangewiesenheit, der intellektuell verordnete Ikonoklasmus, dient als Kriterium für die Beurteilung zweier unterschiedlicher Urteilskräfte. An der diskursiven Bestimmung vorbei findet Goethes begriffliches Sehen in der Intuition des *intellectus archetypus* seinen Ort und seine philosophische Nobilitierung. Ein kurzer Text »Bedeutende Fördernis durch ein einziges geistreiches Wort« verweist auf die Anthropologie des Psychiatrieprofessors Johann Christian Friedrich August Heinroth, in der Goethe seine *gegenständliche* Denkart trefflich geschildert und den Unterschied zwischen Denken und Anschauen überwunden glaubt. »Daß mein Denken sich von den Gegenständen nicht sondere, daß die Elemente der Gegenstände, die Anschauungen in dasselbe eingehen und von ihm aufs Innigste durchdrungen werden, daß mein Anschauen selbst ein Denken, mein Denken ein Anschauen sei.« (Goethe 1982, 37) Aber nicht nur bei der Betrachtung naturhistorischer Gegenstände und namentlich bei seinen Pflanzenstudien hat ihn diese Tendenz geleitet, wie er unter Hinweis auf seine Italienreise eigens festhält. Den derart bescheinigten Hang zur Gegenständlichkeit zieht Goethe ebenfalls für seine Dichtung heran und koppelt einen entsprechenden Gang in die historische Tiefe von Mythen, Ursprungsgeschichten oder Legenden an sein spezifisches Sehvermögen, fragt doch auch die Geschichte unablässig nach Ähnlichkeiten, Kontinuitäten und Brüchen.

Das Bestreben, den Typus finden zu wollen, ist aber nicht nur auf die naseweise Grille des vorschnellen Menschen zu reduzieren. Ausgerechnet Kant selbst verweist darauf, daß über das Bedenken des Denkens eben auch ein Gutteil Verfahrens- oder Medientechnik vonnöten ist: Es ist die Eigenlogik einer ungewollten Abstraktion, die Kant in seiner *Kritik der Urteilskraft* zu Planspielen in Sachen Statistik und zu einer in der Praxis seines Denkens technisch vorweggenommenen Überblendungsphotographie führen (vgl. dazu Rieger 2007). Auf der Suche nach sogenannten »Normalbildern« macht Kant von zwei Techniken Gebrauch, die dem so angestrebten Resultat doch sehr nahe kommen. Um einen Typus – als Beispiel wählt Kant das Bild eines schönen Mannes – zu erhalten, bedarf es nicht der privilegierten Gegenständlichkeit von Goethes Denkart, sondern unterschiedlicher Verfahrenstechniken. Zum einen führt Kant dazu die Statistik an, die mit ihrer Mittelwertbildung aus eingespeisten Grunddaten, etwa tausend Einzeldaten zuhandener Längen und Breiten, einen typenhaften Durchschnitt zu errechnen vermag. Zum anderen erlaubt er sich eine optische Analogie, die schlicht in einer gedanklichen Vorwegnahme dessen besteht, was der britische Naturforscher Francis Galton (1822-1911) als Komposit- oder Überblendungsphotographie entworfen hat, ein Konzept, das einen langen Rattenschwanz zum Teil sehr düsterer Normalisierungsdiskurse zur Folge haben sollte. Legt man, so Kant, die Bilder der tausend Männer übereinander, entsteht auf rein mechanischem Weg ebenfalls ein Typus – durch Verstärkung, wo sich Bildsegmente überlagern und durch deren Auslöschung, wo Individualität der Fall ist (vgl. dazu Kant 1974, 152f.)

Der Nutzen von Typenbildung und Abstraktion ist aber nicht nur für die Belange der Normalideen hilfreich. Wie sehr diese Form der Datenverarbeitung auch und gerade ein Wissen über Vergangenes birgt, zeigt ein kleiner Blick in eine Wissenschaft, die in ihrer Kompositbildung zwei nicht unbedingt eingängige Versatzstücke aneinander koppelt. Die Rede ist von der idealen Physiologie, einer Wissenssparte, die der Physiologe Max Verworn (1863-1921) im Umfeld seiner *Ideoplastischen Kunst* ins Spiel bringt (Verworn 1914). Ihm ist es ebenfalls um das Aufschließen des Urtümlichen und des Ursprungs zu tun, darin sind die Anliegen von Goethes gegenständlicher Denkart und bestimmten Verfahrenstechniken bei Verworn solidarisch. Der Physiologe jedenfalls gelangt zu seiner Version eines Urtiers, selbstredend eines Mammuts, auf dem Weg abstraktionstauglicher Kinderhände und einer Verfahrenstechnik namens Kopieren. Erwogen wird – im Rahmen kunstwissenschaftlicher Fragestellungen und anläßlich bestimmter Überlieferungszusammenhänge von ornamentalen Bildelementen und den Spezifika ihrer Umformung im Lauf der Zeit, genauer noch »in den nachpaläolithischen Perioden« – das Konzept einer idealen Physiologie, die im unwissentlichen Reproduzieren einer Vorlage zur Geltung gelangen soll. Dazu läßt er diese nach

Maßgabe einer stillen Post von Schulkindergruppen aus verschiedenen Dörfern immer wieder abmalen, um in diesem Prozeß ein Walten des Wesentlichen zu beobachten. »Die Vorlage bildete eine genaue Kopie des Bildes eines Mammuts aus der Höhle von Combarelles. Die Kopien wurden angefertigt von 9- bis 12-jährigen Kindern in verschiedenen Dörfern. Die erste Kopie diente als Vorlage für die zweite, die zweite als Vorlage für die dritte usf., so daß jedesmal ein anderes Kind kopieren mußte. Das Resultat war das Beifolgende.« (Verworn 1914, 11)

Am Ende einer idealen Physiologie haben Typen (und nicht mehr reale Tiere) das Sagen: Diese werden auf dem Weg einer Datenverarbeitung gewonnen und sind nicht, wie im Fall Goethes, den Besonderheiten individueller Anschauungsweisen geschuldet, die ihrerseits sich vorzustellen eine nicht geringe Schwierigkeit für anderssehende Zeitgenossen ausmacht. Das wird gerade im Umfeld der Anthroposophie deutlich, die Goethes anschauliches Denken und seine Metamorphosenlehre auf vielfältige Weise rezipiert und bis in die Bereiche einer neuen Morphologie und Physiognomik weitertreibt (vgl. dazu Kranich 1979, Göbel 1969 und Gut 1972). Dabei wird vor allem das Bewegungsmoment einer solchen Anschauung herausgestrichen. Eine frühe Abhandlung bringt dazu den zwischen Realität und Idealität oszillierenden Stellenwert der Urpflanze auf den Punkt und eine Einschätzung Rudolf Steiners ins Spiel. »Es ist für die Mehrzahl der Menschen unmöglich, sich vorzustellen, dass etwas, zu dessen Erscheinung durchaus subjektive Bedingungen notwendig sind, doch eine objektive Bedeutung und Wesenheit haben könne. Und gerade von dieser letzteren Art ist die Urpflanze.« (Steiner nach Bliedner 1901, 58) Am Erfassen sogenannter »Bildebewegungen« sollen die Gesetzmäßigkeiten des Lebendigen und mit diesen eine rationelle Organik sichtbar werden, die das künftige Pflanzenwachstum erahnen lassen. Dabei legen die aufeinanderfolgenden Blattformen die Analogie mit einem anderen optischen Dispositiv nahe, mit dem Verfahren des Zeitraffers. Weil aber die Eigenart des Denkens im Denken der Anthroposophie nicht technisch hintergangen werden kann, versagt für die Bildebewegung der Pflanzen die Analogie mit dem Film. Jochen Bockemühl, der in

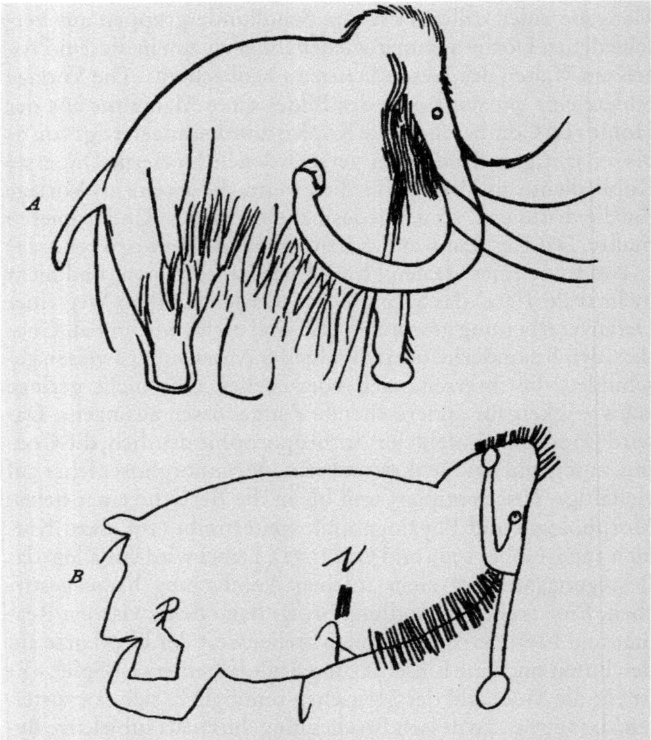

Fig. 6 a.
Umgestaltende Wirkung fortgesetzten Kopierens. *A* Originalvorlage. *B* Zehnte, *C* achtzehnte, *D* siebenundzwanzigste Kopie.

Abb. 1: Mammut nach Verworn 1914.

zahlreichen Veröffentlichungen den Metamorphosen nachspürt und dabei ideale, in die Zukunft der Pflanze weisende Formen zu entdecken glaubt, schützt das besondere Sehen vor der schnöden Technik des Zeitraffers. In der Welt der Anthroposophen bleibt das Privileg des Denkens geschützt.

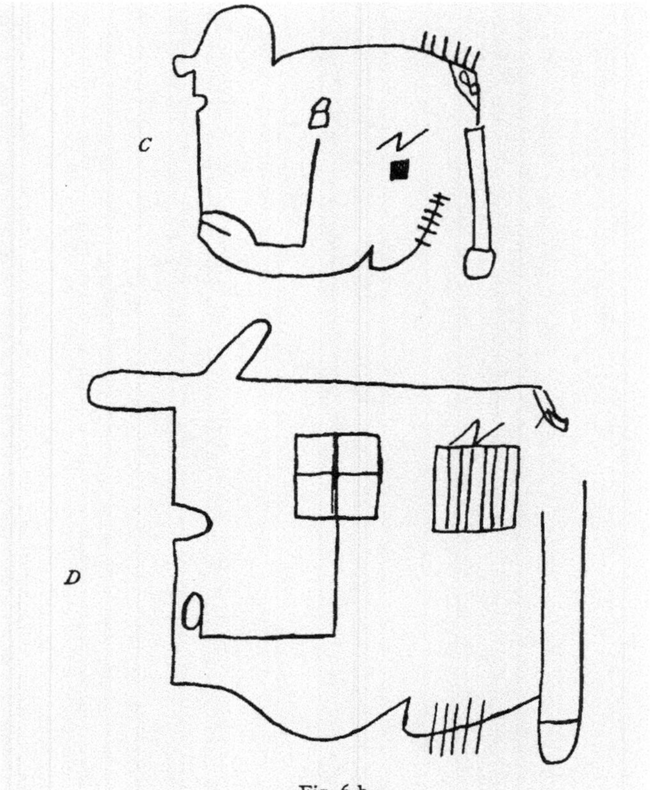

Fig. 6 b.

Abb. 2: Mammut nach Verworn 1914.

Einer Wissenschaft, welche solche Wege verfolgt, fällt die Aufgabe zu, ihren Verlauf im einzelnen zu beschreiben. Dabei muss sie sich der an sinnlicher Anschauung gewonnenen Begriffe bedienen, obwohl das so entstandene Bild nur der inneren Anschauung zugänglich ist. Leicht schleichen sich Missverständnisse ein, indem man meint, weil von sich verwandelnden Blattformen die Rede ist, es könne die Vorstellung der Bildebewegung durch einen Film ersetzt werden, der die Blattformen in

Abb. 3: Urpflanze nach Bliedner 1901.

Abb. 4: Bilderbewegung nach Bockemühl 1967.

schneller Folge zeigt. Dem Betrachter würde zwar dadurch die eigene Anstrengung durch einen äusseren Mechanismus abgenommen, aber beweglich würde nur die äussere Anschauung, nicht das eigene Denken. Diese allein führt aber zu der gesuchten, neue Zusammenhänge aufdeckenden, inneren Anschauung. (Bockemühl 1969, 38)

Solche Scharmützel über den Stellenwert von Urtier und Urpflanze, mithin über die Frage, ob man ihrer denn in irgendeiner Weise identifizierend habhaft werden könne (und im Anschluß daran die Folgefrage nach der Legitimität ihrer Darstellbarkeit), werfen noch einmal ein Schlaglicht auf Goethe und das, was er mit der gegenständlichen Anschauungsart umsetzen zu können glaubte. Der Blick, den Goethe den Pflanzen angedeihen läßt, ist in seinem Verfügen über die Zeit paradox, versucht er doch, in der aktuell vorliegenden Physiognomie einer Pflanze die Vergangenheit der Pflanzenentwicklung zu entziffern – mehr noch, in Analogie zu bestimmten Vorstellungen in der Chemie gelangt er zur Auffassung, eine ins Unendliche reichende Erfindungskunst gewährleisten zu können. Wie Dorothea Kuhn am Beispiel des von Goethe protegierten Chemikers Johann Wolfgang Döbereiner festhält, wird damit die Bildung eines Modells über allen Modellen, eine Erfindungsmöglichkeitskunst erwogen. »Dies entsprach aber auf chemischen Gebiete im höchsten Grade dem, was Goethe für das Reich der Pflanzen von einer Systematik oder von der als Idee der Pflanze gewonnenen Urpflanze erwartete, wenn er sagte, daß man mit diesem Modell und dem Schlüssel dazu alsdann Pflanzen ins Unendliche erfinden könne, die, wenn sie auch nicht existieren, doch existieren können.« (Kuhn 1988, 17)

Goethes Phantasma einer Urform, erwogen an der Pflanze und am Tier, vielfältig gesucht und unbeschadet davon, ob gesehen oder errechnet, ob über Bildgebungsverfahren erzeugt oder bloß gedacht, endet für das Tier ebenso konsequent wie sachdienlich in einem Schweizer Aquarium. Das Europäische Patentamt verwahrt unter der Anmeldenummer 89 810 461.7 und dem Anmeldetag 15.06.1989 ein Verfahren, das Goethes Suche nach dem Ursprung auf einen Schlag hätte beenden können. Unter sorgfältiger Unterscheidung von Anmelder, der Ciba-Geigy AG mit Sitz in Basel, und den Erfindern, Dr. Guido Ebner und Heinz Schürch, wird dort ein verbessertes Fischzuchtverfahren vorgestellt. Was sich dahinter verbirgt, verspricht eine nachgerade drastische Verbesserung der Fischwirtschaft.

Es wird ein neuartiges Verfahren beschrieben, welches basierend auf der kurzfristigen Anwendung elektrostatischer Felder zu bleibenden nützlichen und wünschenswerten Eigenschaften bei Fischen führt, die ansonsten überhaupt nicht oder nur mit erheblichem Mehraufwand erzeugbar sind. Durch die Einfachheit der erfindungsgemäßen Verfahrensannahmen und die signifikanten Resultate wird die Aufzucht von Fischen, insbesondere von Speise-, aber auch von Zierfischen, geradezu revolutioniert. (Patentschrift Europäisches Patentamt, 89 81 0461.7)

Die Patentschrift bleibt genrespezifisch verhalten und verweist darauf, daß neben dem Keimungsverhalten von Pflanzensamen auch die Entwicklung von tierischen Organismen positiv beeinflußt werden kann. Geschildert wird ein Verfahren, bei dem befruchtete Eier von Regenbogenforellen und zum Teil auch Jungfische kontrolliert elektrostatischen Feldern ausgesetzt und mit Kontrollgruppen verglichen werden. Bei den derart behandelten Fischen sind signifikante Steigerungen ihrer

Wachstums- und Entwicklungseffizienz zu verzeichnen. Zudem, so die Patentschrift, erwiesen sie sich gegenüber der Kontrollgruppe als vitaler, wüchsen schneller und seien widerstandsfähiger – allesamt Faktoren, die für eine wirtschaftliche Fischzucht als förderlich angesehen werden. Um mit ihnen den Patentanspruch zu begründen, verweist die Schrift auf zwei Aspekte: zum einen darauf, »dass aufgrund des Fehlens eines elektrischen Stromflusses die chemische Identität des Systems ›Fisch‹ nicht verändert wird«; zum anderen darauf, daß die Verwendung elektrostatischer Felder für derlei praktische Belange bisher ein ausgesprochenes und gut erklärbares Forschungsdesiderat darstellt. Die Gründe liegen in der physikalischen Lehrmeinung, vor allem vertreten durch Louis George Gouy und David Leonard Chapman. Diese geht davon aus, »dass ein statisches Elektrofeld in einem mit Ladungsträgern gefüllten Medium durch die spontane Ausbildung einer elektrischen Doppelschicht abgeschirmt wird und daher in seiner Wirkung inert bleibt.« (Europäisches Patentamt, 89 810 461.7) Als Folge wird den Fischen die Elektrostatik erspart, dafür rückt man ihnen, wie schon in den Gründertagen der Stromforschung, mit allerlei Elektrodynamik auf den Leib. (→ Mimosa Pudica I) Verwiesen wird in der Patentschrift auf Untersuchungen an Karpfen (*Salmo iridens*) und Forellen (*Cyprinus carpio*), bei denen Spannung angelegt wird, um einen möglichen Einfluß auf Hirnentwicklung und Noradrenalinausschüttung zu untersuchen (vgl. zur Tradition der Elektrokultivierung von Pflanzen Lemström 1902 sowie die Bibliographie bei Lund 1947; sie allein umfaßt bereits 1406 Einträge).

Was die Aufzucht von Süß- und Salzwasserfischen drastisch verbessern sollte und ganz den Vorgaben ökonomischer Auswertung zu folgen scheint, birgt jenseits wirtschaftlicher Nützlichkeitserwägungen noch ein Potential, mit dem vom Felde der Fischzucht auf jenes der Spekulation gewechselt wird. Dort, wo die phantasmatischen Exzesse der Pflanzenkommunikation ihre Blüten treiben, in Dagny und Imre Kerners *Der Ruf der Rose. Was Pflanzen fühlen und wie sie mit uns kommunizieren* aus dem Jahr 1992, darf diese Geschichte nicht unerzählt bleiben. Das Kapitel »Salto rückwärts in die Evolution«

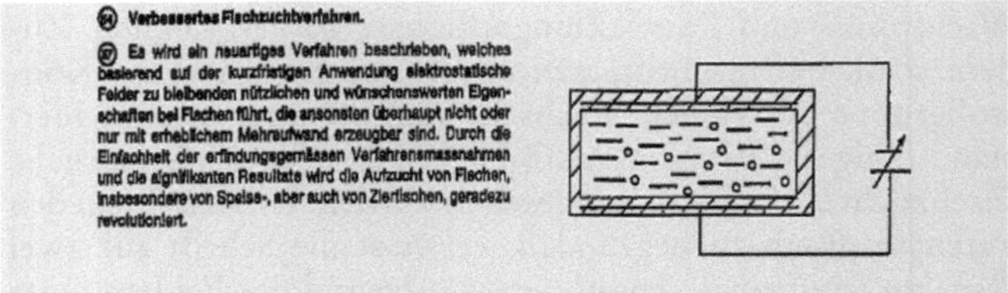

FIG. 1

Abb. 5: Patentzeichnung in Sachen Fischzucht 1989.

bleibt die Details ebenso wenig schuldig wie das entsprechende Narrativ. Diesmal führt der Weg der Wissenschaftsjournalisten nicht zu amerikanischen Elektronikspezialisten (→ Desmodium Gyrans), sondern in die Forschungsabteilung eines erfolgreich wirtschaftenden Chemiekonzerns wie der Ciba-Geigy AG. Weil auch hier das Spiel mit den eigenen Vorurteilen greift, wird erst einmal mit großem Erstaunen die neue Öffnung eines Unternehmens beschrieben, dem ein Blick von außen (oder in die Tradition) gerne Hermetik und Abschottung unterstellt. Im Gegensatz zu Cleve Backster, dem amerikanischen Polygraphie- und Pflanzenkommunikationsspezialisten, der nach einer Phase größter Aufmerksamkeit und Medienwirksamkeit seinen Lebensabend wissenschaftlich geächtet, zurückgezogen als Nachtwächter in den Räumlichkeiten seines eigenen Labors zu fristen hatte, scheint in der Schweiz die versuchte Kommunikation mit Pflanzen weniger prekär oder vorbelastet. Berichtet wird von Forschern, die nicht bespöttelt oder vergessen, sondern Aufsichtsräte werden konnten, und das, obgleich sie firmenintern durchaus des Obskurantismus geziehen wurden. Den Versuchen mit Fischeiern gingen andere Untersuchungen vorweg, die scheinbar mühelos Zeit und evolutionäre Differenzierung handhabbar machten und dabei immer ein wenig mit dem Ursprung spielten. Der Vergleich mit versteinerten Farnen aus Steinkohleablagerungen macht deutlich, daß die Veränderungen früheren Formen entsprechen, und so konnte etwa die Rede vom Urfarn die Runde machen. Doch der nüchternen Prosa der Patentschrift hält die Berichterstattung über das in Basel geführte Gespräch nicht stand.

Schnell sind die Präliminarien abgehandelt und das Reich der spekulativen Möglichkeiten eröffnet. Von der Vergangenheit und der morphischen Resonanz ist die Rede, Autoren wie Rupert Sheldrake werden referiert, Biorhythmen mit einer Verteilung über Jahrhunderte werden erwogen und das weite Feld organischer Gedächtnisleistungen bis zu den Ursprüngen aller Ursprünge eröffnet. (→ SONNENWENDE) Am Ende eines solchen Gedankenaustausches darf selbst der aktuelle Bezug zum Dinosaurierboom und zu *Jurassic Park* nicht fehlen. Das »Ur« in Pflanze und Tier ist unterhaltungsfähig geworden.

S. R.

Vicia faba

Die Tätigkeit der Muskeln äußert sich im Tragen und Heben von Lasten. Das Tragen ist eine einfache Sperrleistung, während beim Heben noch eine Bewegungsleistung hinzukommt.

Uexküll 1973, 164

Und nun erscheint die lichtspendende Sonne im Osten, und ihre ersten Strahlen treffen die grünen Zellen unseres Blattes. In diesem Moment ist es, wie wenn in einer Fabrik bei Tagesanbruch die Arbeitsglocke geläutet wird, der Dampf zischend in die Kolben tritt, und nun mit einem Male die Räder sich drehen, die Triebwerke ineinander greifen, und das Tagwerk beginnt, – die Stärkefabrik ist zu neuem Leben erwacht.

Cohn nach Tschirch 1939, 14f.

Das Aufkommen der Energetik verändert auch das Sein der Pflanze. Mit den zentralen Axiomen aus der physikalischen Theoriebildung, beginnend Anfang der vierziger Jahre des 19. Jahrhunderts mit dem Ersten Hauptsatz der Wärmelehre von Robert Julius Mayer, der als Vorläufer des Satzes von der allgemeinen Energieerhaltung durch Hermann von Helmholtz aus dem Jahr 1847 gilt. Durch eine entsprechend rasche Popularisierung wurde das Konzept der Energetik nachgerade hypertroph (vgl. dazu Mayer 1978 und Helmholtz 1903). Im Zuge dieser Konjunktur kann der Chemiker und Philosoph Wilhelm Ostwald seinen energetischen Imperativ formulieren, mit dem er die Kultur samt den für sie zuständigen Wissenschaften auf neue Grundlagen stellt (Ostwald 1909, 1912), und auch das Denken selbst geriet unter ein entsprechendes Kuratel: Davon zeugt etwa der Titel des Buches *Denkökonomie und Energieprinzip*, das ein Autor namens Gabius im Jahr 1913 veröffentlichte (vgl. dazu Krajewski 2006). Aber nicht nur Maschinen und Menschen, industrielle und natürliche Arbeit gelangen in den Blickpunkt unterschiedlicher Aufmerksamkeiten. Auch

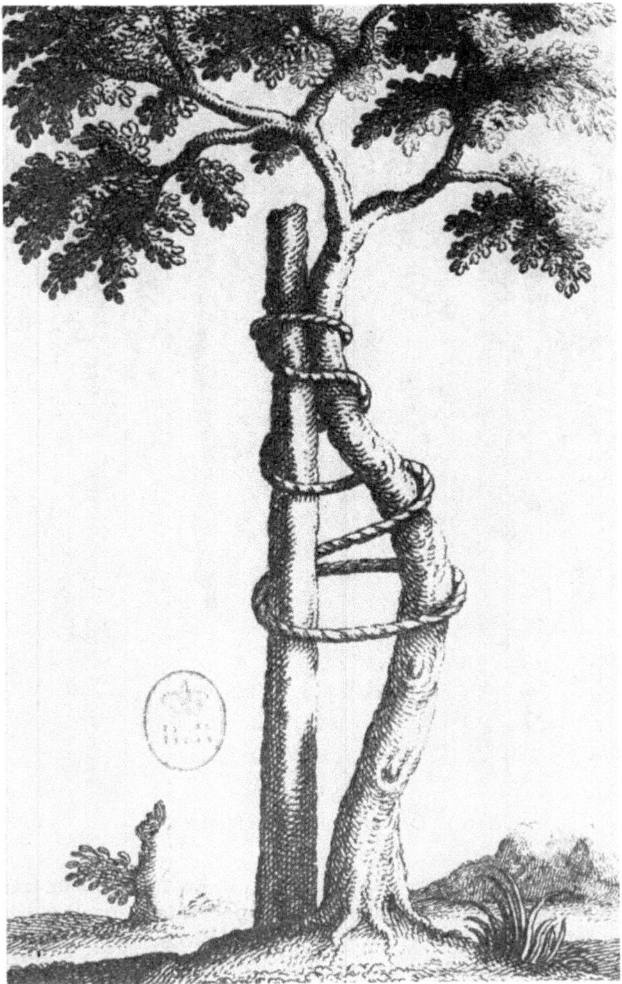

30. N. Andry, *L'orthopédie ou l'art de prévenir et de corriger dans les enfants le. difformités du corps*, 1749.

Abb. 1: Urszene der Orthopädie nach Foucault 1977.

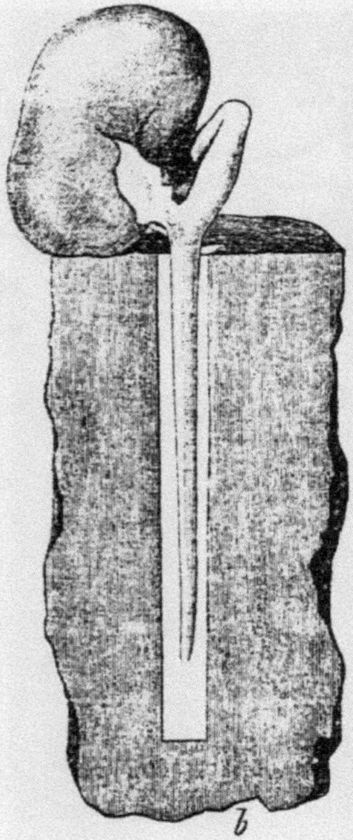

Fig. 2. Medianer Längsschnitt durch die Gipshüllen um eine Wurzel von Vicia faba. Natürl. Grösse.

Abb. 2: Druckleistung nach Pfeffer 1893.

die Pflanze wird Teil einer Ordnung, in der nicht mehr freie Entfaltung oder gezielte Korrektur, sondern das Eingebundensein in ein System energetischer Geschlossenheit und der Nachweis verlustfreier Energiebilanzen zählen.

Zwei Bilder, aus unterschiedlichem Kontext und Anlaß, tragen dem in ihrer willkürlichen Konfrontation Rechnung. Das erste ist das durch Michel Foucaults *Überwachen und Strafen.*

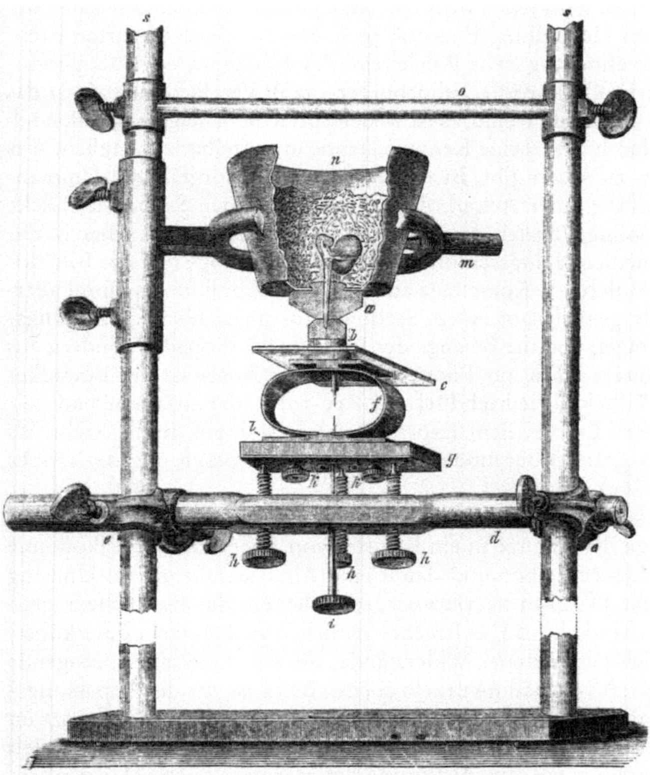

Fig. 3. Druckfeder. Ungefähr ½ der natürl. Grösse.

Abb. 3: Druckfeder nach Pfeffer 1893.

Die Geburt des Gefängnisses berühmt gewordene Bild eines gebändigten, weil angebundenen Baumes, der Foucaults Generalthese von der Disziplinierung so sehr veranschaulichte, daß er regelrecht zu deren Sinnbild werden sollte. Im Korrektiv der Baumschulung, wie es der französische Arzt Nicolas Andry in seiner *L'orthopédie ou l'art de prévenir et de corriger dans les enfants les difformités du corps* aus dem Jahr 1741 vor Augen stellt, wird jene Form von Disziplinarindividualität lesbar, deren Herstellung Foucault in seinen Arbeiten allerorten nachzeichnet (vgl. zur Reichweite des Konzepts, etwa als psychische Orthopädie, Juliusburger 1929). Verglichen damit ist das zweite Bild fremd, es ist weder durch die Alltagssemantik noch durch allgemeine Kenntnisstände unmittelbar zugänglich. Was es zu sehen gibt, ist ein Verfahren zur sorgfältigen Ummantelung einer Ackerbohne, *Vicia faba*, auch Saubohne, Dicke Bohne, Pferdebohne oder Puffbohne genannt. Zu sehen ist der mediane Längsschnitt durch eine aufwendige und das Bild dominierende Korsettage aus Gips. Die Abbildung stammt allerdings nicht aus einem Sachbuch für menschliche Erziehungsfragen und die Belange der Individualorthopädie, sondern aus einem Werk zur Pflanzenkunde. Ihr Autor ist der Botaniker Wilhelm Friedrich Pfeffer (1845-1920), der zusammen mit seinem Lehrer, dem Experimentalphysiologen Julius Sachs, als Begründer der modernen Pflanzenphysiologie gilt (dazu Sachs 1865).

Im Rahmen der neuen Disziplin versucht Pfeffer, das Wachsen der Pflanze in ein Register von Energetik und Ökonomie einzuschreiben und damit eine Alltagserfahrung im Umgang mit Pflanzen zu verwissenschaftlichen, die als solche augenscheinlich ist. Das Brechen natürlich vorhandener oder künstlich geschaffener Widerstände, für das die Steine sprengende Kraft von Baumwurzeln ebenso Beleg ist wie die Anpassungsfähigkeit von in Flaschen verbrachten Kürbissen, soll jetzt im Labor unter den Bedingungen des Experiments verhandelt werden (vgl. zur Auflösung des Marmors durch Maiswurzeln Sachs 1860). Davon jedenfalls berichten die *Studien zur Energetik der Pflanze* (1892), denen nur ein Jahr später die Monographie *Druck- und Arbeitsleistung durch wachsende Pflanzen* folgt (Pfeffer 1892 und 1893). Die Arbeit von 1893 versucht mit größter Akribie, nicht zuletzt an *Vicia faba*, die energetischen Verhältnisse zugänglich, sichtbar und vor allem auch meßbar zu machen. Die dabei auftretenden Probleme liegen auf der Hand. Zur Herausforderung für den Experimentalaufbau werden vor allem die Langsamkeit der Bewegungsleistung und die Geringfügigkeit der zu erwartenden Kräfteverhältnisse. (→

Mimosa Pudica II) Um diese in den Griff zu bekommen, wird die Pflanze in besagtes Korsett verbracht. Dazu wird die Saubohne eingegipst, die Ummantelung wird dann nach dem Austrocknen des Gipses vorsichtig aufgeschnitten. Durch dieses Verfahren ist sichergestellt, daß beim Experiment selbst die Druckverhältnisse an allen Stellen der Pflanze gleichermaßen und vor allem ungehindert wirken können. Damit ist ein zentraler Unterschied zu alten Techniken der Druckmessung markiert, die etwa Charles Darwin in seinem Buch über das Bewegungsvermögen der Pflanzen verwendete. Dessen Holzklammer, so Pfeffer, sei viel zu grob, um die Feinmaschigkeit des filigranen Kräftegeflechts auch nur einigermaßen in Blick und Griff zu bekommen.

Während eine Messung des Spitzendruckes wachsender Pflanzen bisher nicht versucht wurde, benutzte CH. DARWIN einen Zangenapparat in roher Form, eine Holzklammer, um Wurzeln auf ihren Querdruck zu prüfen, indem diese einfach in ein in den Holzschenkeln befindliches Loch gesteckt wurden. Da in diesen Versuchen die Klammer ziemlich weit auseinander getrieben wurde und die Wurzelspitze frei weiter wuchs, kam die mögliche maximale Druckleistung nicht zu Stande. Die Vernachlässigung der Grösse der wirksamen Fläche lässt zudem nicht ersehen, welcher Druck durch die Flächeneinheit entwickelt wurde. (Pfeffer 1893, 256)

Mit dem Gipskorsett ist die Voraussetzung für eine filigranere Untersuchung und mit dieser zugleich die Grundlage einer exakten Maßeinheit geschaffen: »Kommt die Pflanze in einen aus zwei aneinander schliessenden Theilstücken zusammengesetzten Gipsverband und wird die zur Hemmung des Auseinandertreibens nöthige Gegenwirkung ermittelt, so ist damit ein Maass für die mechanische Leistung der Pflanze gegeben.« (Pfeffer 1893, 247) Was folgt, sind die Details der Umsetzung in allen Belangen des Versuchsaufbaus. Und davon handelt Pfeffer in der solchen Texten eigenen Ausführlichkeit, berichtet minutiös, wie der Gips beschaffen sein soll, wie die Pflanze in das Korsett einzubringen ist, wie sie während des Versuches mit Wasser versorgt wird und nicht zuletzt, mittels welcher Vorrichtung das Ziel der Untersuchung, nämlich das Messen, erfolgt.

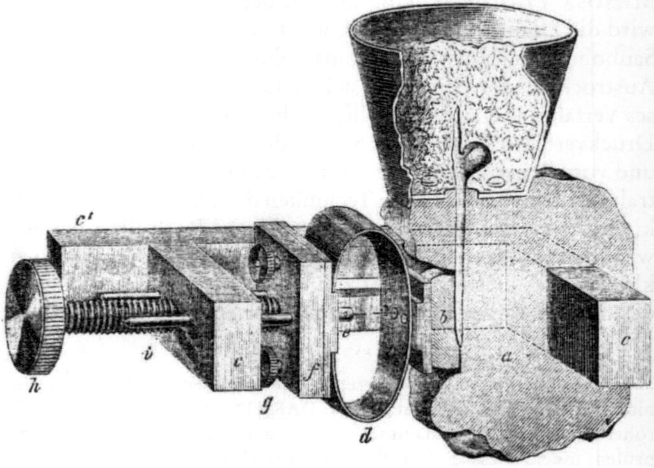

Fig. 4. Schraubklemme. Ungefähr $\frac{2}{3}$ d. natürl. Grösse.

Abb. 4: Schraubklemme nach Pfeffer 1893.

Erforderniss für die Bestimmung des von der Pflanze entwickelten Druckes ist, dass der messende Gegendruck schnell ansteigt, damit die Aequilibrirung bei nur geringfügigem Auseinanderweichen der Gipsflächen erreicht wird. Diese Forderung kann ebensowohl durch Federn, als auch durch ein nach dem Princip der Briefwage gebautes Dynamometer genügt werden. (Pfeffer 1893, 250)

Verwendet werden diese Federn in unterschiedlichen Apparaten: Apparat A (Druckfeder zur Ermittlung des Längs- und Spitzendrucks) und die Apparate B (Schraubklemme) und C (Zangenapparat) zur Messung des Radialdrucks. Als Indikator für den von der Pflanzenbewegung auf die Gipskorsettage ausgeübten Druck dient der Abstand jener beiden Federnadelspitzen, deren Position zueinander die Entsprechung der Kräfteverhältnisse dokumentiert. Die entsprechenden Zahlenwerte liefert die mikrometrische Ablesung eines Horizontalmikroskopes. Die Präzision des Verfahrens, so betont Pfeffer immer

Tabelle II.

Querdruck durch Wurzeln.

Faba vulgaris.

Nr.	Versuchsdauer a	Wurzelspitze b	Wirksame Zone: Länge und Lage c	Wirksame Zone: Medianschnitt d	Gesammtdruck e	Druck pr. 1 qmm f	Druck in Atmosphären g
13	167 Std.	eingegipst	0—8 mm	29 qmm	1830 g	63,1 g	6,11 Atm.
14	120 »	»	0—5,5 »	10,5 »	500 »	47,6 »	4,61 »
15	168 »	»	0—5 »	9,5 »	599,6 »	63,1 »	6,11 »
16	144 »	»	0—6,2 »	12,2 »	542,0 »	44,4 »	4,30 »
17	164 »	»	7—15,7 »	15,8 »	897,3 »	56,8 »	5,50 »
18	237 »	frei = 7,5	7,5—18,2 »	17,1 »	689,2 »	40,3 »	3,90 »
19 A	118 »	eingegipst	8,0—21,0 »	24,0 »	877,0 »	36,5 »	3,53 »
19 B	310 »	»	8,0—21,0 »	49,0 »	1511 »	30,8 »	2,98 »
20	210 »	frei		43,0 »	959,2 »	22,3 »	2,16 »

Zea maïs.

21	118 Std.	eingegipst	0—11,2 mm	11,0 qmm	749,3 g	68,1 g	6,59 Atm.

Abb. 5: Tabelle der Druckwerte nach Pfeffer 1893.

wieder mit Blick auf mögliche Unschärfen und Eigenfehler der Apparatur, ist dennoch hinreichend genug. »In den meisten Versuchen entsprach ein Theilstrich 0,0469 oder 0,0482 mm und bei guten Nadelspitzen beträgt der Ablesungsfehler weniger als die Hälfte eines Theilstrichs.« (Pfeffer 1893, 255 f.)

Der Rest ist operative Routine. Man variiert die Verfahren, man untersucht die Unterschiede von Längs- und Querdruck, man tauscht Pflanzenarten durch, verändert Details im Aufbau der Apparate, wechselt Federn, um deren unterschiedliche Sensibilität zur Steigerung der Meßgenauigkeit zu ermitteln. Serien von Daten werden erhoben, die tabelliert zu Buche schlagen. Ein Tableau von Zahlen erlaubt es, die Druck- und Arbeitsleistungen unterschiedlicher Pflanzen einander gegenüberzustellen, zu vergleichen und regelrecht zu lesen. Damit hat die Pflanze ihre semantische Unschuld verloren und ist Teil einer Ökonomie geworden, die scheinbar nichts aus ihrem Zuständigkeitsbereich entläßt. Doch es ist nicht um jenen Stoffwechsel zu tun, der Ernährungsphysiologen, Volkswirtschaftler oder besorgte Ökologen den Blick auf die Pflanze hat richten lassen: Nicht Brenn- oder Nutzwert unterschiedlicher Pflanzen, nicht irgendwelche Konsequenzen für den Stoffwechsel sozialer Gebilde, nicht das optimale Ausnutzen einer Ressource, sondern die unmittelbare Leistung einzelner Pflanzen ist es, die ein Aussagesystem über deren Ökonomie begründen soll. Damit steht die Pflanzenenergetik auch im Gegensatz zu Bemühungen der frühen Ökologie. Zwar wollte auch diese messen und festhalten, wie es etwa um den Stoffwechsel in der Natur bestellt ist, welche Biomassen auf Grund welcher Außenumstände erzeugt werden, wie es um den Grundumsatz steht und nicht zuletzt, wie nach Maßgabe nachhaltiger Wertschöpfung natürliche Ressourcen effektiver genutzt werden können. Dazu aber waren nicht die Kräfteverhältnisse einzelner Pflanzen der Ausgangspunkt. Weder die Langzeitbeobachtung eines Waldes noch die eines Binnengewässers, wie es August Friedrich Thienemann (1882-1960) zum Standardbeispiel der Biozönose erhoben hat, sondern das Messen der Leistung von Einzelpflanzen im Labor bildet die Grundlage von Pfeffers Untersuchungen (vgl. dazu Thienemann 1956; → AUSTER) Während die frühen Ökologen die Komplexität von eng verwobenen, hoch anfälligen Lebensgemeinschaften und also Systeme in den Blick nahmen, um sie in ihrer Gesamtheit einem Kalkül von Ökonomie und Nutzen zu unterstellen, erfolgt Pfeffers Eintrag in die entsprechenden Register von anderer Seite, auf den ersten Blick gegenüber den Ganzheitsbestrebungen der Ökologen reduktionistisch, und er bleibt dennoch stimmig. Verrechnet wird unter Maßgabe des Hebens von Gewichten ein Vorgang, der Arbeitsleistungen meßbar und damit eben auch vergleichbar macht – völlig gleichgültig, wer immer sie verrichtet.

Im Einklang mit diesen Resultaten stehen die Versuche, welche seit JOHNSON (1830) angestellt wurden, um die Activität der geotropisch abwärts strebenden Wurzel zu erweisen. So fand SACHS, dass die Wurzel von Faba durch ihre geotropische Krümmungskraft ein Gewicht von 4g zu heben vermochte und bei senkrechtem Auftreffen der Wurzel derselben Pflanze kam in Versuchen WIESNERS ein Druck bis zu 1,4g zu Stande. (Pfeffer 1893, 271 f.)

Die Ummantelung seiner Gipskorsettagen ist alles andere als metaphorisch: Waren Pflanzen und namentlich Bäume im Zuge ihrer Kultivierung um ihre Entfaltungsfreiheit gebracht und durfte das Bild ihrer Korrektur zum alltagssemantischen Sinnbild orthopädischer Interventionen werden, so finden sich jetzt Mensch und Pflanze im Zeichen der Arbeit angenähert – wenn man so will in ihrer Funktion als Arbeitskraft. Die Pflanze, deren Korrektur die Individualität veranschaulichen sollte, untersteht einem Kalkül des minutiösen Messens. Fast scheint es, als ob ihre unmittelbare Ausnutzung nur eine Frage von Einfallsreichtum und Zeit sei. Dabei ist die untersuchte Widerständigkeit zur allgemeinen Ökonomie der Kräfteverhältnisse gegenläufig. Wenigstens als Gedankenspiel sei es daher erlaubt, die Vertreter unterschiedlicher und scheinbar kategorial getrennter Seinsarten einmal gegeneinander auszuspielen. Wie Foucault berichtet, wurden Internierte in englischen Gefängnissen des 19. Jahrhunderts zur mechanischen Disziplinierung in Tretmühlen und -pumpen eingespannt, mit der eigenwilligen Wendung, daß die so mechanisch erzeugte Arbeitsleistung nicht genutzt wurde und einfach verpuffen durfte (vgl. Foucault 1977, 311 sowie Coy 1985). Umgekehrt, so steht zu erwarten, beginnen Physiologen anläßlich der unscheinbaren Puffbohne darüber nachzudenken, ob die Pflanzen nicht die Arbeit des Menschen, von Tieren, von Maschinen oder von wem oder was auch immer sollen verrichten können. Völlig frei und losgelöst von irgendwelchen Sachzwängen oder energetischen Beschränkungen setzt ein Zeichentrickfilm Walt Disneys das Potential der Puffbohne in Szene. In *Mickey and the Beanstalk* (USA 1947; in Deutschland erschien der Film unter dem Titel *Mickey und die Kletterbohne*) darf die Zauberbohne als probates Reisevehikel den Himmel erstürmen und spielerisch allen energetischen wie ökonomischen Beschränkungen trotzen. Die Fiktion versetzt sie an einen Ort, an den sie auch die Wissenschaft verbringen wird: In den schwerelosen Weiten des Weltraumes soll sie Auskunft darüber geben, welche Folgen die Umweltbedingun-

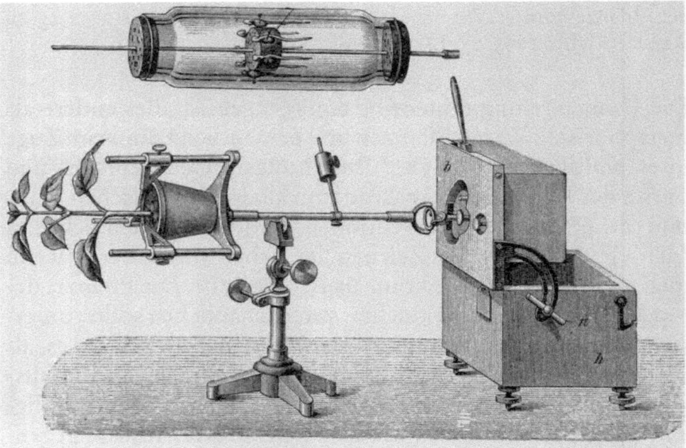

Abb. 8. Pfeffers Klinostat.
Das Uhrwerk b dreht die an der wagrechten Achse befestigte Pflanze langsam im Kreise, wodurch die einseitige Wirkung der Schwerkraft aufgehoben wird, wie an dem gleichsinnigen Wachstum der über dem Klinostat abgebildeten Keimlinge ersichtlich ist. (Nach Pfeffer.)
(Aus „Francé, Das Leben der Pflanze" Bd. II S. 245).

Abb. 6: Klinostat nach Welten 1912.

gen der Erde auf ihr Wachstumsverhalten haben (vgl. Nultsch 2001). Damit schließt sich eine Geschichte, in der die Beschäftigung mit der Saubohne eine zentrale Frage beantworten sollte: Wohin wendet sich ein Wesen, wenn ihm keine Orthopäden und Orthopädien den Weg versperren. In seinen *Physiologischen Untersuchungen über die Beweglichkeit der Pflanzen* aus dem Jahre 1824 berichtet der Franzose Henri Dutrochet jedenfalls von Anordnungen, bei denen die Eigenbewegungen der Saubohne jenseits von Erdanziehung und Geotropismus untersucht wurden – ein Anliegen, dessen Klärung allerdings seinerseits die nicht unerhebliche Zuführung von Energie erfordert.

Hunter steckte eine Saubohne in die Mitte eines mit Erde gefüllten Tönnchens, das in ständiger Rotation um seine horizontale Achse erhalten wurde. Das Würzelchen stellte sich in die Richtung der Rotationsachse des Tönnchens ein. *Knight* befestigte Bohnen um die Peripherie eines Rades von 11 Zoll Durchmesser, das durch Wasserkraft in ständiger Bewe-

Abb. 7: Screenshot aus Walt Disneys *Micky und die Kletterbohne*.

gung in horizontaler Ebene erhalten wurde und 150 Umdrehungen in der Minute machte. [...] Knight wiederholte den Versuch mit einem Rade von ähnlichem Durchmesser, das in horizontaler Richtung bewegt wurde. Es machte 250 Umdrehungen in der Minute. [...] Diese Versuche sind äußerst interessant; sie zeigen, daß es Mittel gibt, die Pflanzen Richtungen einnehmen zu lassen, die von den natürlichen sehr verschieden sind. (Dutrochet 1906, 83)

Nur mit dem Antrieb seiner Vorgänger zeigte sich Dutrochet unzufrieden. Weil ihm ein dauerhaft mit Wasserkraft betriebener Apparat ebenso wenig zur Hand ist wie die in Tretmühlen freigesetzte Energie Internierter, verbaut er ein Uhrwerk, das durch ein 270 Pfund schweres Gewicht die gleichmäßige Bewegung eines Holzrades gewährleistet. Diese, wie er selbst schreibt, einem Bratspieß nicht unähnliche Vorrichtung, sichert den Betrieb für jeweils zwölf Stunden. Pfeffer selbst setzt ebenfalls auf ein Uhrwerk, mit dem er einen sogenannten Klinostaten für die Aufhebung der Schwerkraft betreibt (vgl. dazu Welten 1912, 33ff.). Ein sonderbar geschlossener Kreislauf ist die Folge, bei dem die variablen Einstellungen der Drehzahl die Individualität der Beobachtungen sicherstellen und das gesamte Dispositiv dafür sorgt, daß die Wurzeln zwar frei, aber dann doch nicht ganz richtungslos und womöglich unkontrolliert in den Himmel wachsen.

S. R.

Wacholder

Und aus einem anderen Kochtopf wimmerte es wieder: »O Daucus Carota! O mein König! rette deine getreuen Vasallen, rette uns arme Mohrrüben! – Ausgehöhlt hat uns ein grausamer Koch, unser Innerstes zerhackt und es mit allerlei fremdartigem Zeug von Eiern, Sahne und Butter wieder hineingestopft, so daß alle unsere Gesinnungen und Verstandeskräfte in Konfusion geraten und wir selbst nicht mehr wissen, was wir denken!«

Hoffmann 1967, 987

Mein Mutter der mich schlacht,
mein Vater der mich aß,
mein Schwester der Marlenichen
sucht alle meine Benichen,
bindt sie in ein seiden Tuch,
legt's unter den Machandelbaum.
Kiwitt, kiwitt, wat vör'n schöön Vagel bün ik!

Grimm, Von dem Machandelbaum

Um die Frage, ob Pflanzen fühlen oder nicht, ob man nur vermittelt durch die Blume sprechen oder eben auch ganz direkt mit ihnen kommunizieren kann, kreist ein Phantasma, das wie kaum ein anderes Auskunft über das Selbstverständnis einer Kultur gibt (vgl. dazu Giesecke 2007, → DESMODIUM GYRANS). Als Grenzscheide, die immer wieder herangezogen wird, um ihren Status gegenüber Tieren, Menschen und Maschinen zu markieren, dient häufig die Option ihrer Beseelung (vgl. zum Argument der Abgrenzung vom Tier Bühler/Rieger 2007). Nicht erst seit Gustav Theodor Fechners legendärer Schrift *Nanna oder über das Seelenleben der Pflanzen* aus dem Jahr 1848 wird die Geschichte der Pflanzenseele zum eindrucksvollen Beleg für die Suche nach einem Unterschied, der einen Unterschied macht (vgl. dazu ausführlich Ingensiep 2001). Dem Baum kommt dabei eine Sonderstellung zu – im Gegensatz zu den oft kurzlebigeren Pflanzen hat er einen men-

Abb. 1: In Gesellschaft von Bäumen nach Holberg 1983.

schennäheren Status, der nicht zuletzt bestimmten Glaubensvorstellungen und sozialen Praktiken zugrunde liegt (vgl. dazu Lehmann 1957). Der Baum taugt nicht nur zur Organisation von (totem) Wissen, im Lebensbaum werden ihm nachgerade kosmologische Weihen zuteil. (→ Apfel) Die Verwandlung

Abb. 2: Baummensch nach Holberg 1983.

von Menschen in Bäume und ihre Befähigung zu verbaler Kommunikation sind Topoi, deren nicht geringste Zahl wir bereits den *Metamorphosen* Ovids verdanken. In der Gesellschaft von Bäumen findet der Mensch oft seinesgleichen, wird häufig von ihnen direkt angesprochen oder interagiert mit ihnen auf Weisen, die vom Schutz wie im *Herrn der Ringe* bis zur Bedrohung und physischen Vernichtung reichen können. (→ Poison Ivy) Ob in Ovids Gründungstexten für die Wandelfähigkeit oder bei dem dänisch-norwegischen Schriftsteller Ludwig Holberg, dessen Roman *Niels Klims unterirdische Reisen* seinen Protagonisten mit Menschen in Baum- oder Bäumen in Menschengestalt konfrontiert, ob bei Edgar Allan Poe oder Arno Schmidt, der in einem Abschnitt seines großen Typoscriptromans *Zettels Traum* dieser Topik in zahlreichen Filiationen nachspürt – sie alle sind Phantasien über die Verwandlungsfähigkeit und die Durchlässigkeiten zwischen den Seinsarten, und nicht zuletzt über eine direkte Kommunikation mit der Natur, gesättigt durch die zusätzliche Option, mit dem Baum auf eine bestimmte Weise Zeitdimensionen, Vergangenheiten oder Zukünfte zu erschließen, die dem Menschen ob seiner eigenen Lebensdauer unzugänglich sind.

Der Baum wird, wie aus einer populärwissenschaftlichen Aufarbeitung der Pflanzenkommunikation zu erschließen, zu einer Art dendrochronologischen Antenne. Titelgebend tritt das in Bruno Willes Roman *Offenbarungen des Wacholderbaums* aus dem Jahr 1920 in Erscheinung. Dieser *Roman eines Allsehers*, so der Untertitel, verdichtet die Anliegen des literarischen Jugendstils auf eine kaum überbietbare Weise. In einer nur schwer erträglichen Mischung aus schwülstiger Naturschwärmerei und einer gehörigen Portion Antirationalismus wird eine künstlerische Weltanschauung zelebriert, die ständig von gegenläufigen Tendenzen bedroht wird. Untermalt mit Jugendstilornamentik, darf der icherzählende Held mit den beiden Seelen in seiner Brust, schwankend zwischen Kunst und Wissenschaft, auf der Entscheidungssuche nach dem Sinn des Lebens der Allbeseelung der Natur teilhaftig werden. Die Natur propagiert über alle Teilungen in Leben, Welt und Wissenschaft hinaus die Einheit von wissenschaftlicher Rationalität und künstlerischem Ausdruck. Und sie tut es in Gestalt eines Wacholderbaums. Jener Baum, der in der Sammlung der Brüder Grimm zu einem der grausamsten Märchen (*Von dem Machandelbaum*) Anlaß gibt, wird zur Instanz nicht nur einer anderen Kommunikation, er wird zur Instanz derjenigen Synthese, nach der Willes Held im Angesicht der Moderne so sehr dürstet. Auf dem Umweg über eine Sprachtheorie, die, weil mit dem Argument der Seele unterfüttert, anthropologischer nicht sein könnte, gelingt dem Wacholderbaum eine selbstbewußte Verortung der Pflanzen auf der Skala der hierarchisch angeordneten Seinsarten und im Zeichen der Seele die angestrebte Versöhnung.

Meinethalben, die Wildgänse reden – mögen sogar skool rufen. Du aber, alter Freund – so lieb du mir bist – was ein Tier kann, du kannst es nicht! Die Tiere fühlen, haben eine Seele. Du hast keine – bist eben eine Pflanze.

Ablehnend wiegte der Wacholderbaum das Haupt: »Ich keine Seele? Mir sprichst du ab, was du einem Tier – dort dem armen Regenwurme – zugestehst?« Schwermütiges Raunen ging durch die Kiefern: »Oh – oh! Zu ist der Sinn – auf einmal zu! Was hat ihn verschlossen? Oh – oh – Merlin, Merlin!« Was tausend! Ihr Bäume wollt auch mitreden? Und Merlin nennt ihr mich? Wie kommt ihr denn dazu?

Die Kiefern raunten weiter: »Hörtest du nicht vom weisen Merlin – der die Sprache der Bäume und aller Waldwesen verstand? Wir glaubten, du seist ein Merlin. Hast du nicht im Herbst zu unseren Füßen gelauscht auf unsere schwermütige Weise und aufgeschrieben, was wir klagten?«

Ja – das war in Gedichten! Als Denker bin ich anderer Meinung!

Der Wacholderbaum nahm wieder das Wort: »Bist du denn zweierlei? ein anderer, wenn du denkst? und ein anderer, wenn du dichtest? und da liegst du doch, ein einziger Merlin!«

Einzig wohl! Nicht einig! (Wille 1920, 74f.)

Weit entfernt von der schwülstigen Naturschwärmerei im Europa der zwanziger Jahre machen Bäume im Amerika des 20. Jahrhunderts von sich reden. Was dabei zur Disposition steht, sind Phänomene, die von den Wissenschaftsjournalisten Imre und Dagny Kerner in Überschriften wie *Bäume als Antennen zum Universum* oder *Der Ruf der großen alten Bäume*

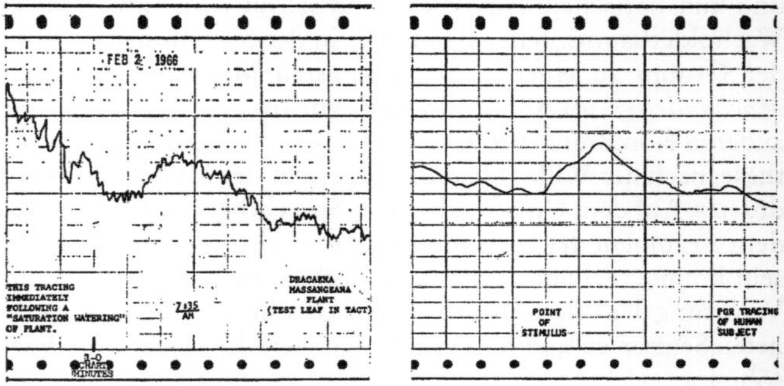

FIGURE 1

Left: Section of the February 2, 1966 plant monitoring chart which suggested to the author that the plant tracing contour resembled human tracings containing verified emotional arousals.

Right: A section of a chart exhibiting a verified emotional arousal in a human subject.

Abb. 3: Pflanzenreaktion nach Backster 1968.

entsprechend ausgearbeitet worden sind. Was irgendwo zwischen Technikbegeisterung und (nicht minder schwülstiger) New-Age-Romantik angesiedelt ist, was die Tradition indianischer Mythen mit Lehren kosmischer Energetik verbindet, kennt eine Urszene und einen Protagonisten. Als Pionier und Namensgeber eines entsprechenden Effekts gilt der Amerikaner Cleve Backster. Seine aufsehenerregende Studie »Evidence of a primary perception in plant life« erscheint 1968 in einem internationalen Journal für Parapsychologie und stellt eine der meistbeachteten Beiträge zur Sprache der Pflanzen dar. Was dem Backster-Effekt zugrunde liegt, ist auf den ersten Blick nichts anderes als der Mißbrauch einer anthropologischen Wahrheitsmaschine.

Unter der Überschrift *Der Drachenbaum, der Gedanken lesen kann* begegnet man einem vertrauten Narrativ, handelt es doch von einem amerikanischen Forscher, der nicht irgendwo, sondern an der vordersten Front moderner Verhör- oder Wahrheitsfindungsmethoden arbeitet. (→ DESMODIUM GYRANS) Als Spezialist für Polygraphie begründet Backster eine Lügendetektor-Schule für den Geheimdienst CIA und entwickelt Verfahren für diverse amerikanische Behörden, nicht zuletzt für die Armee. In einer eigenen Schule in New York bildet er

Polizei- und Sicherheitsbeamte aus aller Welt für die Belange polygraphischer Wahrheitsfindung aus. Ins Rollen kam die Entdeckung der Pflanzengefühle und ihrer Kommunikation anläßlich eines Drachenbaums (*Dracaena massangeana*), der aus Gründen der üblichen Büroverschönerung in Backsters Büro stand. Backster selbst schildert den ersten Impuls für sein Vorgehen mit einer Mischung aus bloßer Neugierde und zuhandener Technik.

Research on a primary perception in plant life was triggered by curiosity about a common botanical function. On February 2, 1966, immediately following the watering of an office plant, the author wondered if it would be possible to measure the rate at which water rose in a plant from the root area into the leaf. [...] The pair of instrument electrodes could be attached to a leaf of the plant, and hypothetically, by so using the wheatstone bridge circuitry involved, the relative decrease in the plant leaf's electrical resistance – due to the expected increase in its moisture content – should be indicated by an upward trend of the ink tracing on the chart recording. (Backster 1968, 329)

Im Gegensatz zum nüchternen Tonfall der Originalmitteilung zeichnet die Berichterstattung der beiden Wissenschaftsjournalisten Kerner ein sehr viel einschlägigeres Bild – zentriert um bestimmte Topoi im Erfindungsgeschäft. Nicht nur der Hinweis auf Backsters aktuelle Tätigkeit erfolgt, auch die Zeitangabe wird entsprechend der Topik moderner Erfindergeschichten frisiert. Selbstredend sind es die einsam durchgearbeiteten Nächte und frühen Morgenstunden, an denen fernab vom Weltgeschehen und Tagesgeschäft die großen Entdeckungen das Licht der Welt erblicken. Vorgabe für dieses Erzählmuster ist nicht zuletzt der Erfinder dieses Erfindertypus, Thomas Alva Edison, den ein eingängiges Bild nach einer heroisch vollbrachten Arbeitsschicht und in der Pose Napoleon Bonapartes inszeniert, den Sieg vor Augen und die Erfindungsschlacht geschlagen, bei aller Erschöpfung aber immerhin noch so geistesgegenwärtig, einen eigens herbeigeholten Photographen den denkwürdigen Moment festhalten zu lassen (vgl. zur Pose und zu einem Kommentar der Pose Kittler 1986, 47). Backsters Begegnung mit seinem Drachenbaum folgt diesem Muster. »Er hatte gerade für die amerikanische Armee ein neues Lügendetektor-Verfahren entwickelt, als er mitten in der Nacht, oder besser gesagt, in den frühen Morgenstunden des 2. Februars 1966 seinen Drachenbaum im Büro ansah und auf die Idee kam, auch die Pflanze an dieses Gerät anzuschließen, um nachzuschauen, wie lange es dauert, bis das Wasser die Blätter erreicht, wenn er sie gießt.« (Kerner/Kerner 1992, 46)

Was das Verfahren dann am Ende einer arbeitsreichen Nacht zutage fördert, erstaunt den Spezialisten nicht gering. Die Kurven, die derart verzeichnet werden, ähneln denen, die für die Lügendetektion bei Menschen typisch sind. Was er im Laufe seiner zahlreichen Erhebungen registriert hat, etwa den Verlauf bei einer positiven Erregung, verdoppelt die Pflanze und mit ihr natürlich die Frage, ob sie wie die menschlichen Kurvenerzeuger bestimmter Gefühlsregungen fähig sind. Weil Menschen bei Gefahrenlage und bei Bedrohung die signifikantesten Reaktionen an den Tag legen, setzt Backster auch die Pflanzen entsprechenden Szenarien aus. Mit einer Tasse heißen Kaffees und schlußendlich mit Streichhölzern will er den Blättern zu Leibe rücken, um bei ihnen entsprechende Reaktionen hervorzurufen. Schon der bloße Vorsatz zu diesem Experiment bleibt nicht folgenlos: »At the instant of this decision, at thirteen minutes fifty-five seconds of chart time, there was a dramatic change in the tracing pattern in the form of an abrupt and prolonged upward sweep of the recording pen.« (Backster 1968, 330) Ohne irgendeine Form körperlicher Intervention reagiert die Pflanze auf einen lediglich in Gedanken gefaßten Vorsatz, sie zu verletzen oder gar zu töten (vgl. zur literarischen Fassung der gequälten Pflanze Dahl 1989 sowie dazu Oelze 1989, 52ff.). Wäre dieser Befund wiederholbar, so schlußfolgert Backster, so wäre nicht weniger als der Nachweis für die Fähigkeit zur Wahrnehmung gedanklicher Vorsätze im Pflanzenleben gelungen. Um das zu klären, variiert Backster alle mög-lichen Parameter der Anordnung, schließt neben dem Drachenbaum auch andere Pflanzen an die Elektroden seiner Apparatur an und unterscheidet zwischen dem ernsthaft gefaßten Vorsatz zum Verbrennen und dem nur vorgegebenen, also simulierten Vorsatz. Wie Heinrich von Kleists geistesgegenwärtiger Bär aus dem Marionettentheater scheint die Pflanze in der Lage, zwischen

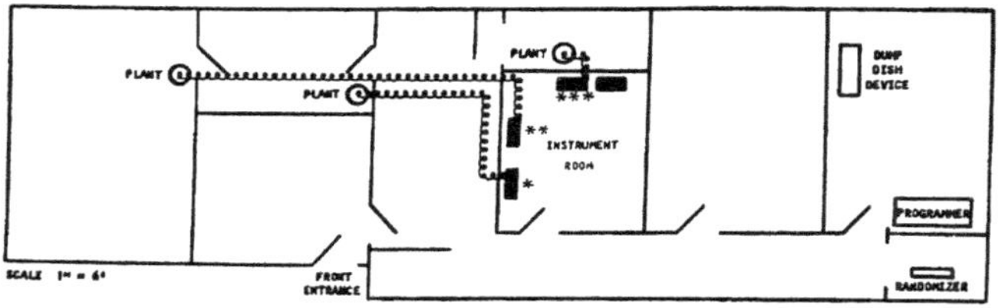

FIGURE 3

EXPERIMENT ENVIRONMENT

The randomizer selected the time when the programmer caused the dump dish device to terminate the brine shrimp. Instruments monitored plants as indicated above, by inter-connecting cables. The plants reacted when the brine shrimp were terminated.

Abb. 4: Experimentalanordnung unter Ausschluß des Menschen nach Backster 1968.

Finte und Nicht-Finte, zwischen Simulation und Nicht-Simulation zu unterscheiden und ihre Reaktion entsprechend danach auszurichten. (→ BÄR)

Wie sehr die Pflanzen Angst vor bestimmten Personen haben, zeigt sich für Backster anläßlich eines Besuches einer kanadischen Pflanzenphysiologin, die sich von seinen Experimenten ein eigenes Bild machen will. Während ihrer Anwesenheit bleiben die Kurven aus, was Backster auf einen Schock- oder Ohnmachtsmoment bei den Pflanzen zurückführt, handelt es sich doch bei der Physiologin um eine veritable Pflanzenmörderin. Wie er auf Rückfrage erfährt, röstet sie im großen Stil Pflanzen in einem Ofen, um so ihr Trockengewicht zu bestimmen. Erst nach dem Verlassen von Backsters Labor reagieren die Pflanzen wieder normal. Die Detektion von Pflanzenmörderinnen führt auch zu experimentellen Anordnungen, bei denen im Blindversuch die Reaktionen von Pflanzen auf menschliche Gefährder verzeichnet werden. Dabei werden Versuchspersonen durch Losentscheid ausgewählt, eine Pflanze heimlich zu zerstören, mithin so, daß die anderen Probanden sowie der Versuchsleiter darüber in Unkenntnis bleiben. »Backster schloß die überlebende Pflanze an einen Polygraphen an, führte die Studenten, einen nach dem anderen, diesem ›Zeugen‹ vor und konnte so den Schuldigen ermitteln. Tatsächlich reagierte die Pflanze auf fünf der Studenten gar nicht, während sie jedes Mal, wenn der

Schuldige sich ihr näherte, das Galvanometer in wilde Bewegung versetzte.« (Bird, Tompkins 1977, 19)

Backster, der um den Stellenwert (und um die Anfechtbarkeit) seiner Untersuchungen wußte und sich um sein Renommee als seriöser Wissenschaftler bedroht sah, setzt nun Strategien der Objektivierung in Gang. Vorrangiges Ziel seiner Experimente ist es, den Menschen als Versuchsleiter zunehmend aus dem Verkehr zu ziehen, also Anordnungen zu ersinnen, bei denen der Mensch und das von ihm ausgehende Affektpotential überhaupt keine Rolle mehr zu spielen brauchen. Höhepunkt entsprechender Versuche ist ein weitgehend automatisiertes Design, bei dem die empathische Reaktion von Pflanzen auf den Tod anderer, artferner Organismen getestet wird. Dabei gelangen Krustentiere zum Einsatz, die für den Verzehr durch andere Tiere bestimmt sind, und deren Todeskampf von Philodendren registriert wird.

Aus praktischen Gründen entschloss er sich, kleine Garnelen, die als Fischfutter für Aquarien überall zu kaufen waren, als »Opfertiere« auszuwählen. Die lebenden Garnelen kamen in kleine Behälter, die einzeln durch eine mechanische Vorrichtung in siedendheißes Wasser gekippt und dadurch getötet wurden. Ein nach dem Zufallsprinzip arbeitender Apparat bestimmte den Zeitpunkt, an dem die Kippvorrichtung ausgelöst wurde. Drei Philodendren wurden neu gekauft, um sicherzustellen, daß vor dem Experiment keine »Beziehung« zwischen den Pflanzen und den Experimentatoren bestand. [...] Die drei Pflanzen wurden je an einen Lügendetektor angeschlossen. Die Bedingungen des Experiments, wie zum Beispiel Licht und Temperatur für die Pflanzen, die Temperatur des heißen Wassers usw. wurden konstant gehalten. Backster und seine Mitarbeiter waren während des gesamten Experiments nicht anwesend. (Kerner/Kerner 1992, 52)

Die Resonanz auf die Experimente und ihre Schlußfolgerung von einem pflanzlichen Wahrnehmungsvermögen unbeschadet einer menschlichen Beteiligung war enorm und gewann das Interesse einer breiten Öffentlichkeit. Wieder ist es die mangelnde Wiederholbarkeit der Versuche, die von sich reden macht und die Methode hat. Untersuchungen, die ein IBM-Chemiker (und Kristallforscher) namens Marcel Vogel öffentlich im Fernsehen vornimmt und die gerade das Versagen von

Wissenschaftlern und nicht zuletzt solchen vom Fach dokumentieren, werden zu einer groß angelegten Theorie der pflanzlichen Empathie ausgearbeitet und der Backster-Effekt vollends auf die Spitze getrieben. Nach dieser Maßgabe scheint es Vogel schlüssig, daß ausgerechnet Kindern gelingt, was den Fachvertretern versagt bleibt. Vogel, der selbst in Yoga ausgebildet ist, unternimmt dann auch den Kurzschluß mit Jagadis Chunder Bose, jenem indischen Physiologen, der schon zu Beginn des 20. Jahrhunderts einschlägige Untersuchungen nicht zuletzt zur Elektrizität der Pflanzen vorzuweisen hat. (→ MIMOSA PUDICA II) Aber mit dem immer wieder variierten Bericht davon, daß Pflanzen auch auf Distanz empathisch auf ihre Bezugspersonen reagieren, hat es nicht sein Bewenden. Erwogen wird, die Distanzen beliebig zu vergrößern, um sie für die Belange von Raumfahrt und interstellarer Kommunikation einzusetzen. Derlei Dinge werden jedenfalls von L. George Lawrence erwogen, einem Autor, von dem gemunkelt wird, er sei als Regierungsbeamter mit Fragen der nationalen Sicherheit beschäftigt. Ganz unverhohlen scheint der umtriebige und publikationsfreudige Lawrence die Konditionierung der Pflanze für militärische Einsätze zu erwägen. »Der Autor, dem es die russische Erfindung einer Abrichtungsmethode angetan hatte, mit der Katzen dazu gebracht werden können, unablenkbare Luft-Luft-Raketen direkt ins Ziel zu steuern, liebäugelte in seinem Artikel damit, Pflanzen so zu programmieren, daß sie auf bestimmte Gegenstände und Bilder reagieren – wobei er offenbar ähnliche Zwecke verfolgte wie die Russen mit ihren Katzen.« (Bird/Tompkins 1977, 47)

Die Urszene ist ungleich bescheidener und befriedeter. Die Verbundschaltung unterschiedlicher Einzelmessungen etwa von Puls, Hautwiderstand und Atemfrequenz, wie sie der französische Physiologe Étienne-Jules Marey entwickelt, steht im Zeichen der Physiologie und ihres Datentyps, der Kurve. Und es ist diese Allianz zwischen physiologischen Belangen und medialer Datenerhebung, die auch dem Inder Bose mitsamt den von ihm ersonnenen Apparaturen ihren Platz zuweist (vgl. dazu Bose 1928). Als solche ist diese Allianz hochgradig stimmig, ist es doch das Bestreben der Physiologie als Leitwissenschaft des 19. Jahrhunderts, ein Wissen über den lebenden Organismus herzuleiten. Weil man in den diversen Bestimmungsbemühungen der Pflanze dieser zwar viel, nicht aber das Leben abgesprochen hat, ist die Nähe zu den Medien eine schier notwendige Folge. Scheinbar in Einlösung einer anderen Geschichte der Medien, die weniger auf die Belange massenmedialer Unterhaltung, stärker dafür auf die der Registrierung von belebter Bewegung in welchen Bewegungsträgern auch immer fixiert ist, kommt es zu Verbundschaltungen – und in deren Verlauf der Datentyp der Kurve zu Ehren (vgl. zum Projekt einer epistemisch kohärenten Mediengeschichte Rieger 2008a). Jene immer wieder als Urszene gefeierte Geschichte, die von Backster und seinem Drachenbaum handelt, ist alles andere als abwegig. Gegenüber den Begründungsbegründungen, etwas über eine physiologische Funktion der Pflanze erfahren zu wollen, erweist sie sich lediglich als unterkomplex. Die Aufregung um Backster ist vor diesem Hintergrund kaum nachzuvollziehen, buchstabiert sie doch nur nach, was der Kurve als Datentyp immer schon und nachgerade konstitutiv zu eigen war – die Frage, ob und wenn ja was ihre Formen überhaupt bedeuten sollen (um an dieser Stelle von der Durchführung der Geschichte durch stetes Optimieren und Verfeinern der entsprechenden Gerätschaften einmal nicht zu reden).

Der Rest der Geschichte besiegelt das Schicksal eines Erfinderschicksals. Dabei zählt nicht mehr die selbstbewußte Pose Napoleons, sondern die Tragik eines als gebrochen geschilderten Mannes. Höhepunkt des Narrativs ist die Tatsache, daß sein Interesse für Pflanzenkommunikation und Pflanzenpsychologie Backster beruflich beschädigt – mit der Folge, daß er, der Herr über eine Lügendetektor-Schule und zahlreiche Apparaturen, an einem Ort als Nachtwächter zu arbeiten gezwungen ist, an dem sonst avancierte Wahrheitsforschung an Menschen wie an Pflanzen betrieben wurde. Der Entdecker des Backster-Effekts schildert im Gespräch mit den Journalisten eindrücklich, was er selbst als seine eigene Demontage versteht – und liefert unter der Hand eine eigenwillige Version von dem, was man eine Geschichte der Medien nennen kann, die von der unendlichen Gleichgültigkeit technischer Geräte gegenüber dem

Abb. 5: Edison in Napoleon-Pose nach Kittler 1986.

handelt, was manche gerne als deren genuinen und angestammten Inhalt beschreiben möchten.

Backster ist zur Zeit der Nachtwächter des Bürokomplexes, die Videokameras, mit denen er früher seine Versuche dokumentierte, sind jetzt unten in der Eingangshalle montiert, damit er oben im Labor auf mehreren Bildschirmen den Haupteingang und die Empfangshalle ständig beobachten kann. Dem heute 67jährigen geht es finanziell nicht gut, er war gezwungen, den Nebenjob anzunehmen, um die Miete für sein Labor weiter zahlen zu können. (Kerner/Kerner 1992, 55f.)

Im Bündel der Mutmaßungen finden sich nicht zuletzt solche, die der Sozialgeschichte Amerikas und der Diskrepanz zwischen Anspruch und Beweisführung in den Wissenschaften gelten. Und doch ist es mehr als jener wissenschaftsinterne Mechanismus, der die Last des quod erat demonstrandum nach Maßgabe und daher im Zirkelschluß seiner eigenen etablierten Methodik verfahren oder verlaufen läßt. Seine dokumentierenden Besucher beschreiben ihn als einen Don Quichotte, der einen Kampf verloren hat, der nie zu gewinnen war. Und doch ist es mehr als nur ein Kampf gewesen, der um die Belange etablierter oder nicht etablierter Wissenschaften geführt wurde.

Und selbstredend ist auch die Beweisführung ein wenig geschönt, die Backsters Versagen in Sachen Pflanzenkommunikation der vermeintlich strikten Sachlichkeit der Polygraphie gegenüberstellt, einem Verfahren mithin, das vor deutschen Gerichten als Beweismittel nicht zugelassen ist und stattdessen lediglich den Wahrheitsspielen in Nachmittag-Talk-Shows den Schein apparativer Seriosität gibt – engagierten Wahrheitsforschern wie der Moderatorin Britt sei Dank. Es ist bei all dem und neben all dem die Altlast eines Kommunikationsbegriffes, der sein Maß so sehr am Menschen zu nehmen gewohnt ist, daß jede Form alternativer Verständigung zwangsläufig in die Nähe von Lächerlichkeit und Esoterik, von beseeltem Ganzheitsdenken und irrationaler Empathieseligkeit gerät. Und so ist die Lektion Backsters vielleicht weniger die Frage, ob der Nachweis dessen, was er nachweisen zu können glaubt, gelungen ist oder nicht, sondern vielmehr das implizite Eingeständnis einer wirkmächtigen Theorie der (kulturellen) Kommunikation, die Kurvenbelege, mit denen die Objektivität von Befunden untermauert werden soll, ins Leere laufen läßt. Dabei waren gerade diese in kaum einem anderen Feld wissenschaftlicher Beweisführung so umstritten wie in Belangen von Wahrheit und Lüge. In der Auffüllung des Registrierbaren mit Bedeutung kommen Menschen und Pflanzen überein. Am Ort der Kurve teilt die Pflanze das Schicksal des Menschen: Der Ort und der Anlaß der Physiologie werden psychologisiert (vgl. zum Verhältnis beider Disziplinen stellvertretend Francé 1909). Weil, wer über Seele verfügt, auch einer entsprechenden Seelenwissenschaft anheimgestellt wird, ist die alte und ausschließliche Zuständigkeit der Physiologie gebrochen. Wie Willes Wacholderbaum dürfen auch die Pflanzen fühlen, sprechen und selbst gegen das in Abredestellen der Sprache das Wort erheben.

S. R.

Literaturverzeichnis

Adamenko, V. G./Victor M. Inyushin/Semyon D. Kirlian/Valentina Kh. Kirlian, *Problems of Bioenergetics*, Alma Ata 1969.

Agamben, Giorgio, *Das Offene. Der Mensch und das Tier*, Frankfurt am Main 2003.

Aliki, *Die Geschichte von Hans Apfelkern*, München 1963.

Allan, Mea, *Darwin and his Flowers. The Key to Natural Selection*, London 1977.

Andreas, Peter, »Lichtbilder des Unsichtbaren: Phantom- und Hologrammeffekte in Kirlianfotos aus den USA«, in: *esotera. Neue Dimensionen des Bewusstseins*, Jul. 1977, 593-598.

Anheisser, Roland, *Mikroskopische Kunstformen des Pflanzenreiches*, Dresden 1904.

Anonym, »BP-Forschung«, online verfügbar unter ⟨http://www.bioplasma.de/bp.htm⟩ (abgerufen am 28. 07. 2008).

Anonym, »Kommunikation in Nullzeit«, in: *esotera. Neue Dimensionen des Bewusstseins*, Sept. 1986, 11.

Anonym, »Zur Diskussion: Die leuchtende Botschaft des Lebens. Standpunkte zur Kirlian-Fotografie«, in: *Westermanns Monatshefte*, Apr. 1974, 78-80.

Arnim, Achim von, »Wirkungen der Voltaischen Säule auf vegetabilische und animalische Stoffe«, in: *Annalen der Physik* 8, 1801, 257-270.

Arnim, Achim von, »Isabella von Ägypten, Kaiser Karl des Fünften Jugendliebe«, in: ders., *Erzählungen*, hg. von Gisela Henckmann, Stuttgart 1991, 34-154.

Backster, Cleve, »Evidence of a primary perception in plant life«, in: *International Journal of Parapsychology* 10, 1968, 329-348.

Baer, Karl Ernst von, »Die Abhängigkeit unseres Weltbilds von der Länge des Moments«, in: *Grundlagenstudien aus Kybernetik und Geisteswissenschaft* 3, 1962, Beiheft, 251-275.

Barthes, Roland, »Semiologie und Medizin«, in: ders., *Das semiologische Abenteuer*, Frankfurt am Main 1988, 210-220.

Barthes, Roland, *Sade Fourier Loyola*, Frankfurt am Main 1986.

Bayr, Georg, *Hahnemanns Selbstversuch mit Chinarinde im Jahre 1790. Die Konzipierung der Homöopathie*, Heidelberg 1989.

Benjamin, Walter, »Das Kunstwerk im Zeitalter seiner technischen Reproduzierbarkeit (Zweite Fassung)«, in: *Gesammelte Schriften*, Bd. 1.2, Frankfurt am Main 1980, 471-508.

Benjamin, Walter, »Kleine Geschichte der Photographie«, in: ders., *Gesammelte Schriften*, Bd. 2.1, Frankfurt am Main 1980, 368-385.

Benjamin, Walter, »Neues von Blumen«, in: ders., *Gesammelte Schriften*, Bd. 3, Frankfurt am Main 1980, 151-153.

Bhattachary, Benoytash, »Billions of transmitter inside us? An unknown bio-information channel has been discovered: Using this ›wireless telegraph‹, the cells of the organism transmit danger signals«, in: *Sputnik*, Mai 1973, 126-130.

Bethe, Albrecht, »Die biologischen Rhythmus-Phänomene als selbständige bzw. erzwungene Kippvorgänge betrachtet«, in: *Pflügers Archiv für die gesamte Physiologie des Menschen und der Tiere* 244, 1941, 1-42.

Binder, Fritz, »Kirlianfotografie. Das fehlinterpretierte Foto«, in: *Zoom* 3-4, 1982, 40-47; 80.

Bird, Christopher, »Dowsing in the USSR«, in: *The American Dowser*, Aug. 1972.

Bird, Christopher, »Dowsing in the USA«, in: *The American Dowser*, Aug. 1973.

Bird, Christopher/Peter Tompkins, *Das geheime Leben der Pflanzen. Pflanzen als Lebewesen mit Charakter und Seele und ihre Reaktionen in den physischen und emotionalen Beziehungen zum Menschen*, Frankfurt am Main 1977.

Bischof, Marco, »Der Ahnherr der Kirlians«, in: *esotera. Neue Dimensionen des Bewusstseins*, Mär. 1993, 90-95.

Bliedner, Arno, *Goethe und die Urpflanze*, Frankfurt am Main 1901.

Blossfeldt, Karl, *Alphabet der Pflanzen, mit einem Text von Gert Mattenklott*, hg. von Ann Wilde/Jürgen Wilde, München 2007.

Boas, Friedrich, *Dynamische Botanik. Eine Physiologie einheimischer Pflanzen für Biologen, Ärzte, Apotheker, Chemiker, Landwirte, Gärtner*, München 1937.

Bockemühl, Jochen, »Von der Dynamik und den Gestaltmotiven verwandter Pflanzen«, in: *Elemente der Naturwissenschaft* 10, 1969, 35-48.

Borges, Jorge Luis, »Die analytische Sprache John Wilkins«, in: ders., *Gesammelte Werke*, Bd. 5.2, München 1981, 109-113.

Bork, Kirsten, *Alexander Tschirch: Eine Studie über das Leben eines wegweisenden Pharmakognosten und dessen Auffassung von Pharmakognosie mit besonderer Berücksichtigung seines Hauptwerkes (Handbuch der Pharmakognosie)*, Würzburg 2003.

Bose, Jagadis Chunder, *Die Physiologie des Saftsteigens*, Jena 1925.

Bose, Jagadis Chunder, *Die Pflanzen-Schrift und ihre Offenbarungen*, Zürich/Leipzig 1928.

Boussingault, Jean Baptiste, *Die Landwirtschaft in ihren Beziehungen zur Chemie, Physik und Meteorologie*, Bd. 1.2., verb. Aufl., Halle 1851.

Brandtner, Andreas, »Intertextualität und Diskursintegration. Die Fiktionalisierung der Pflanzenschafsequenz der ›Moscovia‹ Herbersteiners in ›Florian von der Fleschen‹«, in: Wilhelm Kühlmann/Wolfgang Neuber (Hg.), *Intertextualität in der Frühen Neuzeit. Studien zu ihren theoretischen und praktischen Perspektiven*, Frankfurt am Main 1994, 391-442.

Brandtner, Andreas, »Das Pflanzenschaf. Beiträge zu einer Geschichte des Imaginären in der Frühen Neuzeit«, in: *Cardanus. Jahrbuch für Wissenschaftsgeschichte* 1, 2000, 119-128.

Bratranek, František Tomáš, *Beiträge zu einer Aesthetik der Pflanzenwelt*, Leipzig 1853.

Brecher, Gerhard A., *Die Entstehung und biologische Bedeutung der subjektiven Zeiteinheit – des Moments*, Kiel 1932.

Breidbach, Olaf, *Bilder des Wissens. Zur Kulturgeschichte der wissenschaftlichen Wahrnehmung*, München 2005.

Brock, William H., *Viewegs Geschichte der Chemie*, Braunschweig/Wiesbaden 1997.

Brockes, Barthold Hinrich, *Irdisches Vergnügen in Gott. Gedichte*, Auswahl und Nachwort von Adalbert Elschenbroich, Stuttgart 1982.

Brown, Frank H., »Why is so little known about the biological clock?«, in: Lawrence E. Scheving/Franz Halberg/John E. Pauly (Hg.), *Chronobiology*, Stuttgart/Tokyo 1974, 689-693.

Brücke, Ernst von, »Bewegungen der Mimosa Pudica.« (Gelesen in der Sitzung der physikalischen Gesellschaft zu Berlin am 13. October 1848), in: ders., *Pflanzenphysiologische Abhandlungen*, hg. von Alfred Fischer, Leipzig 1898 (= Ostwalds Klassiker der exakten Wissenschaften, Bd. 95).

Brückmann, Franz Ernst, *Relatio brevis physica de cvriosissimis dvabus conchis marinis qvarvm vna Vvlva marina et altera Concha venerea nominatvr*, Braunschweig 1722.

Büchner, Georg, »Woyzeck. Lese- und Bühnenfassung«, in: ders., *Werke und Briefe*, München 1987, 159-180.

Bühler, Benjamin, »Chronotopoi der Evolution. Grenzauflösungen und Grenzziehungen in der Evolutionstheorie, den Humanwissenschaften und der Literatur um 1900«, in: Karl-Siegbert Rehberg (Hg.), *Die Natur der Gesellschaft. Verhandlungen des 33. Kongresses der Deutschen Gesellschaft für Soziologie in Kassel 2006*, Frankfurt am Main 2008.

Bühler, Benjamin, *Lebende Körper. Biologisches und anthropologisches Wissen bei Rilke, Döblin und Jünger*, Würzburg 2005.

Bühler, Benjamin/Stefan Rieger, *Vom Übertier. Ein Bestiarium des Wissens*, Frankfurt am Main 2006.

Bühler, Karl, *Die Uhren der Lebewesen. Studien zur Theorie der raumzeitlichen Orientierung. Sitzungsberichte der österreichischen Akademie der Wissenschaften. Philosophische Klasse* 265, 1969, 71-160.
Bünning, Erwin, »Über die Erblichkeit der Tagesperiodizität bei den Phaseolus-Blättern«, in: *Jahrbücher für wissenschaftliche Botanik* 77, 1933, 283-320.
Bünning, Erwin, *Wilhelm Pfeffer. Apotheker, Chemiker, Botaniker, Physiologe 1845-1920*, Stuttgart 1975.
Bünning, Erwin, *Die physiologische Uhr. Circadiane Rhythmik und Biochronometrie*, 3., gründlich überarb. Aufl., Berlin/Heidelberg/New York 1977.
Bünning, Erwin/Masashi Tazawa, »Über den Temperatureinfluss auf die endogene Tagesrhythmik bei Phaseolus«, in: *Planta. Archiv für wissenschaftliche Botanik* 50, 1957, 107-121.
Bünsow, Robert, »Endogene Tagesrhythmik und Photoperiodismus bei Kalanchoe Bloßfeldiana«, in: *Planta. Archiv für wissenschaftliche Botanik* 42, 1953, 220-252.
Burbank, Luther, *Die Zucht der Menschenpflanze*, Leipzig 1926.
Burbank, Luther/Wilbur Hall, *Lebensernte*, Berlin/Leipzig 1929.
Bürgin, Alfred, *Zur Soziogenese der Politischen Ökonomie. Wirtschaftsgeschichtliche und dogmenhistorische Betrachtungen*, Marburg 1993.
Camerarius, Rudolf Jacob, *Ueber das Geschlecht der Pflanzen (De sexu plantarum epistola): 1694*, übers. und hg. von Martin Möbius, Leipzig 1899.
Candolle, Alphonse de, *Der Ursprung der Culturpflanzen*, Leipzig 1884.
Cartwright, Frederick F./Michael Biddiss, *Disease & History*, 2. Aufl., Stroud 2000.
Christian, Paul/Renate Haas, *Wesen und Formen der Bipersonalität. Grundlagen für eine medizinische Soziologie*, Stuttgart 1949.
Clauser, Günter, *Die Kopfuhr. Das automatische Erwachen. Wunsch- oder vorsatzgemäße Terminleistungen zur ungewohnten Zeit, besonders während des Schlafes*, Stuttgart 1954.
Columella, *Über Landwirtschaft. Ein Lehr- und Handbuch der gesamten Acker- und Viehwirtschaft aus dem 1. Jahrhundert u. Z.*, übers., eingeführt und erläutert von Karl Ahrens, Berlin 1972.
Cooke, Mordecai Cubitt, *Freaks and Marvels of Plant Life; or, curiosities of vegetation*, London 1881.
Correns, Carl, »Etwas über Gregor Mendels Leben und Wirken«, in: ders., *Gesammelte Abhandlungen zur Vererbungswissenschaft aus periodischen Schriften 1899-1924*, Berlin 1924, 1146-1161.
Coy, Wolfgang, *Industrieroboter. Zur Archäologie der zweiten Schöpfung*, Berlin 1985.

Cullen, William, *Abhandlung über die Materia medica*, übers. und mit Anmerkungen versehen von Samuel Hahnemann, 2 Bde., Leipzig 1790.
Culler, Jonathan, *Dekonstruktion. Derrida und die poststrukturalistische Literaturtheorie*, Reinbek bei Hamburg 1994.
Dahl, Roald, *The Sound Machine* [1949] in: ders., *The Best of Roald Dahl*, London 1986, 40-51.
Dallin, Alexander, *Deutsche Herrschaft in Russland 1914-1945. Eine Studie über Besatzungspolitik*, Düsseldorf 1958.
Darwin, Charles, *Gesammelte Werke*. Bd. 2: *Über die Entstehung der Arten durch natürliche Zuchtwahl oder die Erhaltung der begünstigten Rassen im Kampfe um's Dasein*, übers. von J. Victor Carus, Stuttgart 1899.
Darwin, Charles, *Gesammelte Werke*. Bde 4.1-4.2: *Das Variieren der Thiere und Pflanzen im Zustande der Domestication*, 2 Bde., übers. von J. Victor Carus, Stuttgart 1899.
Darwin, Charles, *Gesammelte Werke*. Bd. 8: *Insectenfressende Pflanzen*, übers. von J. Victor Carus, Stuttgart 1899.
Darwin, Charles, *Gesammelte Werke*. Bd. 9.1: *Die Bewegungen und Lebensweise der kletternden Pflanzen*, übers. von J. Victor Carus, Stuttgart 1899.
Darwin, Charles, *Gesammelte Werke*. Bd. 13: *Das Bewegungsvermögen der Pflanzen*, übers. von J. Victor Carus, Stuttgart 1899.
Deleuze, Gilles/Félix Guattari, *Kapitalismus und Schizophrenie. Tausend Plateaus*, Berlin 1992.
Derrida, Jacques, »Die zweifache Séance«, in: ders., *Disseminationen*, hg. von Peter Engelmann, Wien 1995, 193-320.
Derrida, Jacques, »Signatur Ereignis Kontext«, in: ders., *Randgänge der Philosophie*, hg. von Peter Engelmann, Wien 1988, 291-314.
Desbiez, Marie-Odile/Yannick L. Kergosien/Paul Champagnat/Michel Thellier, »Do memory processes occur also in plants?«, in: *Physiologia Plantarum* 56, 1982, 281-284.
Desmond, Adrian/James Moore, *Darwin*, Reinbek bei Hamburg 1994.
Diewald, Udo u. a., »Computergraphik in der Mathematik – Mathematik in der Computergraphik«, in: Bettina Heintz/Jörg Huber (Hg.), *Mit dem Auge denken. Strategien der Sichtbarmachung in wissenschaftlichen und virtuellen Welten*, Wien/New York 2001, 141-158.
Dioskurides, Pedanios, *Arzneimittellehre in fünf Büchern*, übers. und mit Erklärungen versehen von Julius Berendes, Stuttgart 1902, Nachdruck: Wiesbaden 1970.
Djerassi, Carl/Roald Hoffmann, *Oxygen*, Weinheim 2001.
Döblin, Alfred, »Die literarische Situation (1947)«, in: ders., *Schriften zur Ästhetik, Poetik und Literatur*, hg. von Erich Kleinschmidt, Olten/Freiburg i. Br. 1989, 409-487.

Dorflein, Franz, *Das Problem des Todes und der Unsterblichkeit bei den Pflanzen und Tieren*, Jena 1919.

Dünne, Jörg/Stephan Günzel, »Vorwort«, in: dies., *Raumtheorie. Grundlagentexte aus Philosophie und Kulturwissenschaften*, Frankfurt am Main 2006, 9-15.

Dutrochet, Henri, *Physiologische Untersuchungen über die Beweglichkeit der Pflanzen*, übers. und hg. von Alexander Nathansohn, Leipzig 1906 (= Ostwalds Klassiker der exakten Naturwissenschaften, Bd. 154).

Eckermann, Willigis, »Augustiner-Eremiten«, in: Peter Dinzelbacher/James Lester Hogg (Hg.), *Kulturgeschichte der christlichen Orden in Einzeldarstellungen*, Stuttgart 1997, 55-66.

Eckhart, Johann Gottlieb von, *Experimental=Oekonomie über das animalische, vegetabilische, und mineralische Reich, oder vollständige Haushaltungs- und Landwirthschafts=Kunst*, verändert, mit Anmerkungen und mit Kupfern begleitet von Laurenz Johann Daniel Suckow, Leipzig 1810.

Eis, Gerhard, *Gottfrieds Pelzbuch. Studien zur Reichweite und Dauer der Wirkung des mittelhochdeutschen Fachschrifttums*, Hildesheim 1966 (= Südosteuropäische Arbeiten, Bd. 38).

Ellenberg, Heinz, »J. Braun-Blanquet und R. Tüxen – 50 Jahre Pflanzensoziologie«, in: *Berichte der Deutschen Botanischen Gesellschaft* 95, 1982, 387-391.

Ernst, Edzard, »Komplementärmedizinische Diagnoseverfahren«, in: *Deutsches Ärzteblatt* 102, 2005, 3034-3037.

Ettingshausen, Andreas von, *Die combinatorische Analysis als Vorbereitungslehre zum Studium der theoretischen höhern Mathematik*, Wien 1826.

Ewers, Hanns Heinz, *Alraune. Die Geschichte eines lebenden Wesens*, München 1911.

Fechner, Gustav Theodor, *Nanna oder über das Seelenleben der Pflanzen*, Leipzig 1848.

Fisch, G., »Die Hochfrequenzfotografie (Kirlian-Fotografie)«, in: *Physiologische Akupunktur*, H. 6, 1973, 31-33.

Fleck, Ludwig, *Entstehung und Entwicklung einer wissenschaftlichen Tatsache. Einführung in die Lehre vom Denkstil und Denkkollektiv* [1935], mit einer Einleitung hg. von Lothar Schäfer/Thomas Schnelle, Frankfurt am Main 1980.

Fließ, Wilhelm, *Der Ablauf des Lebens. Grundlegung zur exakten Biologie*, Leipzig, Wien 1906.

Foucault, Michel, *Überwachen und Strafen. Die Geburt des Gefängnisses*, Frankfurt am Main 1977.

Foucault, Michel, »Andere Räume«, in: Karlheinz Barck u. a. (Hg.), *Aisthesis. Wahrnehmung heute oder Perspektiven einer anderen Ästhetik*, Leipzig 1990, 34-46.
Foucault, Michel, *Archäologie des Wissens*, Frankfurt am Main 1995.
Foucault, Michel, *Die Geburt der Klinik. Eine Archäologie des ärztlichen Blicks*, Frankfurt am Main 1996.
Foucault, Michel, *Die Ordnung der Dinge. Eine Archäologie der Humanwissenschaften*, Frankfurt am Main 1997.
Foucault, Michel, *Geschichte der Gouvernementalität*, Bd. 1: *Sicherheit, Territorium, Bevölkerung. Vorlesungen am Collège de France 1977-1978*, hg. von Michel Sennelart, Frankfurt am Main 2004.
Fox-Genovese, Elizabeth, *The Origins of Physiocracy. Economic Revolution and Social Order in Eighteenth-Century France*, Ithaca/London 1976.
Francé, Raoul H., *Pflanzenpsychologie als Arbeitshypothese der Pflanzenphysiologie*, Stuttgart 1909.
Francé, Raoul. H., *Die Welt der Pflanze. Eine volkstümliche Botanik*, Berlin/Wien 1912.
Fritsch, Karl, »Das Individuum im Pflanzenreich«, in: *Naturwissenschaftliche Wochenschrift*, H. 39, 1920, 609-617.
Frühsorge, Gotthard/Gerhard F. Strasser (Hg.), *Johann Joachim Becher (1635-1682)*, Wiesbaden 1993.
Gabius, P. (Pseudonym von Paul Oppenheim), *Denkökonomie und Energieprinzip*, Berlin 1913.
Geyer-Kordesch, Johanna, »Chemie und Alchemie: J. J. Becher, G. E. Stahl, J. S. Carl und J. C. Dippel«, in: Gotthard Frühsorge/Gerhard F. Strasser (Hg.), *Johann Joachim Becher (1635-1682)*, Wiesbaden 1993, 127-142.
Giesecke, Michael, »Pflanzen als Medium kultureller Kommunikation«, online verfügbar unter ⟨http://www.michael-giesecke.de⟩ (abgerufen am 28.07.2008).
Göbel, Thomas, »Die Ebereschen und der Speierling. Aus der Arbeit der Gesellschaft zur Förderung der Krebstherapie«, in: *Die Drei. Zeitschrift für Anthroposophie und Dreigliederung* 39, 1969, 97-116.
Goethe, Johann Wolfgang von, *Italienische Reise*, in: ders., *Werke. Hamburger Ausgabe*, Bd. 11, München 1982.
Goethe, Johann Wolfgang von, »Zur Naturwissenschaft im allgemeinen (Anschauende Urteilskraft)«, in: ders., *Werke. Hamburger Ausgabe*, Bd. 13, München 1982, 30-31.
Goethe, Johann Wolfgang von, »Zur Naturwissenschaft im allgemeinen (Probleme)«, in: ders., *Werke. Hamburger Ausgabe*, Bd. 13, München 1982, 35-37.

Goethe, Johann Wolfgang von, »Zur Naturwissenschaft im allgemeinen (Bedeutende Fördernis durch ein einziges geistreiches Wort)«, in: ders., *Werke. Hamburger Ausgabe*, Bd. 13, München 1982, 37-41.

Goethe, Johann Wolfgang von, »Zur Naturwissenschaft im allgemeinen (Die Metamorphose der Pflanzen)«, in: ders, *Werke. Hamburger Ausgabe*, Bd. 13, München 1982, 64-101.

Goethe, Johann Wolfgang von, »Botanik (Schicksal der Druckschrift)«, in: ders., *Werke. Hamburger Ausgabe*, Bd. 13, München 1982, 105-112.

Greenberg, Arthur, *A Chemical History Tour. Picturing Chemistry from Alchemy to Modern Molecular Science*, New York u. a. 2000.

Greenberg, Arthur, *From Alchemy to Chemistry in Picture and Story*, Hoboken, New Jersey 2007.

Greis, Toni/Robi, *Alraune*, 8 Bde., Hünfeld 2000-2005.

Grimm, Jacob/Wilhelm Grimm, »Raum«, in: dies., *Deutsches Wörterbuch*, Bd. 8, Leipzig 1893, Nachdruck: München 1999, 275-284.

Grimmelshausen, Hans Jacob Christoffel von, »Simplicissimi Galgen-Maennlin / oder Ausfuehrlicher Bericht / woher man die so genannte Allraeungen oder Geldmaennlin bekommt / und wie man ihrer warten und pflegen soll; auch was von Nutzen man hingegen von ihnen eigentlich zugewarten ...«, in: ders., *Werke*, Bd. 2, hg. von Dieter Breuer, Frankfurt am Main 1997, 735-776.

Gruithuisen, Franz von Paula, »Idee einer Experimentalphysiologie«, in: ders., *Beyträge zur Physiognosie und Eautognosie, für Freunde der Naturforschung auf dem Erfahrungswege*, München 1812, 344-345.

Gruithuisen, Franz von Paula, »Elektrizität und Pflanzen«, in: ders., *Beyträge zur Physiognosie und Eautognosie, für Freunde der Naturforschung auf dem Erfahrungswege*, München 1812, 348-350.

Gut, Bernhardo J., »Vorarbeiten zu einer Physiognomik der Pflanzen«, in: *Elemente der Naturwissenschaft* 16, 1972, 1-16.

Haberlandt, G., *Das reizleitende Gewebesystem der Sinnpflanze. Eine anatomisch-physiologische Untersuchung*, Leipzig 1890.

Haeckel, Ernst, »Ueber die Wellenzeugung der Lebenstheilchen oder die Perigenesis der Plastidule. Vortrag, gehalten am 19. November 1875«, in: ders.: *Gemeinverständliche Vorträge und Abhandlungen aus dem Gebiete der Entwickelungslehre*, Bd. 2, 2., vermehrte Aufl., Bonn 1902, 31-97.

Haeckel, Ernst, *Stammesgeschichte des Menschen. Zweiter Teil der Anthropogenie. Gemeinverständliche wissenschaftliche Vorträge*, 5. Aufl., Leipzig 1903.

Haeckel, Ernst, *Kunstformen der Natur. Hundert Illustrationstafeln mit beschreibendem Text*, Wiesbaden 2004.

Haecker, Hartmut/Kurt H. Stapf (Hg.), *Dorsch Psychologisches Wörterbuch*, 13. überarb. u. erw. Aufl., Bern u. a. 1998.

Haffner, Peter, »Die fixe Idee – Lorenz Oken und die Magie der Zahl«, in: *NZZ Folio*, Jan. 1997.

Hahnemann, Samuel, »Versuch über ein neues Princip zur Auffindung der Heilkräfte der Arzneisubstanzen, nebst einigen Blicken auf die bisherigen (1796)«, in: ders., *Gesammelte kleine Schriften*, hg. von Josef M. Schmidt/Daniel Kaiser, Heidelberg 2001, 212-250.

Hahnemann, Samuel, »Heilkunde der Erfahrung (1805)«, in: ders., *Gesammelte kleine Schriften*, hg. von Josef M. Schmidt/Daniel Kaiser, Heidelberg 2001, 387-417.

Hahnemann, Samuel, *Organon der Heilkunst. Textkritische Ausgabe der 6. Auflage*, hg. von Josef M. Schmidt, Heidelberg 1992.

Haley, William D'Arcy, »Johnny Appleseed – A Pioneer Hero«, in: *Harper's New Monthly Magazine* 43, 1871, 830-836.

Hambel, Vera, *»Die alte Heydnische Abgöttische Fabel von der Alraun«. Verwendung und Bedeutung der Alraune in Geschichte und Gegenwart*, Passau 2003.

Hansen, Harold A., *Der Hexengarten. Die Zauberkräuter des Mittelalters und ihre Wirkung*, München 1987.

Hartley, Ralph V. L., »Transmission of Information«, in: *Bell Systems Technical Journal* 7, 1928, 535-563.

Hastings, J. Woodland/Beatrice M. Sweeney, »The Gonyaulax Clock«, in: Robert B. Witherow (Hg.), *Photoperiodism and related phenomena in plants and animals*, Washington 1959, 567-584.

Heidegger, Martin, *Der Satz vom Grund*, 5. Aufl., Pfullingen 1978.

Die Heilige Schrift. Aus dem Grundtext übersetzt. Elberfelder Bibel, revidierte Fassung, Wuppertal/Zürich 1992.

Heinstein, Patrick, »Objektivationen des Idealschönen. Okens Kunst- und Schönheitsbegriff zwischen organologischer Ästhetik, naturphilosophischer Spekulation und Empirie«, in: Reinhard Wegner (Hg.), *KUNST – die andere Natur*, Göttingen 2004, 51-99.

Hellpach, Willy, *Nervosität und Kultur*, Berlin 1902.

Hellriegel, Hermann/Hermann Wilfarth, *Untersuchungen über die Stickstoffnahrung der Gramineen und Leguminosen*, Berlin 1888.

Helmholtz, Hermann von, »Vorläufiger Bericht über die Fortpflanzungsgeschwindigkeit der Nervenreizung«, in: *Archiv für Anatomie, Physiologie und wissenschaftliche Medicin*, Jg. 1850, 71-73.

Helmholtz, Hermann von, »Ueber die Erhaltung der Kraft (1862/63)«, in: ders., *Vorträge und Reden*, Bd. 1, 5. Aufl., Braunschweig 1903, 187-229.

Henig, Robert Marantz, *Der Mönch im Garten. Die Geschichte des Gregor Mendel und die Entdeckung der Genetik*, Berlin 2001.

Herder, Johann Gottfried, »Ideen zur Philosophie der Geschichte der Menschheit«, in: ders., *Werke in zehn Bänden*, Bd. 6, hg. von Martin Bollacher u. a., Frankfurt am Main 1989.

Hering, Ewald, *Über das Gedächtnis als eine allgemeine Funktion der organisierten Materie. Vortrag, gehalten in der feierlichen Sitzung der Kaiserlichen Akademie der Wissenschaften in Wien am XXX. Mai MDCCCLXX*, 3. Aufl., Leipzig 1905 (= Ostwalds Klassiker der exakten Naturwissenschaften, Bd. 148).

Hildegard von Bingen, *Heilkraft der Natur. »Physica«. Das Buch vom inneren Wesen der verschiedenen Naturen der Geschöpfe*, hg. von der Basler Hildegard-Gesellschaft, Stein am Rhein 2005.

Hobhouse, Henry, *Fünf Pflanzen verändern die Welt*, Stuttgart 1987.

Hoffmann, E. T. A., »Der Goldne Topf. Ein Märchen aus der neuen Zeit«, in: ders., *Fantasie- und Nachtstücke*, München 1976, 179-255.

Hoffmann. E. T. A., »Die Königsbraut«, in: ders., *Die Serapions-Brüder*, München 1976.

Holmes, Frederic Lawrence, *Lavoisier and the chemistry of life*, Madison, Wisc. 1985.

Hoppe, Brigitte, »Das Aufkommen der Vererbungsforschung unter dem Einfluß neuer methodischer und theoretischer Ansätze im 19. Jahrhundert«, in: Ilse Jahn (Hg.), *Geschichte der Biologie. Theorien, Methoden, Institutionen, Kurzbiographien*, 3., neubearb. und erw. Aufl., Berlin 2000, 386-419.

Horn, Eva, »Abwege der Forschung. Zur literarischen Archäologie der wissenschaftlichen Neugierde (Frankenstein, Faust, Moreau), in: Eva Horn/Bettine Menke/Christoph Menke (Hg.), *Literatur als Philosophie – Philosophie als Literatur*, München 2006, 153-171.

Horn, Eva, *Der geheime Krieg. Verrat, Spionage und moderne Fiktion*, Frankfurt am Main 2007.

Höxtermann, Ekkehard, »Physiologie und Biochemie der Pflanzen«, in: Ilse Jahn (Hg.), *Geschichte der Biologie, Theorien, Methoden, Institutionen, Kurzbiographien*, 3. neub. und erw. Aufl., Berlin 2000, 499-536.

Humboldt, Alexander von, *Lateinamerika am Vorabend der Unabhängigkeitsrevolution. Eine Anthologie von Impressionen und Urteilen*, aus seinen Reisetagebüchern zusammengestellt und erläutert durch Margot Faak, mit einer einleitenden Studie von Manfred Kossok, Berlin 1982.

Humboldt, Alexander von, *Reise in die Äquinoktial-Gegenden des Neuen Kontinents*, 2 Bde., hg. von Ottmar Ette, Frankfurt am Main/ Leipzig 1991.

Humboldt, Alexander von, *»Schriften zur Geographie der Pflanzen«*, in: ders., *Studienausgabe. Sieben Bände*, Bd. 1, hg. von Hanno Beck, Darmstadt 1989.

Huxley, Thomas Henry, »On the Border Territory between the Animal and Vegetable Kingdoms«, in: *Macmillan's Magazine* 33, 1876, 373-384.

Ibn Challikân, Ahmad ibn-Muhammad, *Die Söhne der Zeit. Auszüge aus dem biographischen Lexikon »Die Großen, die dahingegangen«*, Lenningen 2004.

Igenbergs, Erik, »Die Kraft des Denkens durch Raum und Zeit«, in: *raum & zeit. Die neue Dimension der Wissenschaft* 26, 1987, 78.

Iltis, Hugo, »Vom Mendeldenkmal und von seiner Enthüllung«, in: *Verhandlungen des naturforschenden Vereins in Brünn* 49, 1911, 335-336.

Iltis, Hugo, *Gregor Johann Mendel. Leben, Werk und Wirkung*, Berlin 1924.

Ingenhousz, D. Johann, *Über Ernährung der Pflanzen und Fruchtbarkeit des Bodens. Nebst einer Einleitung über einige Gegenstände der Pflanzenphysiologie von A. von Humboldt*, Leipzig 1798.

Ingenhousz, D. Johann, *Versuche mit Pflanzen, wodurch entdeckt worden, daß sie die Kraft besitzen, die atmosphärische Luft beim Sonnenschein zu reinigen und im Schatten und des Nachts über zu verderben. Nebst einer neuen Methode die Reinigkeit der Atmosphäre genau abzumessen*, Leipzig 1780.

Ingensiep, Hans Werner, *Geschichte der Pflanzenseele. Philosophische und biologische Entwürfe von der Antike bis zur Gegenwart*, Stuttgart 2001.

Jahn, Ilse, »Zur Geschichte der Wiederentdeckung der Mendelschen Gesetze«, in: *Wissenschaftliche Zeitschrift der Friedrich-Schiller Universität Jena. Mathematisch-naturwissenschaftliche Reihe* 7, 1957-58, 215-227.

Janich, Peter/Michael Weingarten, *Wissenschaftstheorie der Biologie. Methodische Wissenschaftstheorie und die Begründung der Wissenschaften*, München 1999.

Janssen, Walter, »Mittelalterliche Gartenkultur. Nahrung und Rekreation«, in: Bernd Herrmann (Hg.), *Mensch und Umwelt im Mittelalter*, Stuttgart 1987, 224-243.

Jones, William Ellery, *Johnny Appleseed. A Voice in the Wilderness. The Story of the Pioneer John Chapman. A Tribute*, West Chester, Penn. 2000.

Josephus, Flavius, *Geschichte des Jüdischen Krieges*, übers. und mit Einleitung und Anmerkungen versehen von Heinrich Clementz, Berlin 1900.

Juliusburger, Otto, »Psychische Orthopädie«, in: *Zeitschrift für psychische Hygiene* 2, 1929, 90-93.

Justi, Johann Heinrich, *Staatswirthschaft oder Systematische Abhandlung aller Oekonomischen und Kameralwissenschaften, die zur Regierung eines Landes erfordert werden*, Leipzig 1758.

Justi, Johann Heinrich, *Abhandlungen von der Vollkommenheit der Landwirthschaft und der höchsten Kultur der Länder*, Ulm/Leipzig 1761.

Jütte, Robert, *Geschichte der alternativen Medizin. Von der Volksmedizin zu den unkonventionellen Therapien von heute*, München 1996.

Kant, Immanuel, *Werkausgabe in zwölf Bänden*. Bd. 10: *Kritik der Urteilskraft*, hg. von Wilhelm Weischedel, Frankfurt am Main 1974.

Kerner, Dagny/Imre Kerner, *Der Ruf der Rose. Was Pflanzen fühlen und wie sie mit uns kommunizieren*, Köln 1992.

Kittler, Friedrich, *Grammophon Film Typewriter*, Berlin 1986.

Kittler, Friedrich, »Signal – Rausch – Abstand«, in: Hans Ulrich Gumbrecht/K. Ludwig Pfeiffer (Hg.), *Materialität der Kommunikation*, Frankfurt am Main 1988, 342-359.

Kittler, Friedrich, »Fiktion und Simulation«, in: Karlheinz Barck u. a. (Hg.), *Aisthesis. Wahrnehmung heute oder Perspektiven einer anderen Ästhetik*, Leipzig 1990, 196-213.

Kittler, Friedrich, »Lakanal und Soemmering. Von der optischen zur elektrischen Telegraphie«, in: Brigitte Felderer (Hg.), *Wunschmaschine Welterfindung. Eine Geschichte der Technikvisionen seit dem 18. Jahrhundert*, Wien/New York 1996, 286-295.

Koschorke, Albrecht, *Körperströme und Schriftverkehr. Mediologie des 18. Jahrhunderts*, München 1999.

Koschorke, Albrecht, »System. Die Ästhetik und das Anfangsproblem«, in: Robert Stockhammer (Hg.), *Grenzwerte des Ästhetischen*, Frankfurt am Main 2002, 146-163.

Kowarik, Ingo, *Biologische Invasionen. Neophyten und Neozoen in Mitteleuropa*, Stuttgart 2003.

Krajewski, Markus, *Restlosigkeit. Weltprojekte um 1900*, Frankfurt am Main 2006.

Krampen, Martin, »Phytosemiotics«, in: *Semiotica. Journal of the International Association for Semiotic Studies* 36, H. 3/4, 1981, 187-209.

Kranich, Ernst Michael, *Die Formensprache der Pflanze. Grundlinien einer kosmologischen Botanik*, 2., bearb. und erw. Aufl., Stuttgart 1979 (= Menschenkunde und Erziehung. Schriften der Pädagogischen Forschungsstelle beim Bund der Freien Waldorfschulen, Bd. 33).

Krüger, Arne, »Opium in der Tierhomöopathie«, in: *Zeitschrift für ganzheitliche Tiermedizin* 13, 1999, online verfügbar unter ⟨http://www.arnekrueger.de/literatur/tier/opiumtier2.htm⟩ (abgerufen am 28.07.2008).

Kühn, Alfred, »Die Ausprägung organischer Formen in verschiedenen Dimensionen und die Grundfragen der Entwicklungsphysiologie«, in: *Die Naturwissenschaften* 31, 1943, 373-383.

Kuhn, Dorothea, *Typus und Metamorphose. Goethe-Studien*, hg. von Renate Grumach, Marbach a. N. 1988.

Kuhn, Thomas S., *Die Struktur wissenschaftlicher Revolutionen*, 14. Aufl., Frankfurt am Main 1997.

Kull, Kalevi, »An introduction to physiosemiotics: Semiotic botany and vegetative sign systems«, in: *Sign Systems Studies* 28, 2000, 326-350.

Lasswitz, Kurd, *Gustav Theodor Fechner*, 2., vermehrte Aufl., Stuttgart 1902.

Lasswitz, Kurd, »Bis zum Nullpunkt des Seins«, in: ders., *Bis zum Nullpunkt des Seins. Utopische Erzählungen*, Berlin 1979, 5-133.

Lavoisier, Antoine Laurent, »Expériences sûr la respiration des animaux et sûr les changements qui arrivent à l'air en passant par leur poumon«, in: ders., *Oeuvres de Lavoisier publiées par les soins du Ministère de l'Instruction publique*, Bd. 2: *Mémoires de chimie et de physique*, Paris 1862, Nachdruck: New York 1965, 174-183.

Lavoisier, Antoine Laurent, »Mémoire dans lequel on a pour objet de prouver que l'eau n'est point une substance simple, un élément proprement dit. Mais qu'elle est susceptible de décomposition et de recomposition«, in: ders., *Oeuvres de Lavoisier publiées par les soins du Ministère de l'Instruction publique*, Bd. 2: *Mémoires de chimie et de physique*, Paris 1862, Nachdruck: New York 1965, 334-359.

Lawes, John Bennet/Joseph Henry Gilbert, »On Agricultural Chemistry, – especially in relation to the Mineral Theory of Baron Liebig«, in: *Journal of the Royal Agricultural Society of England* 12, 1851, 1-40.

Lawrence, L. George, »Electronics and Parapsychology«, in: *Electronics World*, Apr. 1970, 27-29.

Lawrence, L. George, »Experimental Electro-Culture«, in: *Popular Electronics*, Feb. 1971 a, 66-70.

Lawrence, L. George, »More Experiments in Electroculture«, in: *Popular Electronics*, Jun. 1971 b, 63-68.

Lawrence, L. George, »Interstellar Communications: What are the Prospects?« in: *Electronics World*, Oct. 1971 c, 34-45.

Lehmann, Christoph, *Florilegium Politicum: Politischer Blumen Garten / Darinn Auserlesene Sententz / Lehren / Regulten und Sprüchwörter Auß* Theologis, Jurisconsultis, Politicis, Historicis, Philosophis, Poeten, *und eigener Erfahrung unter 286. Tituln / zu sonderm nutzen und Lust Hohen und Niedern im Reden / Ruthen und Schreiben / das gut zubrauchen und das bös zu meiden. In locos communes zusammen getragen*, Lübeck 1639.

Lehmann, Rudolf F., »Grundzüge einer systematischen Beurteilung der mit der Baumverehrung verbundenen Glaubensvorstellungen«, in: *Göttinger Völkerkundliche Studien* 2, 1957, 27-42.

Leibbrand, Werner, *Die spekulative Medizin der Romantik*, Hamburg 1956.

Lemström, Selim, *Elektrokultur. Erhöhung der Ernte-Erträge aller Kultur-Pflanzen durch elektrische Behandlung*, Berlin 1902.

Leroi-Gourhan, André, *Hand und Wort. Die Evolution von Technik, Sprache und Kunst*, Frankfurt am Main 1980.

Liebig, Justus von, *Die Chemie in ihrer Anwendung auf Agricultur und Physiologie*, 5. umgearb. und sehr vermehrte Aufl., Braunschweig 1843.

Liebig, Justus von, »Über die Grundsätze der künstlichen Düngung«, in: *Der neu erfundene Patent-Dünger des Prof. Dr. Justus Liebig in Gießen*, Dresden/Leipzig 1846.

Liebig, Justus von, *Über Theorie und Praxis in der Landwirtschaft*, Braunschweig 1856.

Liebig, Justus von, »Wissenschaft und Landwirtschaft. II. Akademische Rede am 28. Nov. 1861«, in: ders., *Reden und Abhandlungen*, Leipzig u. a. 1874, Nachdruck Wiesbaden 1965, 202-219.

Liebster, Günther, »Das Baumschulwesen«, in: Günther Franz (Hg.), *Deutsche Agrargeschichte*, Bd. 6: *Geschichte des deutschen Gartenbaus*, Stuttgart 1984, 206-222.

Lindauer, Martin, *Die biologische Uhr*, Wiesbaden 1980 (= Sitzungsberichte der wissenschaftlichen Gesellschaft an der Johann Wolfgang Goethe-Universität Frankfurt am Main, Bd. 16.5).

Linsbauer, K., »Über Reizleitungsgeschwindigkeit und Latenzzeit bei Mimosa pudica«, in: Karl Linsbauer (Hg.), *Wiesner-Festschrift*, Wien 1908, 396-411.

Lovejoy, Arthur O., *Die große Kette der Wesen. Geschichte eines Gedankens*, Frankfurt am Main 1993.

Luhmann, Niklas, »Das Problem der Epochenbildung und die Evolutionstheorie«, in: Hans-Ulrich Gumbrecht/Ursula Link-Heer (Hg.), *Epochenschwellen und Epochenstrukturen im Diskurs der Literatur und Sprachhistorie*, Frankfurt am Main 1985, 11-33.

Lund, Elmer Julius, *Bioelectric Fields and Growth. With a Bibliography of Continuous Bioelectric Fields in Animals and Plants*, Austin, Tex. 1947.

Luther, Martin, *Biblia. Das ist: Die gantze Heilige Schrifft / Deudsch / Auffs new zugericht, Wittenberg 1545*, faksimilierte Ausg., Stuttgart 1967.

Machiavelli, Niccolò, »Mandragola«, in: ders., *Mandragola, Clizia, Andria. Komödien*, München 1967, 5-60.

Maehle, Andreas-Holger, *Kritik und Verteidigung des Tierversuchs. Die Anfänge der Diskussion im 17. und 18. Jahrhundert*, Stuttgart 1992.

Maeterlinck, Maurice, »Die Intelligenz der Blumen«, in: *Die neue Rundschau* 18, H. 1, 1907, 1-29.

Malthus, Thomas Robert, *Versuch über das Bevölkerungsgesetz oder eine Betrachtung über seine Folgen für das menschliche Glück in der Vergangenheit und Gegenwart mit einer Untersuchung unserer Aussichten auf künftige Beseitigung oder Milderung der aus ihm entspringenden Übel*, nach der 7. Ausg. des engl. Originals, 2. Aufl., Berlin 1900.

Mandelbrot, Benoît B., *Die fraktale Geometrie der Natur*, Basel/Boston/Berlin 1991.

Mann, Rosemarie, *Ernst Haeckel: Zoologie und Jugendstil*, Weinheim 1990 (= Berichte zur Wissenschaftsgeschichte, Bd. 13.1).

Mann, Thomas, *Joseph und seine Brüder*, Frankfurt am Main 1964.

Marangoni, V./T. Evangelopoulou/J. Yfanttopoulus, »Kirlian Photography: A Tool in the Diagnosis of Psychopathology«, in: *Journal of Biological Photography* 56, H. 3, 1988, 85-8.

Marbe, Karl, *Die Gleichförmigkeit in der Welt. Untersuchungen zur Philosophie und positiven Wissenschaft*, Bd. 2, München 1919.

Markham, Clements R., *A History of Peru*, Chicago 1892, Nachdruck New York 1968.

Markl, Hubert, »Evolution und Gentechnik«, in: ders., *Evolution, Genetik und menschliches Verhalten*, München 1986, 12-37.

Martini, Silvio, *Geschichte der Pomologie in Europa*, Bern 1988.

Marum, D. van, »Experimente über verschiedene Gegenstände«, in: *Annalen der Physik* 1, 1799, 112-122.

Marx, Karl, »Die Geschichte des Opiumhandels« (1858), in: Karl Marx/Friedrich Engels, *Werke*, Bd. 12, Berlin 1963, 549-552.

Marx, Karl, *Theorien über den Mehrwert. Vierter Band des »Kapitals«*, Frankfurt am Main 1968.

Mayer, Julius Robert, »Bemerkungen über die Kräfte der unbelebten Natur«, in: ders., *Die Mechanik der Wärme. Sämtliche Schriften.* In Zusammenarbeit mit dem Stadtarchiv Heilbronn hg. von Hans Peter Münzenmayer, Heilbronn 1978, 31-40.

McKinley, Daniel, »›Wagish plant as wagishly described‹. John Bartram's tipitiwitchet: A flytrap, some clams and venus obscured«, in: E. Charles Nelson, *Aphrodite's Mousetrap, a biography of Venus's Flytrap with facsimiles of an original pamphlet and the manuscripts of John Ellis, F. R. S. With a ›Tipitiwitchet‹ postscript by Daniel L. McKinley*, Aberystwyth 1990, 125-145.

Medicus, Casimir, *Sammlung von Beobachtungen aus der Arzneywissenschaft*, 2 Bde., Zürich 1764-66.

Medvedev, Zores A., *Der Fall Lyssenko. Eine Wissenschaft kapituliert*, Hamburg 1971.

Megenberg, Konrad von, *Das Buch der Natur*, hg. von Franz Pfeiffer, Stuttgart 1861, Nachdruck: Hildesheim 1962.

Meinhardt, Johannes, »Zur Malariatherapie im 17. Jahrhundert«, in: *Sudhoffs Archiv für Geschichte der Medizin und der Naturwissenschaften* 49, 1965, 431-435.

Mendel, Georg, *Versuche über Pflanzenhybriden*, Braunschweig 1970.

Merkenschlager, Friedrich, »Der Roggen als pflanzliches Sinnbild des Preußentums«, in: *Der junge Landwirt in Feld, Hof und Garten* 3, 1930, 58-59.

Merkenschlager, Friedrich/Maximilian Klinkowski, *Pflanzliche Konstitutionslehre. Dargestellt an Kulturpflanzen*, Berlin 1933.

Meurer, Moritz, *Vergleichende Formenlehre des Ornamentes und der Pflanze. Mit besonderer Berücksichtigung der Entwickelungsgeschichte der architektonischen Kunstformen*, Dresden 1909.

Meyer, Ernst, »Ueber den geselligen Wuchs der Pflanzen«, in: Karl Ernst von Baer (Hg.), *Vorträge aus dem Gebiete der Naturwissenschaften und der Oekonomie, gehalten vor einem Kreise gebildeter Zuhörer in der physikalisch=ökonomischen Gesellschaft zu Königsberg*, Bd. 1, Königsberg 1834a, 159-184.

Meyer, Ernst, »Ueber den Pflanzenschlaf«, in: Karl Ernst von Baer (Hg.), *Vorträge aus dem Gebiete der Naturwissenschaften und der Oekonomie, gehalten vor einem Kreise gebildeter Zuhörer in der physikalisch=ökonomischen Gesellschaft zu Königsberg*, Bd. 1, Königsberg 1834b, 125-158.

Milton, John, *Das verlorene Paradies*, Stuttgart 1994.

Müller, Günther, »Goethes Elegie ›Die Metamorphose der Pflanze‹«, in: *Deutsche Vierteljahrsschrift für Literaturwissenschaft und Geistesgeschichte* 21, 1943, 67-98.

Müller, Robert, »Manhattan Girl«, in: *Die neue Rundschau* 31, 1920, 1018-1030.

Müller-Wille, Staffan, *Botanik und weltweiter Handel. Zur Begründung eines Natürlichen Systems der Pflanzen durch Carl von Linné (1707-78)*, Berlin 1999 (= Studien zur Theorie der Biologie, Bd. 3).

Müller-Wille, Staffan/Hans-Jörg Rheinberger, »Heredity – The Formation of an Epistemic Space«, in: dies. (Hg.), *Heredity Produced. At the Crossroads of Biology, Politics, and Culture, 1500-1870*, Cambridge, Mass./London 2007, 3-34.

Müller-Wille, Staffan/Hans-Jörg Rheinberger, »Gene«, in: *Stanford Encyclopedia of Philosophy*, online verfügbar unter ⟨http://plato.stanford.edu/entries/gene/⟩ (abgerufen am 28. 07. 2008).

Nelson, E. Charles, *Aphrodite's Mousetrap, a biography of Venus's Flytrap with facsimiles of an original pamphlet and the manuscripts of John Ellis, F. R. S. With a ›Tipitiwitchet‹ postscript by Daniel L. McKinley*, Aberystwyth 1990.

Nultsch, Wilhelm, *Allgemeine Botanik*, 11., völlig neubearb. und erw. Aufl., Stuttgart/New York 2001.

Oelze, Bertholf, *Gustav Theodor Fechner, Seele und Beseelung*, Münster/New York 1989.

Oken, Lorenz, *Allgemeine Naturgeschichte für alle Stände*, Bd. 3.1: *Botanik*, Bd. 2.1, Zürich 1843.

Oken, Lorenz, *Lehrbuch der Naturphilosophie*, 3., neu bearb. Aufl., Zürich 1843.

Olby, Robert, *Origins of Mendelism*, 2. Aufl., Chicago/London 1985.

Orel, Vítězslav, *Gregor Mendel. The First Geneticist*, Oxford u. a. 1996.

Ostranger, Sheila/Lynn Schroeder, *PSI. Die Geheimformer des Ostblocks für die wissenschaftliche Erforschung und praktische Nutzung übersinnlicher Kräfte des Geistes und der Seele*, 6. Aufl., Bern u. a. 1972.

Ostranger, Sheila/Lynn Schroeder, *Vorauswissen mit PSI. Die Vorprogrammierung wichtiger Entscheidungen und Handlungen mit Hilfe der eigenen PSI-Kräfte*, Bern u. a. 1974.

Ostwald, Wilhelm, *Energetische Grundlagen der Kulturwissenschaft*, Leipzig 1909 (= Philosophisch-soziologische Bücherei, Bd. 16).

Ostwald, Wilhelm, *Der energetische Imperativ*, Leipzig 1921.

Patentschrift: Europäisches Patentamt No. EP 0351357 B1: »Verbessertes Fischzuchtverfahren«, Erfinder: Guido Ebner/Heinz Schürch, Anmeldenummer 89810461.7 vom 15.06.89, veröffentlicht 03.03.1993, online verfügbar unter ⟨http://v3.espacenet.com/origdoc?DB=EPODOC&IDX=EP0351357&QPN=EP0351357&RPN=EP0351357&DOC=cca34af1984f09c57d37f3b17a32d9a950⟩ (abgerufen am 28.07.2008).

Patentschrift: United States Patent No. 4386834: »Kirlian photography device«, Erfinder: William K. Toolan, Anmeldenummer 280621 vom 06.07.1981, veröffentlicht 07.06.1983, online verfügbar unter ⟨http://www.google.com/patents?vid=USPAT4386834⟩ (abgerufen am 28.07.2008).

Patentschrift: United States Patent No. 6466688 B1: »Apparatus and method for detecting and identifying organisms, especially pathogens, using the aura signature of the organism«, Erfinder: Thomas P. Ramstack. Anmeldenummer 09/520374 vom 06.03.2000, veröffentlicht 15.10.2002, online verfügbar unter ⟨http://www.google.com/patents?vid=USPAT6466688⟩ (abgerufen am 28.07.2008).

Peitgen, Heinz-Otto/Peter H. Richter, *The Beauty of Fractals. Images of Complex Dynamical Systems*, Berlin u. a. 1986.

Pelt, Jean-Marie, *Die Geheimnisse der Heilpflanzen*, München 2005.

Pfeffer, Wilhelm, *Studien zur Energetik der Pflanze*, Leipzig 1893, (= Abhandlungen der Mathematisch-Physischen Classe der Königlich Sächsischen Gesellschaft der Wissenschaften, Bd. 18.3).

Pfeffer, Wilhelm, *Druck- und Arbeitsleistung durch wachsende Pflanzen*, Leipzig 1893 (= Abhandlungen der Mathematisch-Physischen Classe der Königlich Sächsischen Gesellschaft der Wissenschaften, Bd. 20.3).

Pfeffer, Wilhelm, *Beiträge zur Kenntnis der Entstehung der Schlafbewegungen*, Leipzig 1915 (= Abhandlungen der mathematisch-physischen Klasse der königlich sächsischen Gesellschaft der Wissenschaften, Bd. 34.1).

Pias, Claus (Hg.), *Kulturfreie Bilder. Erfindungen der Voraussetzungslosigkeit*, Berlin 2008.

Pollan, Michael, *Die Botanik der Begierde. Vier Pflanzen betrachten die Welt*, München 2002.

Popovsky, Mark, *The Vavilov Affair*, Hamden (Connecticut) 1984.

Portmann, Adolf, »Was bedeutet uns die lebendige Gestalt?«, in: ders., *Entläßt die Natur den Menschen? Gesammelte Aufsätze zur Biologie und Anthropologie*, München 1970, 29-39.

Portmann, Adolf, »Die Erscheinung der lebendigen Gestalten im Lichtfelde«, in: ders., *Entläßt die Natur den Menschen? Gesammelte Aufsätze zur Biologie und Anthropologie*, München 1970, 41-57.

Price, Robert, *Johnny Appleseed. Man & Myth*, Urbana, Ohio 2001.

Priddat, Birger P., *Le concert universel. Die Physiokratie. Eine Transformationsphilosophie des 18. Jahrhunderts*, Marburg 2001.

Priestley, Joseph, *Experiments and Observations on different kinds of Air, and other branches of Natural Philosophy, connected with the subject*, 3 Bde., Birmingham 1790, Nachdruck: New York 1970.

Pschyrembel. Klinisches Wörterbuch. Mit klinischen Syndromen und Nomina Anatomica, 256. Aufl., Berlin u. a. 1990.

Puhle, Hans-Jürgen, *Von der Agrarkrise zum Präfaschismus. Thesen zum Stellenwert der agrarischen Interessenverbände in der deutschen Politik am Ende des 19. Jahrhunderts*, Wiesbaden 1972.

Puhle, Hans-Jürgen, *Agrarische Interessenpolitik und preußischer Konservatismus im wilhelminischen Reich (1893-1914). Ein Beitrag zur Analyse des Nationalismus in Deutschland am Beispiel des Bundes der Landwirte und der Deutsch-Konservativen Partei*, Bonn 1975.

Punnett, Reginald C., *Mendelism*, 2. Aufl., London 1907.

Purkinje, Johann, *Beiträge zur Kenntnis des Sehens in subjektiver Hinsicht*, Prag 1819.

Quesnay, François, »Getreide«, in: ders., *Ökonomische Schriften. In zwei Bänden.* Bd. 1.1: *1756-1759*, hg. von Marguerite Kuczynski, Berlin 1971, 57-148.

Quesnay, François, »Bevölkerung«, in: ders., *Ökonomische Schriften. In zwei Bänden.* Bd. 1.1: *1756-1759*, hg. von Marguerite Kuczynski, Berlin 1971, 227-335.

Quesnay, François, »Das Ökonomische Tableau«, in: ders., *Ökonomische Schriften. In zwei Bänden.* Bd. 1.1: *1756-1759*, hg. von Marguerite Kuczynski, Berlin 1971, 337-448.
Quesnay, François, »Das Naturrecht«, in: ders., *Ökonomische Schriften. In zwei Bänden.* Bd. 2.1: *1763-1767*, hg. von Marguerite Kuczynski, Berlin 1976, 1-46.
Quesnay, François, »Analyse des Ökonomischen Tableaus«, in: ders., *Ökonomische Schriften. In zwei Bänden.* Bd. 2.1: *1763-1767*, hg. von Marguerite Kuczynski, Berlin 1976, 65-108.
Rätsch, Christian, »Die Alraune heute«, in: Adolf Taylor Starck, *Der Alraun. Ein Beitrag zur Pflanzensagenkunde*, Baltimore 1917, Nachdruck: Berlin 1987 (= Reihe Ethnomedizin und Bewußtseinsforschung/Historische Materialien, Bd. 3), 87-109.
Ratzel, Friedrich, *Die geographische Verbreitung des Menschen*, Stuttgart 1891 (= Anthropogeographie, Bd. 2).
Ratzel, Friedrich, *Politische Geographie oder die Geographie der Staaten, des Verkehrs und des Krieges*, München/Berlin 1903.
Reichenbach, Karl Freiherr von, *Odisch-magnetische Briefe*, Stuttgart/Tübingen 1852.
Reichenbach, Karl Freiherr von, *Die Pflanzenwelt und ihr Verhältnis zum Ode. Eine physiologische Skizze*, Wien 1858.
Reichenbach, Karl Freiherr von, *Der sensitive Mensch und sein Verhalten zum Ode. Eine Reihe experimenteller Untersuchungen über ihre gegenseitigen Kräfte und Eigenschaften mit Rücksicht auf die praktische Bedeutung, welche sie für Physik, Chemie, Mineralogie, Botanik, Physiologie, Heilkunde, gerichtliche Medizin, Rechtskunde, Kriegswesen, Erziehung, Psychologie, Theologie, Irrenwesen, Kunst, Gewerbe, häusliche Zustände, Menschenkenntnis und das gesellschaftliche Leben im weitesten Umfange haben*, Neue Ausg. mit einer Einführung von G. W. Surya, Leipzig 1910.
Rheinberger, Hans-Jörg, »Zeit und Biologie«, in: Georg Christoph Tholen/Michael O. Scholl (Hg.), *Zeit-Zeichen. Aufschübe und Interferenzen zwischen Endzeit und Echtzeit*, Weinheim 1990, 127-136.
Rheinberger, Hans-Jörg, *Experiment. Schrift. Differenz. Zur Geschichte epistemischer Dinge*, Marburg 1992.
Rheinberger, Hans-Jörg, *Epistemologie des Konkreten. Studien zur Geschichte der modernen Biologie*, Frankfurt a. M. 2006.
Rheinberger, Hans-Jörg, »Experimentelle Virtuosität«, in: Caroline Welsh/Stefan Willer (Hg.), *›Interesse für bedingtes Wissen‹. Wechselbeziehungen zwischen den Wissenskulturen*, München 2008, 331-342.
Riddle, John M., »Dioscorides«, in: Charles C. Gillispie u. a. (Hg.), *Dictionary of Scientific Biography*, Bd. 4, New York 1971, 119-123.

Rieger, Stefan, »Die Polizei der Zeichen. Vom Nutzen und Nachteil der Arabeske für den Klartext«, in: Gabriele Rippl/Susi Kotzinger (Hg.), *Zeichen zwischen Klartext und Arabeske*, Wien/Amsterdam 1994, 143-160.

Rieger, Stefan, »Richard Semon und/oder Aby Warburg: Mneme und/oder Mnemosyne«, in: *Deutsche Vierteljahrsschrift für Literaturwissenschaft und Geistesgeschichte* 72, 1998, Sonderheft: *Medien des Gedächtnisses*, 245-263.

Rieger, Stefan, *Kybernetische Anthropologie. Eine Geschichte der Virtualität*, Frankfurt am Main 2003.

Rieger, Stefan, »Ungewollte Abstraktion. Zur Auflösung in der optischen Datenverarbeitung«, in: Claudia Blümle/Armin Schäfer (Hg.), *Struktur – Figur – Kontur. Abstraktion in Kunst und Lebenswissenschaften*, Zürich/Berlin 2007, 159-171.

Rieger, Stefan, *Schall und Rauch. Eine Mediengeschichte der Kurve*, Frankfurt am Main 2008a.

Rieger, Stefan, »Im Äther der Intuition. Reichenbachs Lehre vom Od und die Kulturtheorie« in: Jens Schröter/Albrecht Kümmel (Hg.), *Äther. Ein Medium der Moderne*, Bielefeld 2008b (= Medienumbrüche, Bd. 19).

Rieter, Heinz, »Zur Rezeption der physiokratischen Kreislaufanalogie in der Wirtschaftswissenschaft«, in: *Studien zur Entwicklung der ökonomischen Theorie* 3, 1983, 55-99.

Rietz, Gustaf Einar Du, *Zur methodologischen Grundlage der modernen Pflanzensoziologie. Akademische Abhandlung*, Uppsala 1921.

Rietz, Gustaf Einar Du u. a., *Gesetze der Konstitution natürlicher Pflanzengesellschaften*, Uppsala 1929.

Ritter, Johann Wilhelm, »Elektrische Versuche an der Mimosa pudica L. in Parallele mit gleichen Versuchen an Fröschen: vorgelesen in der math.-phys. Classe am 28. Aug. 1809«, in: *Denkschriften der königlichen Akademie der Wissenschaften* 3, 1811, 245-400.

Ritter, Johann Wilhelm, »Volta's galvanische Batterie; nebst Versuchen mit derselben dargestellt«, in: *Magazin für den neuesten Zustand der Naturkunde mit Rücksicht auf die dazu gehörigen Hülfswissenschaften* 2, 1800, 356-400.

Ritter, Johann Wilhelm, »Wirkung des Galvanismus der Voltaischen Batterie auf menschliche Sinneswerkzeuge«, in: *Annalen der Physik* 7, 1801, 447-484.

Ritter, Johann Wilhelm, *Physik als Kunst. Ein Versuch, die Tendenz der Physik aus ihrer Geschichte zu deuten. Zur Stiftungsfeyer der Königlich=baierischen Akademie der Wissenschaften am 28sten März 1806*, München 1806.

Rosenberg, Hans, *Probleme der deutschen Sozialgeschichte*, Frankfurt am Main 1969.
Sabalitschka, Theodor, »Alexander Tschirch«, in: *Berichte der deutschen botanischen Gesellschaft* 59, 1941, 67-108.
Sachs, Julius, »Auflösung des Marmors durch Maiswurzeln. Physiologische Mitteilungen verschiedenen Inhalts«, in: *Botanische Zeitung* 18, 1860, 117-119.
Sachs, Julius, *Geschichte der Botanik vom 16. Jahrhundert bis 1860*, München 1875, Nachdruck: New York u. a. 1965.
Sachs, Julius, *Handbuch der physiologischen Botanik*, Bd. 4: *Handbuch der Experimental-Physiologie der Pflanzen. Untersuchungen über die allgemeinsten Lebensbedingungen der Pflanzen und die Functionen ihrer Organe*, hg. von Wilhelm Hofmeister u. a., Leipzig 1865.
Salzberg, Hugh W., *From Caveman to Chemist. Circumstances and Achievements*, Washington, D. C. 1991.
Sanderson, Burdon, »Venus's Fly-Trap (*Dionaea muscipula*)«, in: *Nature* 10, 1874, 105-107; 127-128.
Sandl, Marcus, *Ökonomie des Raums. Der kameralwissenschaftliche Entwurf der Staatswirtschaft im 18. Jahrhundert*, Köln u. a. 1999.
Schäfer, Hildegard, *Stimmen aus einer anderen Welt. Chronik und Technik der Tonbandstimmenforschung*, Freiburg i. Br. 1978.
Schaffer, Simon/Steven Shapin, *Leviathan and the Air-Pump. Hobbes, Boyle, and the Experimental Life*, Princeton 1985.
Schaltenbrand, Georg (Hg.), *Zeit in nervenärztlicher Sicht. Vorträge des Südwestdeutschen Neurologenkongresses Pfingsten 1960 in Baden-Baden*, Stuttgart 1963.
Scheler, Max, *Die Stellung des Menschen im Kosmos*, München 1949.
Schiebinger, Londa, »Das private Leben der Pflanzen: Geschlechterpolitik bei Carl von Linné und Erasmus Darwin«, in: Barbara Orland/Elvira Schleich (Hg.), *Das Geschlecht der Natur. Feministische Beiträge zur Geschichte und Theorie der Naturwissenschaften*, Frankfurt am Main 1995, 245-269.
Schimitschek, Erwin/Günther T. Werner, *Malaria – Fleckfieber – Pest. Auswirkungen auf Kultur und Geschichte – Medizinische Fortschritte*, Stuttgart 1985.
Schling-Brodersen, Ursula, *Entwicklung und Institutionalisierung der Agrikulturchemie im 19. Jahrhundert: Liebig und die landwirtschaftlichen Versuchsstationen*, Braunschweig 1989.
Schmauks, Dagmar, »Pflanzen als Zeichen«, in: *Zeitschrift für Semiotik* 19, 1997, 133-147.
Schmidt, Arno, »Der sanfte Unmensch. Einhundert Jahre Nachsommer«, in: ders., *Nachrichten von Büchern und Menschen*, Bd. 2: *Zur Literatur des 19. Jahrhunderts*, Frankfurt am Main 1981, 114-136.

Schmidt, Arno, »Schwänze«, in: ders., *Schwänze. Fünf Erzählungen*, Frankfurt am Main 1976, 67-92.

Schröter, Jens, »Der Pilz im nationalsozialistischen Raumbild. Anmerkung zu einem Fund aus der Zeit des »Dritten Reiches«, in: *Der Tintling* 3, 2005, 33-39.

Schröter, Johann Samuel, *Die Aesthetik der Blumen oder ihre Philosophie*, Weimar 1803.

Schüpbach, Werner, *Pflanzengeometrie. Die geometrische Organisation der höheren Pflanzen und deren Beziehungen zum Planetensystem*, Bern 1944.

Schwanitz, Franz, *Die Evolution der Kulturpflanzen*, München u. a. 1967.

Seeßlen, Georg/Fernand Jung, *Science Fiction. Geschichte und Mythologie des Science-fiction-Films*, Bd. 1, Marburg 2003.

Semon, Richard, »Hat der Rhythmus der Tageszeiten bei Pflanzen erbliche Eindrücke hinterlassen?«, in: *Biologisches Zentralblatt* 28, 1908, 225-243.

Semon, Richard, *Die Mneme als erhaltendes Prinzip im Wechsel des organischen Geschehens*, 4. und 5. unveränderte Aufl., Leipzig 1920.

Shannon, Claude E., »Prediction and Entropy of Printed English«, in: *Bell System Technical Journal* 30, 1951, 50-64.

Shannon, Claude E., »Communication Theory of Secrecy Systems«, in: *Bell System Technical Journal* 30, 1951, 656-715.

Shannon, Claude E./Warren Weaver, *The Mathematical Theory of Communication*, Urbana 1949.

Smith, Henry Nash, *Virgin Land. The American West as Symbol and Myth*, New York 1950.

Smith, Jonathan, »Une Fleur du Mal? Swinburne's *The Sundew* and Darwin's *Insectivorous Plants*«, in: *Victorian Poetry* 41, 2003, 131-150.

Snellgrove, Brian, *Bilder der Aura. Das Praxisbuch zur Kirlian-Fotografie*, München 1998.

Spengler, Oswald, *Der Untergang des Abendlandes. Umrisse einer Morphologie der Weltgeschichte*, München 2003.

Spork, Peter, *Das Uhrwerk der Natur. Chronobiologie – Leben mit der Zeit*, Reinbek bei Hamburg 2004.

Sprengel, Carl, *Die Lehre vom Dünger oder Beschreibung aller bei der Landwirtschaft gebräuchlicher vegetabilischer, animalischer und mineralischer Düngermaterialen nebst Erklärung ihrer Wirkungsart*, Leipzig 1839.

Stadler, Ulrich, »Das Borametz, das Pflanzentier«, in: *Zeitschrift für deutsche Philologie* 126, 2007, Sonderheft: *Tiere, Texte, Spuren*, 251-272.

Stahl, Georg Ernst, *Theorie der Heilkunde, Zweiter Theil: Pathologie*, hg. von Karl Wilhelm Ideler, Berlin 1831.

Starck, Adolf Taylor, *Der Alraun. Ein Beitrag zur Pflanzensagenkunde*, Baltimore 1917, Nachdruck: Berlin 1987 (= Reihe Ethnomedizin und Bewußtseinsforschung/Historische Materialien, Bd. 3).

Strabo, Walahfrid, *De Cultura Hortorum (Hortulus). Das Gedicht vom Gartenbau*, hg. von Walter Berschin, Heidelberg 2007.

Ströker, Elisabeth, »Georg Ernst Stahls Beitrag zur Grundlegung der chemischen Wissenschaft«, in: Dietrich von Engelhardt/Alfred Gierer (Hg.), *Georg Ernst Stahl (1659-1734) in wissenschaftshistorischer Sicht*, Halle (Saale) 2000, 145-160 (= Acta historica Leopoldina, Bd. 30).

Strube, Wilhelm, *Der historische Weg der Chemie. Von der Urzeit bis zur industriellen Revolution*, Leipzig 1976.

Swinburne, Algernon Charles, »The Sundew«, in: ders., *The Complete Works*, Bd. 1: *Poetical Works*, hg. von Edmund Gosse/Thomas J. Wise, London 1925, 316-317.

Swoboda, Hermann, *Die Perioden des menschlichen Organismus in ihrer psychologischen und biologischen Bedeutung*, Leipzig/Wien 1904.

Swoboda, Hermann, *Die kritischen Tage des Menschen und ihre Berechnung mit dem Periodenschieber*, Leipzig/Wien 1909.

Szöllösi-Janze, Margit, *Fritz Haber 1868-1934. Eine Biographie*, München 1998.

Theophrastus, *Enquiry into plants and minor works on odours and weather signs*, Bd. 2, London 1916.

Theweleit, Klaus, *Pocahontas*, Bd. 1: *Pocahontas in Wunderland. Shakespeare on Tour. Indian Song*, Frankfurt am Main/Basel 1999.

Thienemann, August Friedrich, *Leben und Umwelt. Vom Gesamthaushalt der Natur*, Reinbek bei Hamburg 1956.

Thompson, Charles J., *The Mystic Mandrake*, London 1934.

Thompson, Edward Palmer, »The Moral Economy of the English Crowd in the Eighteenth Century«, in: ders., *Customs in Common*, London 1991, 185-258.

Thoreau, Henry David, »Wild Apples. The History of the Apple Tree«, in: *The writings of Henry David Thoreau. Manuscript Edition*, Bd. 5, Boston/New York 1906, 290-322.

Tourtual, Caspar Theobald, *Die Sinne des Menschen in den wechselseitigen Beziehungen ihres psychischen und organischen Lebens. Ein Beitrag zur physiologischen Aesthetik*, Münster 1827.

Tschirch, Alexander, *Handbuch der Pharmakognosie*, 3 Bde., Leipzig 1909-1923.

Tschirch, Alexander, *Das Leben der Pflanze und ihre Seele*, Bern/Leipzig 1939.

Ubisch, Gerta von/E. Zachmann, »Nachprüfung von Boses Wachstumsmessungen mit einem neuen hochempfindlichen Auxanometer (Torsionsauxanomter)«, in: *Biologisches Zentralblatt* 51, 1931, 447-458.

Uexküll, Jakob von, »Biologie in der Mausefalle«, in: *Zeitschrift für die gesamte Naturwissenschaft* 2, 1936, 213-222.

Uexküll, Jakob von, *Theoretische Biologie*, Frankfurt am Main 1973.

Valverde, Federico u. a., »Photoreceptor regulation of CONSTANS protein in photoperiodic flowering«, in: *Science* 303, 2004, 1003-1006.

Verworn, Max, *Ideoplastische Kunst. Ein Vortrag*, Jena 1914.

Die vierundzwanzig Bücher der Heiligen Schrift nach dem Masoretischen Text, übers. v. Leopold Zunz, Tel-Aviv 1997.

Vogl, Joseph, *Kalkül und Leidenschaft. Poetik des ökonomischen Menschen*, München 2002.

Volland, Gerlinde, »Mandragora – Ikonographie einer anthropomorphen Zauberpflanze«, in: *Jahrbuch für Ethnomedizin* 6, 1997, 11-38.

Volmar, Axel (Hg.), *Zeitkritische Medienprozesse*, Berlin 2008.

Voss, Julia, *Darwins Bilder. Ansichten der Evolutionstheorie 1837 bis 1874*, Frankfurt am Main 2007.

Waechter, Matthias, *Die Erfindung des amerikanischen Westens. Die Geschichte der Frontier-Debatte*, Freiburg i. Br. 1996.

Wagner, Hermann, *Malerische Botanik. Schilderungen aus dem Leben der Gewächse. Populäre Vorträge über physiologische und angewandte Pflanzenkunde*, Bd. 2, 2. vermehrte und verbesserte Aufl., Leipzig 1872.

Wagner, Patrick, *Bauern, Junker und Beamte. Lokale Herrschaft und Partizipation im Ostelbien des 19. Jahrhunderts*, Göttingen 2005.

Weber, Andreas, »Cognition as expression: On the autopoietic foundations of an aesthetic theory of nature«, in: *Sign Systems Studies* 29, 2001, 153-167.

Weber, Andreas, *Natur als Bedeutung. Versuch einer semiotischen Theorie des Lebendigen*, Würzburg 2003 (= Epistemata. Würzburger wissenschaftliche Schriften, Reihe Literaturwissenschaft, Bd. 441).

Weber, Andreas, *Alles fühlt. Mensch, Natur und die Revolution in den Lebenswissenschaften*, Berlin 2007.

Wehler, Hans-Ulrich, *Deutsche Gesellschaftsgeschichte*, Bd. 3: *Von der »Deutschen Doppelrevolution« bis zum Beginn des Ersten Weltkrieges 1849-1914*, München 1995.

Weizsäcker, Viktor von, »Gestalt und Zeit«, in: ders., *Gesammelte Schriften*, Bd. 4, Frankfurt am Main 1997, 339-382.

Welten, Heinz, *Die Sinne der Pflanzen*, Stuttgart 1912.

Wiener, Norbert, *Kybernetik. Regelung und Nachrichtenübertragung in Lebewesen und Maschine*, Reinbek bei Hamburg 1968.

Wiesner, Julius, »Geschichte des Mikroskopes«, in: *Schriften des Vereins zur Verbreitung naturwissenschaftlicher Kenntnisse* 4, 1865, 161-176.

Wiesner, Julius, *Das Bewegungsvermögen der Pflanzen. Eine kritische Studie über das gleichnamige Werk von Charles Darwin nebst neuen Untersuchungen*, Wien 1881.

Wiesner, Julius, »Goethes Urpflanze«, in: ders., *Natur – Geist – Technik. Ausgewählte Reden, Vorträge und Essays*, Leipzig 1910, 312-329.

Wille, Bruno, *Offenbarungen des Wacholderbaums*, 5. Aufl., Jena 1920.

Winfree, Arthur T., *Biologische Uhren. Zeitstrukturen des Lebendigen*, Heidelberg 1988 (= Spektrum-Bibliothek, Bd. 17).

Winkle, Stefan, *Geißeln der Menschheit. Kulturgeschichte der Seuchen*, 3. Aufl., Düsseldorf 2005.

Wirth, Uwe, »Aufpfropfung als Figur des Wissens in der Kultur- und Mediengeschichte«, in: Lorenz Engell/Joseph Vogl/Bernhard Siegert (Hg.), *Kulturgeschichte als Mediengeschichte (oder vice versa?)*, Weimar 2006, 111-121.

Witten, Renate, »Samuel Hahnemann (1755-1843)«, in: Dietrich von Engelhardt/Fritz Hartmann (Hg.), *Klassiker der Medizin*, Bd. 2: *Von Philippe Pinel bis Viktor von Weizsäcker*, München 1991, 37-50.

Wolke, Christian Hinrich, *Erklärung wie die wechselseitige Gedanken-Mittheilung aller cultivirten Völker des Erdkreises oder die Pasiphrasie möglich und ausüblich sei, ohne Erlernung irgend einer neuen besondern oder einer allgemeinen Wort-, Schrift- oder Zeichen-Sprache*, Dessau 1797.

Wolke, Christian Hinrich, *Nachricht von den in Jever durch die Galwani-Voltaische Gehör-Gebe-Kunst beglükten Taubstummen und von Sprengers Methode, sie durch die Voltaische Electricitet auszuüben*, Oldenburg 1802.

Wolke, Christian Hinrich, *Anleit zur deutschen Gesamtsprache oder zur Erkennung und Berichtigung einiger (zu wenigst 20) tausend Sprachfehler in der hochdeutschen Mundart; nebst dem Mittel, die zahllosen, – in jedem Jahre den Deutschschreibenden 10 000 Jahre Arbeit oder die Unkosten von 5 000 000 verursachenden – Schreibfehler zu vermeiden*, Dresden 1812.

Wood, Roger J., »›The sheep breeders‹ view of heredity before and after 1800«, in: Staffan Müller-Wille/Hans-Jörg Rheinberger (Hg.), *Heredity Produced. At the Crossroads of Biology, Politics, and Culture, 1500-1870*, Cambridge, Mass./London 2007, 229-250.

Wuketits, Franz M., »Carl von Linné (1707-1778) und seine Bedeutung für die moderne Biologie«, in: *Naturwissenschaftliche Rundschau* 60, H. 5, 2007, 238-247.

Zekert, Otto, *Berühmte Apotheker*, Stuttgart 1955.

Zinn, Johann Gottfried, »Von dem Schlafe der Pflanzen«, in: *Hamburgisches Magazin oder gesammelte Schriften aus der Naturforschung und den angenehmen Wissenschaften überhaupt* 22, 1759, 40-50.

Abbildungsverzeichnis

Apfel

Abb. 1: Arnaldus de Villanova, *Ortus sanitatis*, Mainz 1491 (Wellcome Library, London).
Abb. 2: W. D. Haley, »Johnny Appleseed – A pioneer hero«, in: *Harper's New Monthly Magazine* 43, Nov. 1871, 830-836, hier: 830.

Apfelmännchen

Abb. 1: Karl Blossfeldt, *Art Forms in Nature. The Complete Edition. With Texts by Georges Bataille and Gert Mattenklott*, München, Paris, London 1999, Abb. 1.
Abb 2: Ebd., Abb. 44.
Abb. 3: Grandville, *Die beseelten Blumen. Les Fleurs Animées*, Frankfurt am Main 1978, 105.
Abb. 4: Klassisches Apfelmännchen, online verfügbar unter: ⟨http://www.errare.de/fraktale/apfelmaennchen.jpg⟩ (abgerufen am 28. 07. 2008).

Cinchona

Abb. 1: Anonymus, Kopie eines Freskos im Ospedale di Santo Spirito in Rom (Wellcome Library, London).

Desmodium gyrans

Abb. 1: Jagadis Chunder Bose, *Die Pflanzen-Schrift und ihre Offenbarungen*, Zürich und Leipzig 1928, 98.
Abb. 2: Rolf Oberliesen, *Information, Daten und Signale. Geschichte technischer Informationsverarbeitung*, Reinbek bei Hamburg 1987, 78.
Abb. 3: Rolf Oberliesen, *Information, Daten und Signale. Geschichte technischer Informationsverarbeitung*, Reinbek bei Hamburg 1987, 78.
Abb. 4: R. H. Francé, *Die Welt der Pflanze. Eine volkstümliche Botanik*, Berlin, Wien 1912, 181.
Abb. 5: Rolf Oberliesen, *Information, Daten und Signale. Geschichte technischer Informationsverarbeitung*, Reinbek bei Hamburg 1987, 54.

Dictyostelium mucoroides

Abb. 1: Georg Heber, *Elektrizität und Pflanzenwachstum. Vortrag, gehalten an der elektrotechnischen Gesellschaft zu Leipzig*, Leipzig 1902, o. Pag.
Abb. 2: Otto Stocker, »Das Umweltproblem der Pflanze«, in: *Studium Generale* 2/3, 1950, 61-70, hier: 62.
Abb. 3: Alfred Kühn, »Die Ausprägung organischer Formen in verschiedenen Dimensionen und die Grundfragen der Entwicklungsphysiologie«, in: *Die Naturwissenschaften* 33/34, 1943, 373-383, hier: 381.

Erbse

Abb. 1: Georg Mendel, *Versuche über Pflanzenhybriden*, Braunschweig 1970, 49.
Abb. 2: Reginald C. Punnett, *Mendelism*, 2. Aufl. London 1907, 45.
Abb. 3: Hugo Iltis, *Gregor Johann Mendel. Leben, Werk und Wirkung*, Berlin 1924, 259.

Getreide

Abb. 1: G. Nicholls, »Hungerunruhen in Stettin« (Holzstich), in: *Illustrated London News* 263/10 (15. Mai 1847) 320; online verfügbar ⟨http://www.dhm.de/ausstellungen/streik/detailansichten/brot/detail10.html⟩ (abgerufen am 16.06.2008).
Abb. 2: François Quesnay, »Das Ökonomische Tableau«, in: ders., *Ökonomische Schriften*. Bd. 1: *1756-1759, 1. Halbband*, hg. von Marguerite Kuczynski, Berlin 1971, 337-448, hier: vor 337.

Grüne Pflanzen

Abb. 1: Joseph Priestley, *Experiments and Observations on different kinds of Aur, and other branches of Natural Philosophy, connected with the subject*, Birmingham 1790, Reprint, New York 1970, Bd. 1, Pl. 1.
Abb. 2: Antoine Laurent Lavoisier, »Opuscules Physiques et Chimiques«, in: *Oeuvres de Lavoisier publiées par les soins du Ministère de l'Instruction publique*, Bd. 1: *Traité Elémentaire de Chimie/ Opuscules Physiques et Chimiques*, Paris 1864, Reprint: New York, 1965, Pl. XV.

Leguminosen

Abb. 1: Hermann Hellriegel/Hermann Wilfarth, *Untersuchungen über die Stickstoffnahrung der Gramineen und Leguminosen*, Berlin 1888. Tafel VI.
Abb. 2: Dennis Meadows, *Die Grenzen des Wachstums. Bericht des Club of Rome zur Lage der Menschheit*, Stuttgart 1987, 113 (Abb. 35).

Mandragora

Abb. 1: *Ortus Sanitatis* Bd. 1, 1511/1978, o. S.
Abb. 2: Pseudo-Apuleius, *Herbarium*, 1250, folio 53 verso (Wellcome Library, London).
Abb. 3: Gerlinde Volland, »Mandragora – Ikonographie einer anthropomorphen Zauberpflanze«, in: *Jahrbuch für Ethnomedizin* 6, 1997, 11-38, hier: 30.

Mimosa pudica I

Abb. 1: Jörg Meya/Heinz Otto Sibum, *Das fünfte Element. Wirkungen und Deutungen der Elektrizität*, Reinbek bei Hamburg 1987, 120.
Abb. 2: Hans Werner Ingensiep, *Geschichte der Pflanzenseele. Philosophische und biologische Entwürfe von der Antike bis zur Gegenwart*, Stuttgart 2001, 222.
Abb. 3: Johann Wilhelm Ritter, »Galvanische Experimente an Pflanzen«. Aus: *Elektrische Versuche an der Mimosa pudica L. in Parallele mit gleichen Versuchen an Fröschen: vorgelesen in der math.-phys. Classe am 28. Aug. 1809 [Berlin] 1811*, in: ders., *Entdeckungen zur Elektrochemie, Bioelektrochemie und Photochemie* (1798-1809), 2. Aufl. Frankfurt am Main 1997 (Ostwalds Klassiker der exakten Wissenschaften; Bd. 271), 108.
Abb. 4: Johann Wilhelm Ritter, »Elektrische Versuche an der Mimosa pudica L. in Parallele mit gleichen Versuchen an Fröschen: vorgelesen in der math.-phys. Classe am 28. Aug. 1809«, in: *Denkschriften der Königlichen Akademie der Wissenschaften zu München für die Jahre 1809 und 1810*, zweyte Abteilung, München 1811, 245-400.

Mimosa pudica II

Abb. 1: Jagadis Chunder Bose, *Die Pflanzen-Schrift und ihre Offenbarungen*, Zürich und Leipzig 1928, 30.
Abb. 2: Ebd., 32.
Abb. 3: Ebd., 34.
Abb. 4: G. v. Ubisch/E. Zachmann, »Nachprüfung von Boses Wachstumsmessungen mit einem neuen hochempfindlichen Auxanometer (Torsionsauxanometer)«, in: *Biologisches Zentralblatt* 51, 1931, 447-458, hier: 451.
Abb. 5: Jagadis Chunder Bose, *Die Pflanzen-Schrift und ihre Offenbarungen*, Zürich und Leipzig 1928, 58.

Poison Ivy

Abb. 1: Online verfügbar unter ⟨http://www.comicvine.com/poison-ivy/1697/⟩ (abgerufen am 13.04.2008).
Abb. 2: The Simpsons, Staffel 18, »Revenge Is a Dish Best Served Three Times«, Episode 389.
Abb. 3: Hermann Wagner, *Malerische Botanik. Schilderungen aus dem Leben der Gewächse. Populäre Vorträge über physiologische und angewandte Pflanzenkunde*, zweite vermehrte und verbesserte Aufl., 2. Bd., Leipzig 1872, 80.

Roggen

Abb. 1: F. Merkenschlager/M. Klinkowski, *Pflanzliche Konstitutionslehre. Dargestellt an Kulturpflanzen*, Berlin 1933, 34.
Abb. 2: Ebd., 35.

Rosa

Abb. 1: Lorenz Oken, *Allgemeine Naturgeschichte für alle Stände*, Dritten Bandes erste Abtheilung oder Botanik, zweyten Bandes erste Abtheilung, Zürich 1843, III.
Abb. 2: Franz M. Wuketits, »Carl von Linné (1707-1778) und seine Bedeutung für die moderne Biologie«, in: *Naturwissenschaftliche Rundschau* 5, 2007, 238-247.
Abb. 3: Athanasius Kircher: »Ars Magna Sciendi, In XII Libros Digesta, Qua Nova & Universali Methodo Per Artificiosum Combinationum contextum de omni re proposita plurimis & prope infinitis rationibus disputari, omniumque summaria quaedam cognitio comparari potest«, Amstelodami 1669, 157.

Sonnentau

Abb. 1: Charles Darwin, *Insectenfressende Pflanzen*, Stuttgart 1899 (= Charles Darwin's gesammelte Werke, übersetzt von J. Victor Carus, Bd. VIII), 9.
Abb 2: John Ellis, *Beschreibung der Dionaea Muscipula, einer merkwürdigen Pflanze in einem Schreiben an den Herrn Archivater und Ritter von Linné*, 2. Aufl., hg. von D. Iohann Christian Daniel Schreber, Erlangen 1780.
Abb. 3: Johannes Zahn, *Specula Physico-Mathematico-Historica Notabilium ac Mirabilium Sciendorum*, Bd. 2: Nürnberg 1696, 135.

Sonnenwende

Abb. 1: Athanasius Kircher, *Magnes sive de arte magnetica opus tripartitum*, 2. Aufl., Köln 1643, Tafel bei 644.
Abb. 2: Wilhelm Pfeffer, *Der Einfluss von mechanischer Hemmung und von Belastung auf die Schlafbewegungen*, Leipzig 1913 (Abhandlungen der mathematisch-physischen Klasse der königlich sächsischen Gesellschaft der Wissenschaften 32), 212.
Abb. 3: Wilhelm Pfeffer, *Beiträge zur Kenntnis der Entstehung der Schlafbewegungen*, Leipzig 1917 (Abhandlungen der mathematisch-physischen Klasse der königlich sächsischen Gesellschaft der Wissenschaften 34), 42.
Abb. 4: Erwin Bünning, *Die physiologische Uhr. Circadiane Rhythmik und Biochronometrie*, dritte, gründlich überarbeitete Aufl., Berlin, Heidelberg, New York 1977, 2.
Abb. 5: Hermann Swoboda, *Die kritischen Jahre des Menschen und ihre Berechnung mit dem Periodenschieber*, Leipzig und Wien 1909, o. Pag.

Tropaeolum majus

Abb. 1: Brian Snellgrove, *Bilder der Aura. Das Praxisbuch zur Kirlian-Fotografie*, München 1998, 88.
Abb. 2: Anonymus, »Zur Diskussion: Die leuchtende Botschaft des Lebens. Standpunkte zur Kirlian-Fotografie«, in: *Westermanns Monatshefte* Apr. 4, 1974, 78-80, hier: 78.
Abb. 3: Fritz Binder, »Kirlianfotografie. Das fehlinterpretierte Foto«, in: *Zoom* 3/4, 1982, 40-47; 80, hier: 44.
Abb. 4: Peter Andreas, »Phantom im Kirlianbild: Fotografie der Pflanzenseele«, in: *esotera. Neue Dimensionen des Bewusstseins* 7, 1977, 593-598, hier: 596.

Urpflanze

Abb. 1: Max Verworn, *Ideoplastische Kunst. Ein Vortrag*, Jena 1914, Fig. 6a, 12.
Abb. 2: Ebd., Fig. 6b, 13.
Abb. 3: A. Bliedner, *Goethe und die Urpflanze*, Frankfurt/M. 1901, Fig. 2.
Abb. 4: Jochen Bockemühl, »Das Ganze im Teil«, in: *Elemente der Naturwissenschaft* 6, 1967, 1-9, hier: 7.
Abb. 5: Europäisches Patentamt, Anmeldenummer 89810461.7 (vom 15.06.1989), Fig. 1.

Vicia faba

Abb. 1: N. Andry, »L'orthopédie ou l'art de prévenir et de corriger dans les enfants les difformités du corps«, 1741 nach Michel Foucault, *Überwachen und Strafen. Die Geburt des Gefängnisses*, Frankfurt/M. 1977, Abb. 30.
Abb. 2: Wilhelm Pfeffer, *Druck- und Arbeitsleistung durch wachsende Pflanzen*, Abhandlungen der Mathematisch-Physischen Classe der Königlich Sächsischen Gesellschaft der Wissenschaften 20, Leipzig 1893, 233-474, hier: 244.
Abb. 3: Ebd., 251.
Abb. 4: Ebd., 253.
Abb. 5: Ebd., 266.
Abb. 6: Heinz Welten, *Die Sinne der Pflanzen*, Stuttgart 1912, 32.
Abb. 7: Screenshot aus *Mickey und die Kletterbohne* (= Walt Disney, *Zauberhafte Märchenwelt* VI).

Wacholder

Abb. 1: Ludwig Holberg, *Niels Klims unterirdische Reisen*, Berlin 1983, 23.
Abb. 2: Ebd., 11.
Abb. 3: Cleve Backster, »Evidence of a primary perception in plant life«, in: *International Journal of Parapsychology* X/4, 1968, 329-348, Abbildung 1.
Abb. 4: Ebd., Abbildung 3.
Abb. 5: Friedrich Kittler, *Grammophon Film Typewriter*, Berlin 1986, 47.

Register der Pflanzen, die dem Netz der alphabetischen Gesamtanordnung und seiner Querverweise entgingen

Ahorn 32
Alraune 7, 14, 135ff.
Aprikose 62, 63

Bambus 228
Beere 141, 203
Berberitzen 168
Birne 21, 24
Blühendes Käthchen 77, 229
Barometz bzw. Borametz 181, 222ff.

Centaura moschate 239
Conferva fontinalis 113ff.
Cypresse 73

Dieffenbachien 63, 68
Dornbusch 58
Dudaim → Alraune
Drachenbaum 282ff., 288

Efeu → Poison Ivy
Eiche 74, 79f. 114, 225
Erle 225

Farn 34, 262
Feige 24
Fichte 225
Flachsseide 72

Gerste 101, 137
Giant Hogweed → Herkulesstaude
Gonyaulax 228
Großer Bärenklau → Herkulesstaude

Habichtskraut 89
Hafer 128f., 137, 240
Hagebutte 147
Hanf 72
Haselnuß (Corylus) 141, 225
Hedysarum gyrans 168
Herkulesstaude 189
Hirse 147
Hopfen 72, 191
Humea elegans 239

Ignazbohne 48, 50

Kaffee 17, 19, 50, 284
Karotte 155, 174
Kartoffel 112
Kastanie 34
Kiefer 225, 281
Klee 36, 127f., 135, 137, 199
Kohl 130
Küchengemüse 174
Kürbis 181, 268

Lärche 225
Lein 72
Lupine 128
Luzerne 72, 240
Lychnis vespertilionis 229

Machandelbaum → Wacholder
Magnolie 63, 66, 68
Mais 17, 268

Mohn 35, 43 f., 47, 51
Mohrrübe 277
Mönchsbart → Flachsseide

Nachtschatten 144
Napellsturmhut 51
Neophyten 186, 189
Nessel 206
Nuß 24, 203

Omelette-Pflanze 77

Palme 29, 73, 179
Pfeffer 50
Pfirsich 24
Pflaume 24, 203
Philodendren 63, 286
Phyllostachys bambusoides 228
Pinie 73
Pisang 73
Polypodium barometz 181

Raps 130
Reis 130
Rhus → Poison Ivy
Rübe 134, 155, 174
Rührmichnichtan 156

Sellerie 174
Senf 130
Sonnenblume 17
Steineiche 225
Straußfarn 34
Sumachgewächse 181

Tabak 17, 47, 245
Tanne 225
Tee 47
Tipitiwitchet → Venusfliegenfalle
Thunbergia aurantiaca 239
Trachelium coeeruleum 239
Trauerweide 72
Tulpe 228

Venusfliegenfalle 221 ff., 224

Waldkiefer 225
Walnuß 24, 225
Weberkarde 34
Weide 122
Weihrauch 24
Wein 24, 113, 142, 245
Weizen 99, 101, 127f., 130, 134f., 139
Wolferlei 50

Zuckerrohr 47

Suhrkamp Verlag GmbH
Torstraße 44, 10119 Berlin
info@suhrkamp.de
www.suhrkamp.de